水利部公益性行业科研专项（201001013）

基于龙刘水库的上游库群调控方式优化研究

张晓华　郑艳爽　孙赞盈

田世民　赵麦换　张防修　编著

黄河水利出版社

·郑州·

内 容 提 要

本书以河流泥沙动力学、河床演变学、水文学等学科为指导,采用实测资料分析与数学模型计算相结合的研究方法,紧密结合黄河综合治理与开发的重大需求,在探求宁蒙河道河床演变机制的基础上,研究兼顾减缓宁蒙河道淤积和保证全河供水安全的水库调控指标,研究成果可为黄河上游水沙调控指标的确定、水库调度决策等提供技术支撑。

本书可供从事水利、泥沙等工作的科技人员及相关专业的大中专院校师生参考。

图书在版编目(CIP)数据

基于龙刘水库的上游库群调控方式优化研究/张晓华
等编著. —郑州:黄河水利出版社,2015.12
ISBN 978-7-5509-1318-9

Ⅰ.①基…　Ⅱ.①张…　Ⅲ.①黄河-上游-水库调度-
研究　Ⅳ.①TV697.1

中国版本图书馆 CIP 数据核字(2015)第 304169 号

出　版　社:黄河水利出版社
　　　　地址:河南省郑州市顺河路黄委会综合楼 14 层　　邮政编码:450003
发行单位:黄河水利出版社
　　　　发行部电话:0371-66026940、66020550、66028024、66022620(传真)
　　　　E-mail:hhslcbs@ 126.com
承印单位:虎彩印艺股份有限公司
开本:787 mm×1 092 mm　1/16
印张:18.25
字数:422 千字　　　　　　　　　　　印数:1—1 000
版次:2015 年 12 月第 1 版　　　　　　印次:2015 年 12 月第 1 次印刷
定价:80.00 元

《基于龙刘水库的上游库群调控方式优化研究》
编委会

主　　　编　张晓华

主要编写人员

张晓华　　郑艳爽　　孙赞盈　　田世民

赵麦换　　张防修

参加编写人员

李学春　　窦身堂　　张　敏　　张翠萍　　尚红霞

彭　红　　樊　建　　李　萍　　张　超　　武　见

宁怀文　　李小平　　伊晓燕　　马振平　　杨　明

杨　峰　　樊文玲　　仝逸峰　　王卫红　　李　瑞

张晓丽　　娄　萱　　赵　阳　　王瑞君　　苏　柳

张　辛　　张瑞峰　　王　敏　　耿少文　　王慧杰

韩巧兰　　赖瑞勋　　夏润亮　　王　明

序

　　黄河流经宁夏回族自治区和内蒙古自治区的河段,处在黄河上游的下段,系黄河自低纬度流向高纬度过渡的河段,该河段穿越腾格里沙漠、河东沙地、乌兰布和沙漠和库布齐沙漠,河流环境复杂,高含沙洪水及凌汛问题突出,是黄河上游河道泥沙淤积问题最为突出的河段。

　　水沙过程是河床演变的动力,黄河的水量主要来自上游,其天然径流量占全河的54%,因此上游水沙过程的变化对全河冲积性河道的影响都是很大的,而宁蒙河道首当其冲。20世纪80年代后期以来,受上游大中型水库调蓄及沿黄工农业用水不断增加等因素影响,宁蒙河段来水来沙过程发生了很大改变,水沙运动与河床演变之间的关系变得更加复杂。至21世纪初,宁蒙河道淤积加重、河床不断抬高、河槽严重萎缩、河岸坍塌破碎等一系列新的河床演变问题日益凸显,导致洪水灾害频繁发生,威胁着洪凌安全。因此,研究宁蒙河段河道输沙规律,分析河床演变规律,以其为基础理清龙刘水库运用对河道调整的影响,进而提出能够减缓河道淤积的水库优化运用方式,对于宁蒙河段河道治理,合理开发黄河上游水力资源,具有重大意义。同时,黄河上游已建有龙羊峡、刘家峡两座干流大型调蓄水库,黑山峡水利枢纽也是规划的水沙调控体系中的重要构成部分,这些水库将长期对宁蒙河道的来水来沙过程进行调节,因此研究龙刘水库运用方式对未来黄河水沙调控体系的科学运行也有一定借鉴意义。

　　《基于龙刘水库的上游库群调控方式优化研究》一书是同名的水利部公益性行业专项项目成果的集合,该项目是黄河水利科学研究院泥沙所河床演变研究室承担的第一个级别较高、规模较大的对于宁蒙河道开展系统研究的项目,是在前期多年相关研究基础上立项争取获得的,对于河床演变研究室研究区域的拓展和学科深入具有重要意义。

　　经过团队的艰苦努力,主要取得了以下几方面成果:①揭示了宁蒙河道冲淤调整机制,通过对资料的系统整理、计算和分析,搞清了宁蒙河道不同时期各河段年际和年内的冲淤特点;②阐明了宁蒙河道洪水变化特征及洪水期冲淤规律与水沙条件的关系,给出了非漫滩洪水不同水沙组合条件下的河道冲淤状况,建立了巴彦高勒—头道拐河段漫滩洪水滩槽冲淤量计算公式;③掌握了刘家峡水库、青铜峡水库和三盛公水库的运用与排沙规律,计算分析得到水库排沙对水库下游河道冲淤的影响量值;④在保障防洪防凌和全河供水安全的前提下,提出龙刘水库不同调控方案,进行了河道冲淤和发电量计算分析,提出了保障全河供水安全和减缓宁蒙河道淤积的上游水库群水沙优化调控方式。

　　总体来看,该河段穿越风蚀较严重的沙漠宽谷区,又接纳水蚀严重的高含沙支流,流经两座引水量很大的水利枢纽,上游来水来沙受到大型水库的调节,不同时期、不同河段水沙变化较大,边界条件复杂。该河段虽有高含沙支流入汇,但总体上属于低含沙水流,和黄河中下游是有不同之处的。项目组对该河段的冲淤演变研究,拓宽了研究领域,加深了对河床演变学科的认识。通过项目组通力合作,研究涉及内容广泛,重点突出,资料系统完整,分析论证切合实际。项目的完成为后续黄河上游的治理开发和学科研究打下了坚实的基础,对黄河上游干流水库群的水沙调控、流域水土流失治理及该河段洪凌灾害的防治提供了有力的技术支撑。

刘月兰

2015 年 9 月

前　言

20 世纪 80 年代以来,伴随着气候变化和人类活动的加剧,宁蒙河道淤积问题逐渐凸显,从历史长时期的微淤转变为年均淤积量 0.6 亿 ~ 0.7 亿 t,主槽淤积萎缩,河道排洪排凌能力降低,凌汛期小流量时堤防多次发生险情,严重威胁河道的防洪防凌安全,引起社会各方的广泛关注。龙羊峡水库和刘家峡水库位于黄河上游龙头位置,具有较强的径流调蓄能力,其运用方式对宁蒙河道冲淤调整较大。因此,非常需要开展宁蒙河道冲淤演变机制及演变规律研究,提出在保障全河供水的前提下减缓宁蒙河道淤积的龙刘水库的运用方式,为黄河水沙调控体系科学运用协调水沙过程提供技术支撑。由此,"基于龙刘水库的上游库群调控方式优化研究"被列为水利部行业科研专项经费项目开展研究。

项目研究的总体目标为揭示宁蒙河道冲淤演变机制,提出宁蒙河段洪水期河道调整与水沙条件的响应关系,给出洪水条件下上游水库的排沙状况及对其下游河道的影响,提出满足全河供水安全的龙刘水库调控指标,提出实现减缓宁蒙河道淤积和保障全河供水安全的上游水库群水沙优化调控方式。

本书主要内容包括:①研究龙刘水库运用前后宁蒙河道冲淤演变机制,揭示水库运用的河道冲淤效应;②研究宁蒙河道洪水期河道冲淤调整对水沙条件的响应,提出洪水期维持主槽冲淤平衡的临界水沙条件;③研究洪水期水库群排沙特性及对其下游河道的冲淤效应,认识不同洪水过程下水库的排沙效果及其下游河道的调整;④分析各需求方面的控制目标、满足河道冲淤和全河供水安全的调控指标,提出减缓宁蒙河道淤积和保证供水安全的上游水库群优化调控模式。

本书以河流泥沙动力学、河床演变学、水文学等学科为指导,采用实测资料分析与数学模型计算相结合的研究方法,紧密结合黄河综合治理与开发的重大需求,在探求宁蒙河道河床演变机制的基础上,研究兼顾减缓宁蒙河道淤积和保证全河供水安全的水库调控指标,研究成果可为黄河上游水沙调控指标的确定、水库调度决策等提供技术支撑。

由于本书编写时间仓促,加之编者水平有限,书中难免有欠妥之处,敬请广大读者批评指正。

作　者
2015 年 9 月

目　录

序 .... 刘月兰

前　言

第1章　宁蒙河道冲淤调整机制研究 ·· （1）

　　1.1　宁蒙河道概况 ··· （1）

　　1.2　宁蒙河道不同时期来水来沙变化特点分析 ·················· （3）

　　1.3　宁蒙河道冲淤量计算 ·· （61）

　　1.4　宁蒙河道长时期冲淤调整机制研究 ························· （67）

　　1.5　龙刘水库运用对宁蒙河段冲淤影响研究 ·················· （98）

　　1.6　认识与结论 ··· （113）

第2章　宁蒙河段洪水期河道调整对水沙条件的响应 ················· （115）

　　2.1　宁蒙河道洪水概况 ·· （115）

　　2.2　宁蒙河道汛期洪水期水沙特征值变化特点 ················ （119）

　　2.3　宁蒙河道洪水期输沙规律研究 ······························· （127）

　　2.4　宁蒙河道洪水期冲淤调整特性研究 ························· （131）

　　2.5　宁蒙河道洪水期冲淤规律研究 ······························· （141）

　　2.6　认识与结论 ··· （148）

第3章　洪水期上游水库排沙特性及对其下游河道的影响研究 ····· （150）

　　3.1　概　述 ·· （150）

　　3.2　刘家峡水库 ··· （152）

　　3.3　青铜峡水库 ··· （172）

　　3.4　三盛公水利枢纽 ·· （191）

　　3.5　水库排沙期宁蒙河道冲淤特点研究 ························· （208）

　　3.6　认识与结论 ··· （217）

第4章　宁蒙河道水库群水沙优化调控方式研究 ······················ （219）

　　4.1　宁蒙用水分析 ··· （219）

　　4.2　黄河供水安全调控指标分析 ································· （222）

　　4.3　上游梯级水库运行的多目标分析 ··························· （232）

　　4.4　基于龙刘水库的上游水库群调控方案研究 ··············· （238）

　　4.5　不同方案对宁蒙河道冲淤的影响 ··························· （263）

　　4.6　认识与结论 ··· （271）

第5章　主要认识 ··· （272）

　　5.1　揭示了宁蒙河道长时期冲淤调整机制 ······················ （272）

5.2 阐明了宁蒙河道洪水变化特征及洪水期冲淤规律与水沙条件的关系 ……………………………………………………………… (274)

5.3 明晰了宁蒙河道水库群排沙规律及对其下游河道的影响 ……… (275)

5.4 提出了保障全河供水安全和减缓宁蒙河道淤积的上游水库群水沙优化调控方式 …………………………………………………… (277)

参考文献 ………………………………………………………………… (278)

第1章　宁蒙河道冲淤调整机制研究

1.1　宁蒙河道概况

1.1.1　河道概况

黄河宁蒙河段位于宁夏回族自治区和内蒙古自治区境内,是黄河上游的下段,自宁夏中卫县南长滩入境,至内蒙古准格尔旗马栅乡出境(见图1-1),全长为1 203.8 km,约占黄河总长的20%,其中下河沿—青铜峡河段长124 km,河道迂回曲折,河心滩地多,河宽200~3 300 m,平均比降0.78‰;青铜峡—石嘴山河段长196 km,河宽200~5 000 m,河道平均比降为0.20‰。

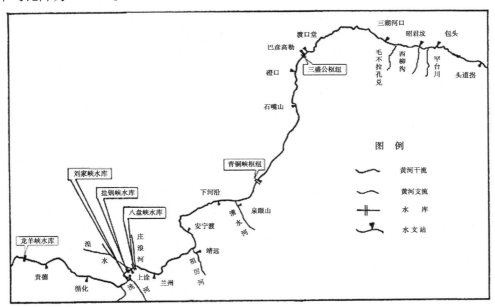

图1-1　宁蒙河段示意图

内蒙古河段地处黄河最北端,干流河段长830 km(含宁夏和内蒙古的交叉段)。其中,石嘴山至乌达公路桥为峡谷型河道,平均河宽400 m,河道比降0.56‰;乌达公路桥至三盛公为过渡型河段,河长105 km,平均河宽1 800 m,主槽宽600 m,河道比降为0.15‰,河道宽窄相间,河心滩较多;三盛公至三湖河口属游荡型河段,河长220.7 km,该段河道顺直,断面宽浅,水流散乱,河道内沙洲众多,河宽2 500~5 000 m,平均宽约3 500 m,主槽宽500~900 m,平均宽约750 m,河道比降为0.14‰;三湖河口至昭君坟为过渡型河段,河长为 126.2 km,河宽为 1 000~7 000 m,平均宽约 4 000 m,主槽宽 500~900 m,平均约宽 710 m,河道比降 0.117‰,南岸有三条大的孔兑汇入;昭君坟至头道拐河长 173.8 km,属弯曲型河段,本河段河宽 900~5 000 m,上宽下窄,上段平均宽 3 000 m,下段平均宽 2 000 m,主槽宽 400~900 m,平均宽约 600 m,河道比降 0.125‰;头道拐至河口镇河长 10.3 km,河宽 900~2 000 m,比降 0.156‰,其下为峡谷型河段。

20 世纪 60 年代以来,黄河上游先后建成了盐锅峡(1961 年)、三盛公(1961 年)、青铜峡(1967 年)、刘家峡(1968 年)、八盘峡(1975 年)、龙羊峡(1986 年)等水利枢纽。其中,龙羊峡、刘家峡、盐锅峡、八盘峡水库位于黄河上游上段,青铜峡、三盛公水库位于宁蒙河段内。青铜峡水库于 1967 年 4 月开始蓄水运用,青铜峡库区长约 40.9km,库区段坝址至上游 8 km 处为峡谷河道,峡谷以上河床宽浅,水流散乱,其河床演变除受来水来沙条件及河床边界条件的影响外,还与水库运用密切相关。20 世纪 80 年代以来,水库已形成较为稳定的滩槽形态,主槽宽度为 500~700 m。三盛公水库于 1961 年 5 月开始运用,旧磴口到三盛公坝址为三盛公库区段,该库区段河长约 54.2 km,三盛公水库为平原型水库,库区平均宽度为 2 000 m,其主槽平均宽度约为 1 000 m。其出库站为巴彦高勒水文站,上距三盛公坝址 422 m。黄河上游干流河道特征见表 1-1。

表 1-1　黄河上游干流河道特征

河段	河长（km）	河道平均宽度（m）	槽宽（m）	滩宽（m）	滩槽之差（m）	河床组成	平均比降（‰）	糙率	河型
唐乃亥—贵德	189.6	240			5~10 以上	卵石	2.44		峡谷
贵德—循化	165.6	350			3~5 以上	砂、卵石	2.12		过渡峡谷
循化—盐锅峡	146.6	320			5~10 以上	砂、卵石	1.9		峡谷
盐锅峡—兰州	64.8	290			5~10 以上	砂、卵石	0.94		深峡谷
兰州—下河沿	362.1	300			3~10 以上	砂、卵石	0.79		过渡
下河沿—青铜峡	124	200~3 300			3~5 以上	砂、卵石	0.78		过渡
青铜峡—石嘴山	196	200~5 000	550	1 950	3~5 以上	粗砂	0.201	0.015	弯曲
石嘴山—巴彦高勒	142	200~5 000	550	950	3~5 以上	沙质	0.207	0.019	平原弯曲
巴彦高勒—三湖河口	221	600~8 000	750	2 750	1~3 以上	沙质	0.138	0.015	平原弯曲
三湖河口—昭君坟	1 262	1 000~7 000			1~3 以上	沙质	0.117		平原弯曲
昭君坟—头道拐	174	900~5 000	600	1 900		沙质	0.125	0.017	平原弯曲
三湖河口—头道拐	3 002	3 092	644	2 448	1~3 以上	沙质	0.108	0.015	平原弯曲

1.1.2 水文气象

下河沿—石嘴山河段,黄河干流横贯宁夏平原。平原区属典型的大陆性气候,降水稀少,蒸发强烈。多年平均降水量 180～200 mm,主要集中在 7～9 月,占全年降水的 60%～70%。多年平均蒸发量 1 740 mm,是降水量的 8 倍多。多年平均气温 8.1～8.4 ℃,极端最高气温约 38 ℃,极端最低气温 -27 ℃,年平均日照时数 2 959 h,日照率在 65% 以上,无霜期 150～161 d。

石嘴山—蒲滩拐河段属中温带大陆性气候,年内寒暑巨变。春季干旱多风,夏季短促炎热,冬季漫长严寒而少雪,日照率高,无霜期短,年温差及日温差较大,降水量小,蒸发量大。统计海渤湾、磴口、临河、乌拉特前旗、包头、达拉特前旗、托克托县 7 个气象站 1961～1990 年气象资料,本地区年平均降水量为 138.1～351.0 mm,汛期 7～10 月降水量占全年降水量的 70%～76%,最大日降水量为 46.3～146.4 mm;年平均气温 6.3～7.8 ℃,最高气温 38.0～40.2 ℃,最低气温 -30.7～-36.3 ℃,年平均蒸发量 1 848.5～2 389 mm;历年最大冻土深度 1.08～1.78 m,最大风速 18～24.2 m/s,春秋两季大风频繁,风沙严重。

1.2 宁蒙河道不同时期来水来沙变化特点分析

1.2.1 干流来水来沙特点分析

1.2.1.1 天然情况下来水来沙变化特点

刘家峡水库于 1968 年 10 月开始投入运用,由于刘家峡水库的蓄水拦沙运用,水库下游的水沙过程发生改变,因此可以将水库运用之前的时段代表天然情况下的水沙过程。

1. 具有水多沙少、水沙异源的特点

宁蒙河道的进口控制站为下河沿水文站,该站 1920～1968 年(运用年,指 1919 年 11 月至 1968 年 10 月,下同)多年平均水量 313.0 亿 m³,沙量 1.849 亿 t,平均含沙量 5.91 kg/m³;出口控制站头道拐站多年平均水量 257.9 亿 m³,沙量 1.532 亿 t,平均含沙量 5.94 kg/m³;头道拐水量占同期全河(花园口站)的 52.5%,而沙量只占同期全河的 10.6%,水多沙少,是黄河最主要的少沙区。

同时,黄河上游存在水沙异源的特性(见表 1-2)。根据下河沿站以上的河道特性,可分为三个区间,从表 1-2 可看出,贵德以上流域面积占下河沿以上的 52.8%,多年平均水量占下河沿的 65.4%,多年平均沙量仅占下河沿的 9.9%;贵德—上诠(小川)流域面积占 19.3%,多年平均水量占 21.4%,沙量占 30.9%;上诠至下河沿流域面积占 27.9%,水量只占 13.2%,来沙量占 59.1%。可见,进入宁蒙河段的水量主要来自贵德以上,而沙量主要来自贵德以下,更集中来自上诠—下河沿区间。特别是洮河、大通河、湟水、祖厉河以及清水河等支流,洪水时往往形成高含沙量水流汇入黄河,增加了干流的含沙量,如贵德站多年平均含沙量为 0.90 kg/m³,上诠—下河沿区间来水含沙量大,为 26.5 kg/m³,经上段清水的稀释,下河沿站含沙量为 5.90 kg/m³。

表 1-2　1920～1968 年黄河上游区间水沙量

区间	流域面积		水量		沙量		含沙量（kg/m³）
	面积（万 km²）	占下河沿（%）	全年（亿 m³）	占下河沿（%）	全年（亿 t）	占下河沿（%）	
贵德以上	13.4	52.8	205.4	65.4	0.184	9.9	0.90
贵德—上诠	4.9	19.3	67.1	21.4	0.573	30.9	8.54
上诠—下河沿	7.1	27.9	41.4	13.2	1.096	59.2	26.5
下河沿以上	25.4	100.0	313.9	100.0	1.853	100	5.90

从建库前 1952～1959 年天然径流量（见表 1-3）看,径流量主要来自兰州以上,兰州以下产流极少。头道拐天然径流量为 319 亿 m³,贵德以上占 61%,兰州站为 316 亿 m³,占 99%。实测沙量青铜峡以上沿程增加,至青铜峡最大为 2.88 亿 t,青铜峡以下至头道拐则沿程减少,该时段受水库和引水的影响较小,基本可以代表天然情况下的输沙变化特点。

表 1-3　黄河上游主要站 1952～1959 年平均水、沙量

项目	集水面积（万 km²）	占头道拐（%）	天然径流量（亿 m³）	占头道拐（%）	实测沙量（亿 t）	占青铜峡（%）
唐乃亥	12.2	33	181	56.74	0.12	4
贵德	13.4	36	194	60.81	0.18	6
循化	14.5	40	208	65.20	0.42	15
小川	18.2	49	260	81.50	0.96	33
兰州	22.3	61	316	99.60	1.36	47
安宁渡	24.4	66	318	99.69	2.46	85
下河沿	25.4	69	318	99.69	2.54	88
青铜峡	27.5	75			2.88	100
石嘴山	30.9	84	319	100	2.20	76
头道拐	36.8	100	319	100	1.51	52

2. 具有水沙量年际变化大的特点

黄河上游的水沙量存在丰枯相间的年际变化。图 1-2、图 1-3 为下河沿站非汛期、汛期、全年来水量和来沙量的历年变化过程。下河沿站在龙刘水库运用之前的 1920～1968 年平均水量为 313.9 亿 m³,年间丰枯不均。1922～1933 年为连续枯水年,年均水量 236.3 亿 m³,1935～1938 年、1945～1951 年及 1963～1968 年除个别年份外为丰水年;1967 年年水量最大,达 515.9 亿 m³,1928 年水量最小仅为 155.2 亿 m³,前者为后者的 3.32 倍。

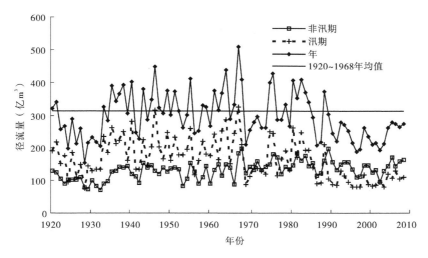

图 1-2　下河沿站历年径流量变化

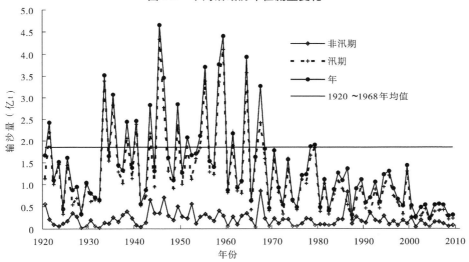

图 1-3　下河沿站历年输沙量变化

1920～1968 年年平均输沙量为 1.853 亿 t,各年之间差别很大。1945 年来沙量为历年最大值,达 4.66 亿 t,1928 年来沙量最小仅为 0.32 亿 t,前者为后者的 14.6 倍,可见年沙量的变化幅度远远大于年水量的变化幅度。

从含沙量的年际变化看,下河沿站 1920～1968 年汛期平均为 8.3 kg/m³,1959 年汛期最高,为 22.8 kg/m³,1945 年为 21.4 kg/m³,1965 年最低,为 2.73 kg/m³,最高值为最低值的 8.3 倍。经过沿程支流入汇、引水引沙和河道冲淤调整,宁蒙河段出口头道拐站为124.2 亿 m³;平均沙量为 1.529 亿 t,其中 1967 年最多为 3.134 亿 t,1928 年最少为 0.239亿 t,前者为后者的 13.1 倍。头道拐站水沙量的年际变化幅度与下河沿站相似,历年变化过程见图 1-4 和图 1-5。相应汛期平均含沙量为 7.8 kg/m³,最高为 12.9 kg/m³(1959年),最低为 2.2 kg/m³(1941 年),二者相差 5.7 倍。可见,经过沿程冲淤调整,高含沙量过程衰减,头道拐站年际间平均含沙量的变化幅度减小。

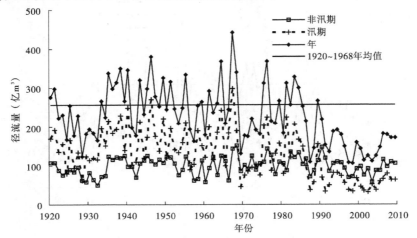

图1-4　头道拐站历年径流量变化

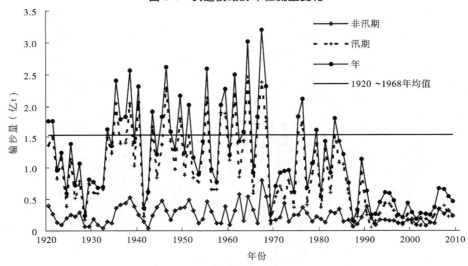

图1-5　头道拐站历年输沙量变化

3. 具有水沙量年内分配不均匀的特点

由于黄河上游水沙来源地区不同,其水沙量在时间上的分布也不均匀,每年的水沙量主要集中在汛期(7~10月)。从统计典型水文站年内径流量分配情况(见表1-4)可以看到,1920~1968年下河沿站多年平均水量为313.0亿 m³,其中汛期为192.4亿 m³,占全年61.5%,从图1-6年内各月分布来看,来水量主要以7~9月为主,平均来水量在50亿 m³ 以上。从来水量占全年水量的比例图上来看,这3个月水量占年水量的平均比例在16%左右(见图1-7)。而1月、2月水量小于10亿 m³,2月水量最少,仅7.17亿 m³,仅占全年水量的2.3%。年内月水量的最大值是最小值的7.1倍。

表 1-4　典型水文站年内径流量分配　　　　　　　　　　　（单位：亿 m³）

站名	时期	非汛期	汛期	全年	汛期占年（%）
下河沿	1920～1968 年	120.6	192.4	313.0	61.5
	1950～1968 年	130.1	207.5	337.6	61.5
头道拐	1920～1968 年	97.4	160.5	257.9	62.2
	1950～1968 年	101.4	164.7	266.1	61.9

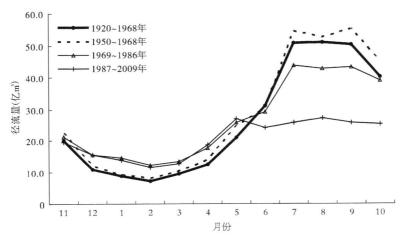

图 1-6　下河沿站年内各月径流量分布

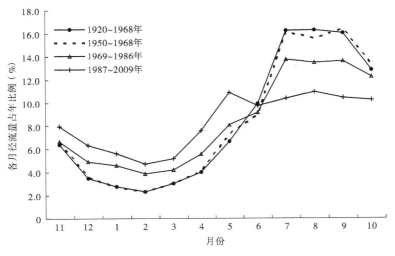

图 1-7　下河沿站各月径流量占年径流量比例

下河沿站多年平均沙量为 1.849 亿 t(见表 1-5),其中汛期为 1.600 亿 t,占全年 86.5%,非汛期仅占 13.5%。从年内各月看(见图 1-8、图 1-9),8 月沙量最大,为 0.744 亿 t,约占全年的 40%,其次分别为 7 月、9 月,5~10 月总沙量占全年的 98%,而 11~12 月和 1~3 月沙量约占全年的 2%。可见,沙量在时间上的不均匀性更胜于水量。

表 1-5　典型水文站年内输沙量分配　　　　　　　　　　(单位:亿 t)

站名	时期	非汛期	汛期	全年	汛期占年(%)
下河沿	1920~1968 年	0.249	1.600	1.849	86.5
	1950~1968 年	0.276	1.829	2.105	86.9
头道拐	1920~1968 年	0.279	1.253	1.532	81.8
	1950~1968 年	0.334	1.423	1.757	81.0

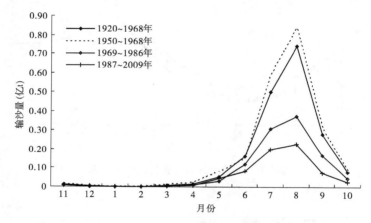

图 1-8　下河沿站年内各月输沙量分布

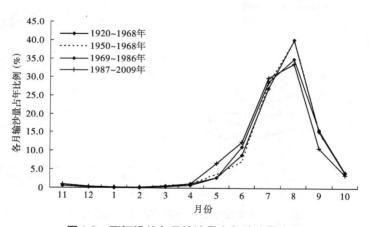

图 1-9　下河沿站各月输沙量占年输沙量比例

1.2.1.2 龙刘水库运用之后水沙变化特点

1. 年水沙量明显减少

点绘宁蒙河道典型水文站逐年水沙过程(见图 1-10 ~ 图 1-12)可以看到,在龙刘水库联合运用之后,年最大水沙量都明显减小。进一步分析可以看到,在天然情况下,1952 ~ 1968 年,下河沿、石嘴山、头道拐各站最大年水量分别为 509.1 亿 m³、491.3 亿 m³ 和 442.5 亿 m³(见表 1-6),最大水量发生的年份均为 1967 年;该时期下河沿、石嘴山、头道拐各站年最大来沙量分别为 4.070 亿 t(1959 年)、3.771 亿 t(1964 年)和 3.193 亿 t(1967 年);到刘家峡水库单库运用时期的 1969 ~ 1986 年,该时期内三个站的年最大水沙量均有所减少,其中年最大水量分别为 426.5 亿 m³(1976 年)、408.2 亿 m³(1976 年)和 368.9 亿 m³(1976 年),三站最大年沙量分别为 1.831 亿 t(1979 年)、1.601 亿 t(1979 年)和 2.116 亿 t(1976 年),可见与 1952 ~ 1968 年相比,年最大水量分别减少 82.6 亿 m³、83.1 亿 m³ 和 73.6 亿 m³,沙量也有所减少,最大沙量分别减少 2.239 亿 t、2.170 亿 t 和 1.077 亿 t;水沙量减幅范围分别为 16.2% ~ 16.9% 和 33.7% ~ 57.6%。龙羊峡水库运用之后的 1987 ~ 1999 年,水沙量进一步减小,下河沿、石嘴山、头道拐各站年最大水量都发生在 1989 年,水量分别为 372.8 亿 m³、344.5 亿 m³ 和 267.7 亿 m³;最大沙量分别为 1.316 亿 t(1999 年)、1.496 亿 t(1989 年)和 1.139 亿 t(1989 年)。与天然情况下相比,水量减少 136.3 亿 m³、146.8 亿 m³ 和 174.8 亿 m³,沙量减少的也比较多,分别减少 2.754 亿 t、2.275 亿 t 和 2.054 亿 t。水沙量减幅分别为 26.8% ~ 39.5% 和 60.3% ~ 67.7%。到 2000 ~ 2012 年,年最大水沙量进一步锐减,下河沿、石嘴山、头道拐各站最大水量分别减少到 369.8 亿 m³(2012 年)、354.9 亿 m³(2012 年)和 285.0 亿 m³(2012 年);最大沙量进一步锐减,三个站

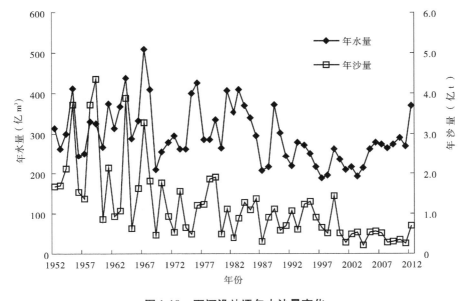

图 1-10　下河沿站逐年水沙量变化

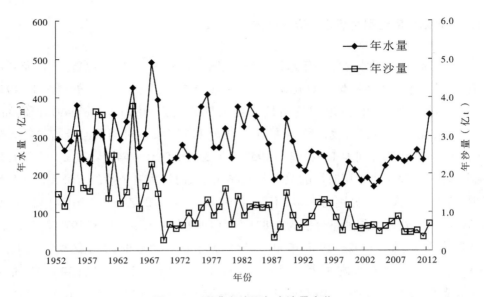

图 1-11　石嘴山站逐年水沙量变化

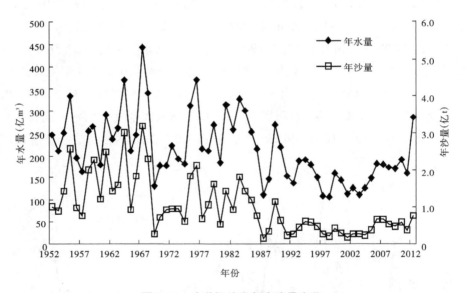

图 1-12　头道拐站逐年水沙量变化

年最大沙量分别为 0.581 亿 t(2012 年)、0.872 亿 t(2007 年)和 0.760 亿 t(2012 年),水沙量减幅分别为 27.4% ~ 35.6% 和 76.2% ~ 85.7%。因此,详细分析后可以看到,与 1952 ~ 1968 年相比,刘家峡水库运用之后的 1969 ~ 1986 年及龙刘水库联合运用时期 1987 ~ 1999 年、2000 ~ 2012 年最大水沙量都是明显减少的,并且沙量减幅大于水量减幅。同时,分析还可以看到,在几个时段中,1987 ~ 1999 年的最大年水量减幅最大,2000 ~ 2012 年的最大年沙量减幅最大。

表 1-6 宁蒙河道典型水文站年最大水沙量

水文站	时段	水量		沙量		与 1952～1968 年相比	
		最大值（m³/s）	发生年份	最大值（亿 t）	发生年份	水量减幅（%）	沙量减幅（%）
下河沿	1952～1968 年	509.1	1967	4.070	1959		
	1969～1986 年	426.5	1976	1.831	1979	−16.2	−55.1
	1987～1999 年	372.8	1989	1.316	1999	−26.8	−67.7
	2000～2012 年	369.8	2012	0.581	2012	−27.4	−85.7
石嘴山	1952～1968 年	491.3	1967	3.771	1964		
	1969～1986 年	408.2	1976	1.601	1979	−16.9	−57.6
	1987～1999 年	344.5	1989	1.496	1989	−29.9	−60.3
	2000～2012 年	354.9	2012	0.872	2007	−27.7	−76.9
头道拐	1952～1968 年	442.5	1967	3.193	1967		
	1969～1986 年	368.9	1976	2.116	1976	−16.6	−33.7
	1987～1999 年	267.7	1989	1.139	1989	−39.5	−64.3
	2000～2012 年	285.0	2012	0.760	2012	−35.6	−76.2

从长时期多年平均 1952～2012 年水沙量变化来看（见图 1-13、图 1-14），宁蒙河道水文站由上到下多年平均水量是逐渐减少的，下河沿站多年平均水量为 296.1 亿 m³（见表 1-7），由于水库运用及沿程引水的影响，石嘴山水文站多年平均水量有所减少，年均水

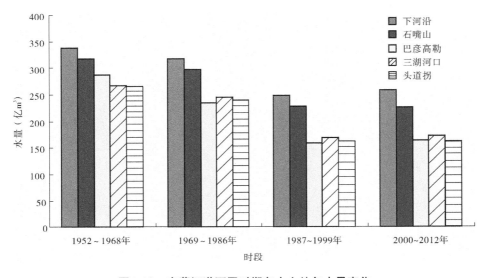

图 1-13 宁蒙河道不同时期各水文站年水量变化

量为 272.5 亿 m³,巴彦高勒站、三湖河口站多年平均的水量不到 220 亿 m³,头道拐站年均水量最小,仅为 213.3 亿 m³。从长时期多年平均年沙量来看,下河沿站、石嘴山站的沙量稍大一些,年均沙量分别为 1.189 亿 t、1.174 亿 t,巴彦高勒、三湖河口、头道拐站年均沙量有所减少,多年平均沙量仅有 1 亿 t。

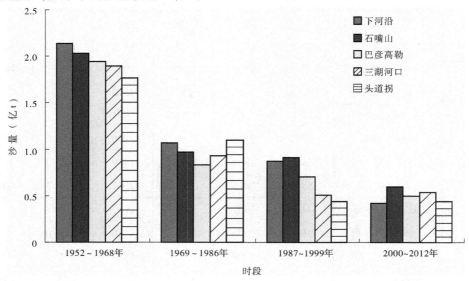

图 1-14　宁蒙河道不同时期各水文站年沙量变化

表 1-7　宁蒙河道不同时期运用年水沙量

项目	时段	下河沿	石嘴山	巴彦高勒	三湖河口	头道拐
年水量 (亿 m³)	1952～1968 年	337.7	317.6	285.6	265.8	264.3
	1969～1986 年	318.7	295.9	234.7	245.1	239.2
	1987～1999 年	248.3	227.4	159.3	168.2	162.5
	2000～2012 年	258.0	226.3	163.2	172.0	161.8
	1952～2012 年	296.1	272.5	217.6	218.9	213.3
年沙量 (亿 t)	1952～1968 年	2.143	2.030	1.939	1.893	1.764
	1969～1986 年	1.070	0.971	0.834	0.929	1.103
	1987～1999 年	0.871	0.911	0.703	0.507	0.444
	2000～2012 年	0.423	0.599	0.500	0.538	0.437
	1952～2012 年	1.189	1.174	1.043	1.024	1.005
与 1952～1968 年 比水量减幅(%)	1969～1986 年	-5.6	-6.8	-17.8	-7.8	-9.5
	1987～1999 年	-26.5	-28.4	-44.2	-36.7	-38.5
	2000～2012 年	-23.6	-28.8	-42.8	-35.3	-38.8
与 1952～1968 年 比沙量减幅(%)	1969～1986 年	-50.1	-52.2	-57.0	-50.9	-37.4
	1987～1999 年	-59.4	-55.1	-63.7	-73.2	-74.8
	2000～2012 年	-80.3	-70.5	-74.2	-71.6	-75.2

根据龙羊峡、刘家峡水库实际运用情况及实测资料情况,将宁蒙河道划分为1952~1968年、1969~1986年、1987~1999年、2000~2012年来分析,可以看到,在龙刘水库运用之前的天然情况下1952~1968年,下河沿、石嘴山、巴彦高勒、三湖河口和头道拐各站水量分别为337.7亿m³、317.6亿m³、285.6亿m³、265.8亿m³和264.3亿m³,该时期年均沙量分别为2.143亿t、2.030亿t、1.939亿t、1.893亿t和1.764亿t;到刘家峡水库单库运用时期的1969~1986年,宁蒙河道各站的水量分别为318.7亿m³、295.9亿m³、234.7亿m³、245.1亿m³和239.2亿m³,年均沙量分别为1.070亿t、0.971亿t、0.834亿t、0.929亿t和1.103亿t。与天然时期相比,年均水沙量均有所减少,水量减少幅度在5.6%~17.8%,其中水量减幅最大的是巴彦高勒站,减幅最小的是下河沿站;沙量减少幅度为37.4%~57%,减幅最大的是巴彦高勒站,减幅最小的是头道拐站。到龙羊峡水库运用之后的1987~1999年,与天然情况下水沙相比,水沙量进一步减少,其中各站水量减少到248.3亿m³、227.4亿m³、159.3亿m³、168.2亿m³和162.5亿m³,水量减幅为26.5%~44.2%,减幅最大的仍是巴彦高勒站,减幅最小的是下河沿站。该时期年均沙量也有所减少,各站减少到0.871亿t、0.911亿t、0.703亿t、0.507亿t和0.444亿t,沙量减幅范围在55.1%~74.8%,头道拐站沙量减幅最大,石嘴山站沙量减幅最小。分析2000~2012年宁蒙河道各水文站水沙变化情况可以看到,该时期年均水量情况与1987~1999年相差不多,各站的年均水量分别为258.0亿m³、226.3亿m³、163.2亿m³、172.0亿m³和161.8亿m³,与天然情况下相比,水量减少范围在23.6%~42.8%,巴彦高勒站水量减幅最大。该时期各站年均沙量较1987~1999年年均沙量进一步减少,与天然时期相比,沙量减幅更大,沙量减幅为70.5%~80.3%,沙量减幅大于水量减幅。因此,从不同时期的年均水沙量分析结果来看,与天然情况下1952~1968年相比,其他时段的年均水沙量均有不同程度的减少,并且沙量减幅大于水量减幅。从各时期水沙减幅来看,其中水量减少幅度最大的时期是在1987~1999年,减幅为26.5%~44.2%,沙量减幅最大的时期为2000~2012年,减幅范围在70.5%~80.3%。

2. 水沙年内分配发生变化

宁蒙河道水量主要来自兰州以上,但是龙刘水库联合运用之后控制了大部分来水。根据运用要求,龙刘两库实行汛期蓄水、非汛期补水的运用方式调节进、出库水流,改变了宁蒙河道的天然径流过程,因此年内汛期水量与非汛期水量的比例关系因水库调蓄作用发生改变。由图1-15及表1-8可以看出,下河沿—头道拐沿程各水文站在水库运用之前(1952~1968年)汛期水量变化范围在165.4亿~208.6亿m³,占年水量的比例为61.8%~63.1%,非汛期水量占年水量的比例约为40%。刘家峡单库运用期间(1969~1986年)汛期水量为124.5亿~169.1亿m³,占年水量比例降为53.1%~54.9%,龙羊峡和刘家峡联合运用之后的1987~1999年,汛期水量进一步减少,汛期水量变化范围仅在59.1亿~105.4亿m³,汛期水量占年水量的比例下降到37.1%~44.0%;2000~2012年,汛期水量变化范围仅在63.9亿~110.7亿m³,汛期水量占年水量的比例下降到39.1%~44.8%;而非汛期水量占年水量的60%以上,占主导地位。

宁蒙河道的沙主要来自水库下游的支流,水库运用以后沙量在年内分配也相应发生变化,但水库运用前后汛期沙量占年沙量的比例的下降幅度小于水量的下降幅度。由表1-8和图1-16可以看到,天然情况下下河沿—头道拐主要控制站汛期沙量变化范围为1.448亿~1.865亿t,占年沙量的比例为81.0%~87.1%(见表1-8),刘家峡水库单库运用期间下降为0.63亿~0.895亿t,占年沙量的比例降为73.5%~83.6%,两库联合运用之后的1987~1999年,该时段汛期沙量进一步减少到0.280亿~0.695亿t,占年沙量比例为61.8%~79.8%;到2000~2012年,汛期沙量进一步锐减,沙量减少到0.226亿~0.360亿t,占年沙量比例进一步下降到50.9%~74.1%。

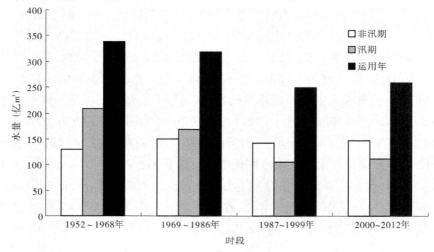

(a)下河沿站

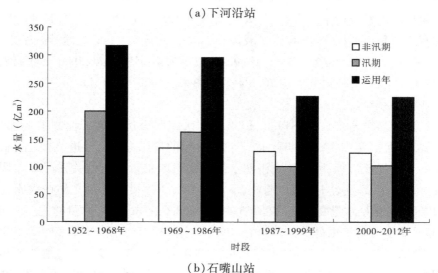

(b)石嘴山站

图1-15 不同时期各站水量年内分布变化

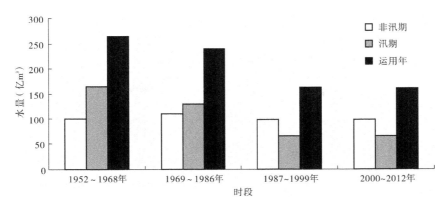

（c）头道拐站

续图 1-15

表 1-8　不同时期兰州—头道拐河段主要水文站水沙量年内分配变化

水文站	时段	水量（亿 m^3）				沙量（亿 t）			
		1952～1968 年	1969～1986 年	1987～1999 年	2000～2012 年	1952～1968 年	1969～1986 年	1987～1999 年	2000～2012 年
下河沿	非汛期	129.1	149.6	142.9	147.3	0.277	0.175	0.176	0.110
	汛期	208.6	169.1	105.4	110.7	1.865	0.895	0.695	0.314
	运用年	337.7	318.7	248.3	258.0	2.142	1.070	0.871	0.424
	汛期/年（%）	61.8	53.1	42.5	42.9	87.1	83.6	79.8	74.1
石嘴山	非汛期	117.1	133.5	127.4	124.8	0.385	0.257	0.296	0.239
	汛期	200.5	162.3	100.0	101.4	1.645	0.714	0.614	0.360
	运用年	317.6	295.8	227.4	226.2	2.030	0.971	0.910	0.599
	汛期/年（%）	63.1	54.9	44.0	44.8	81.0	73.5	67.5	60.2
巴彦高勒	非汛期	106.1	110.2	100.2	99.4	0.299	0.203	0.269	0.246
	汛期	179.5	124.5	59.1	63.9	1.640	0.630	0.434	0.255
	运用年	285.6	234.7	159.3	163.2	1.939	0.833	0.703	0.501
	汛期/年（%）	62.9	53.0	37.1	39.1	84.6	75.6	61.8	50.9
三湖河口	非汛期	98.7	114.2	102.4	103.3	0.314	0.198	0.184	0.243
	汛期	167.0	130.9	65.8	68.6	1.579	0.732	0.323	0.295
	运用年	265.7	245.1	168.2	171.9	1.893	0.930	0.507	0.538
	汛期/年（%）	62.8	53.4	39.1	39.9	83.4	78.7	63.7	54.8
头道拐	非汛期	98.9	109.3	97.9	97.2	0.316	0.235	0.164	0.211
	汛期	165.4	129.9	64.6	64.6	1.448	0.868	0.280	0.226
	运用年	264.3	239.2	162.5	161.8	1.764	1.103	0.444	0.437
	汛期/年（%）	62.6	54.3	39.8	39.9	82.1	78.7	63.0	51.8

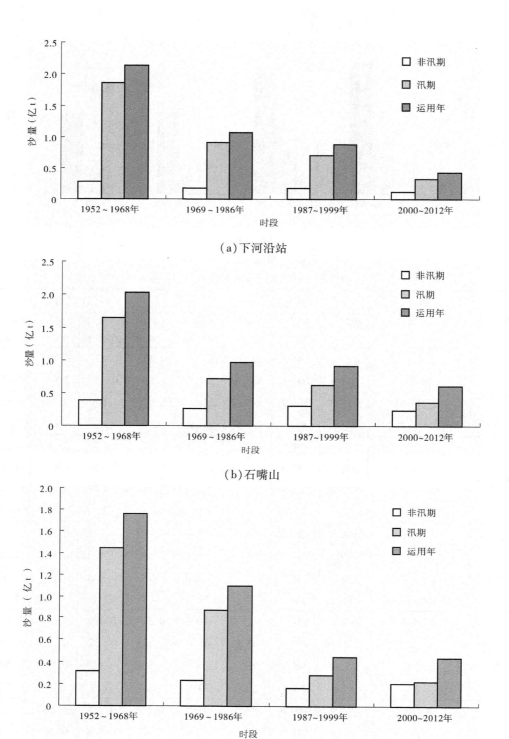

（a）下河沿站

（b）石嘴山

（c）头道拐站

图1-16　不同时期各站沙量年内分布变化

3. 汛期水流过程发生变化

龙刘水库运用不仅调节了年径流总量及径流年内分配,同时也调节了干流水量过程。以不同流量的出现频次为指标,从汛期小于某流量级的历时、水量统计(见表 1-9、表 1-10)可以看出,宁蒙河段四个主要站随着刘家峡和龙羊峡水库相继投入运用,各站汛期大流量级历时及水量减少,小流量级历时及水量明显增加(见图 1-17)。以头道拐站为例,在水库运用以前,汛期小于 1 000 m³/s 流量级仅 38 d,刘家峡单库运用期间增加到 63 d,龙羊峡水库和刘家峡水库联合运用后的 1987~1999 年,增加到 102 d,与天然情况相比该流量级历时占汛期历时比例也由 31.2% 提高到 82.9%;到 2000~2012 年,汛期小于 1 000 m³/s 流量级历时为 54 d,占汛期比例为 43.8%。1 000~2 000 m³/s 流量级历时由 1956~1968 年的 52 d 减少到 2000~2012 年的 6 d,该流量级历时占汛期历时的比例由 42.5% 减少到 4.8%;2 000~3 000 m³/s 流量级历时由 1956~1968 年的年均 26 d 降低到 2000~2012 年的 1 d,该流量级占汛期历时的比例由 21.5% 减少到 0.9%;大于 3 000 m³/s 流量级历时在 1956~1968 年年均为 6 d,而到 2000~2012 年,大于 3 000 m³/s 流量历时仅为 0.04 d。

表 1-9 不同时期各流量级历时情况

水文站	时段	历时(d)				占汛期比例(%)			
		< 1 000 m³/s	1 000~ 2 000 m³/s	2 000~ 3 000 m³/s	> 3 000 m³/s	< 1 000 m³/s	1 000~ 2 000 m³/s	2 000~ 3 000 m³/s	> 3 000 m³/s
下河沿	1951~1968 年	24	50	36	13	19.6	40.5	29.3	10.6
	1969~1986 年	32	61	20	10	25.9	49.3	16.4	8.4
	1987~1999 年	81	38	2	2	65.5	31.0	1.8	1.6
	2000~2012 年	62	57	3	1	50.7	46.5	2.1	0.7
石嘴山	1950~1968 年	20	58	34	11	16.5	47.5	27.3	8.7
	1969~1986 年	41	52	20	10	33.4	42.5	16.2	7.9
	1987~1999 年	85	33	4	1	69.5	27.1	2.9	0.5
	2000~2012 年	73	46	3	1	59.6	37.3	2.6	0.5
三湖河口	1952~1968 年	33	58	26	6	26.9	46.9	21.1	5.0
	1969~1986 年	64	37	15	7	52.0	29.8	12.6	5.6
	1987~1999 年	103	17	3	0	83.4	14.1	2.6	0
	2000~2012 年	104	15	4	0	84.9	12.2	2.9	0
头道拐	1956~1968 年	38	52	26	6	31.2	42.5	21.5	4.8
	1969~1986 年	63	38	15	7	51.1	31.1	11.9	5.8
	1987~1999 年	102	18	3	0.08	82.9	14.3	2.8	0.1
	2000~2012 年	54	6	1	0.04	43.8	4.8	0.9	0.03

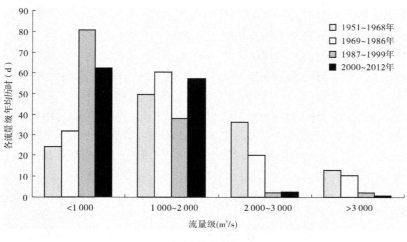

（a）下河沿站

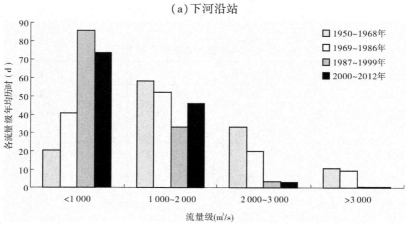

（b）石嘴山站

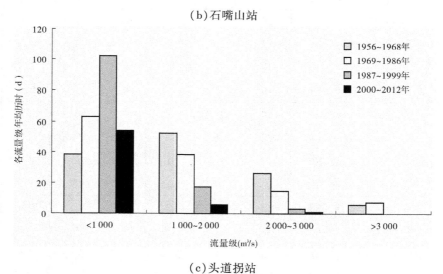

（c）头道拐站

图 1-17　不同时期各站汛期各流量级历时变化

图 1-18 和表 1-10 为宁蒙河道典型水文站不同时期各流量级的水量变化情况,从图 1-18 可以看出,与天然时期相比,刘家峡、龙羊峡水库运用之后的三个时段,小流量级水量明显增多,大流量级水量明显减少。以头道拐站为例,进一步分析可以看到:在天然情况下,头道拐站小于 1 000 m³/s 流量级的水量为 22.7 亿 m³,占汛期水量的比例为 13.9%;到刘家峡水库单库运用时期的 1969~1986 年,头道拐站小于 1 000 m³/s 流量级的水量增加到 29.8 亿 m³,该流量级水量占汛期水量的比例增加到 23.1%;龙羊峡水库运用之后的 1987~1999 年和 2000~2012 年,两个时段小于 1 000 m³/s 流量级的水量分别为 38.0 亿 m³ 和 105.8 亿 m³,占汛期水量的比例进一步增加到 58.9% 和 86.1%。与天然时期相比,大于 1 000 m³/s 流量级水量明显减少,其中 1 000~2 000 m³/s 流量级水量与水库运用之前相比,水量明显减少。其中,刘家峡水库单库运用时期,水量为 46.4 亿 m³,占汛期水量的比例由水库运用之前的 40.8% 下降到单库运用的 36.0%;到龙羊峡水库运用之后时期,该流量级水量进一步减少,1987~1999 年和 2000~2012 年两个时段的水量分别为 19.1 亿 m³ 和 13.9 亿 m³,占汛期水量的比例分别减少到 29.6% 和 11.3%。

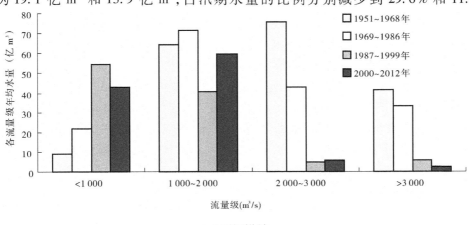

(a)下河沿站

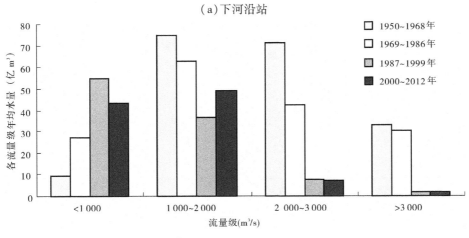

(b)石嘴山站

图 1-18　不同时期各站各流量级水量变化

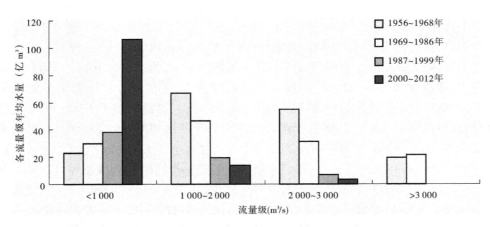

（c）头道拐站

续图 1-18

2 000 ~ 3 000 m³/s 流量级水量与水库运用之前相比，水量减少更多，天然情况下该流量级水量为 54.8 亿 m³，占汛期水量的比例为 33.5%；刘家峡水库单库运用时期，该流量级水量减少到 30.9 亿 m³，占汛期比例减少到 24.0%；龙羊峡水库运用之后的 1987 ~ 2010 年，水量进一步减少，其中 1987 ~ 1999 年该流量级水量为 7.2 亿 m³，占汛期水量的比例为 11.1%；而 2000 ~ 2012 年，该流量级水量进一步减少到年均仅 3.2 亿 m³，占汛期总水量的比例由天然时期的 33.5% 下降到 2.6% 左右。对于大于 3 000 m³/s 流量级的水量可以看到，该流量级在水库运用之前水量为 19.2 亿 m³，到刘家峡水库单库运用时期的 1969 ~ 1986 年，该流量级水量增加到 21.7 亿 m³，占汛期水量比例由水库运用之前的 11.7% 增加到 16.9%；龙羊峡水库运用之后时期，2000 ~ 2012 年，该流量级水量仅有 0.1 亿 m³，占汛期总水量比例仅为 0.1%。

表 1-10　不同时期各流量级水量情况

水文站	时段	各流量级水量（亿 m³）				占汛期比例（%）			
		<1 000 m³/s	1 000 ~ 2 000 m³/s	2 000 ~ 3 000 m³/s	>3 000 m³/s	<1 000 m³/s	1 000 ~ 2 000 m³/s	2 000 ~ 3 000 m³/s	>3 000 m³/s
下河沿	1951 ~ 1968 年	9.0	64.4	75.5	41.4	4.7	33.8	39.7	21.8
	1969 ~ 1986 年	21.9	71.3	42.9	32.9	13.0	42.2	25.4	19.4
	1987 ~ 1999 年	54.5	40.9	4.5	5.6	51.6	38.8	4.3	5.3
	2000 ~ 2012 年	42.9	59.9	5.6	2.3	38.8	54.1	5.0	2.1
石嘴山	1950 ~ 1968 年	9.4	74.8	71.2	33.3	5.0	39.6	37.7	17.7
	1969 ~ 1986 年	27.1	62.6	42.4	30.2	16.7	38.6	26.1	18.6
	1987 ~ 1999 年	54.8	36.7	7.6	1.6	54.4	36.5	7.5	1.6
	2000 ~ 2012 年	43.5	49.3	7.0	1.7	42.8	48.6	6.9	1.7

水文站	时段	各流量级水量（亿 m³）				占汛期比例（%）			
		<1 000 m³/s	1 000～2 000 m³/s	2 000～3 000 m³/s	>3 000 m³/s	<1 000 m³/s	1 000～2 000 m³/s	2 000～3 000 m³/s	>3 000 m³/s
三湖河口	1952～1968 年	19.5	73.6	53.9	20.1	11.6	44.1	32.3	12.0
	1969～1986 年	31.8	44.8	32.7	21.6	24.3	34.2	25.0	16.5
	1987～1999 年	40.3	19.2	6.3	0	61.2	29.2	9.6	0
	2000～2012 年	45.1	16.3	7.3	0	65.6	23.7	10.7	0
头道拐	1956～1968 年	22.7	66.8	54.8	19.2	13.9	40.9	33.5	11.7
	1969～1986 年	29.8	46.4	30.9	21.7	23.1	36.0	24.0	16.9
	1987～1999 年	38.0	19.1	7.2	0.2	58.9	29.7	11.1	0.3
	2000～2012 年	105.8	13.9	3.2	0.1	86.0	11.3	2.6	0.1

4. 汛期具有较强输沙能力的大流量级减少

分析汛期不同时期各流量级的输沙量（见图 1-19），可以看出，由于刘家峡、龙羊峡水库调节运用，水沙搭配发生变化，输送大沙量的流量级降低。在水库运用之前，上游各站汛期 47.6%～68.9%的沙量主要靠大于 2 000 m³/s 的水流来输送（见表 1-11），而在刘家峡水库单独运用时期的 1968～1986 年，下降到汛期 41%～56.3%的沙量由大于 2 000 m³/s 的水流来输送；龙羊峡水库运用之后，输送大沙量的大流量级进一步减少，1987～1999 年，大于 2 000 m³/s 的水流仅输送汛期 7.9%～17.2%的沙量。到 2000～2012 年，输送大沙量的大流量级进一步减少，大于 2 000 m³/s 的水流仅输送汛期 6.1%～14.3%的沙量。

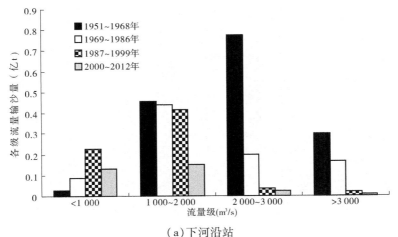

（a）下河沿站

图 1-19　各站汛期各流量级下输沙量

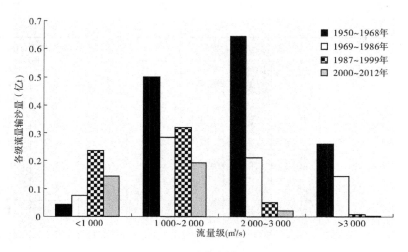

（b）石嘴山站

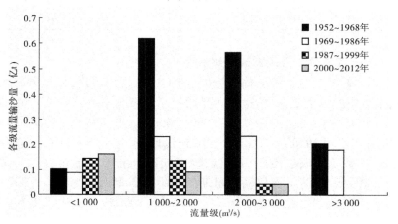

（c）三湖河口站

（d）头道拐站

续图 1-19

表 1-11　不同时期各流量级沙量情况

水文站	时段	各流量级沙量（亿 t）				占汛期比例（%）			
		<1 000 m³/s	1 000～2 000 m³/s	2 000～3 000 m³/s	>3 000 m³/s	<1 000 m³/s	1 000～2 000 m³/s	2 000～3 000 m³/s	>3 000 m³/s
下河沿	1951～1968 年	0.029	0.455	0.775	0.296	1.8	29.3	49.8	19.1
	1969～1986 年	0.088	0.440	0.199	0.167	9.9	49.1	22.3	18.7
	1987～1999 年	0.224	0.415	0.037	0.018	32.3	59.8	5.3	2.6
	2000～2012 年	0.132	0.149	0.025	0.008	42.1	47.6	7.9	2.4
石嘴山	1950～1968 年	0.043	0.500	0.644	0.260	3.0	34.6	44.5	18.0
	1969～1986 年	0.074	0.284	0.211	0.145	10.3	39.8	29.6	20.3
	1987～1999 年	0.235	0.321	0.050	0.008	38.2	52.3	8.2	1.3
	2000～2012 年	0.144	0.192	0.021	0.004	39.9	53.4	5.8	1.0
三湖河口	1952～1968 年	0.102	0.618	0.565	0.205	6.8	41.5	37.9	13.8
	1969～1986 年	0.089	0.230	0.233	0.179	12.1	31.5	31.8	24.5
	1987～1999 年	0.144	0.137	0.042	0	44.7	42.4	12.9	0
	2000～2012 年	0.164	0.089	0.042	0	55.5	30.2	14.3	0
头道拐	1956～1968 年	0.128	0.654	0.561	0.147	8.6	43.9	37.7	9.9
	1969～1986 年	0.093	0.321	0.283	0.164	10.8	37.3	32.9	19.0
	1987～1999 年	0.119	0.112	0.047	0.001	42.7	40.1	16.7	0.5
	2000～2012 年	0.133	0.080	0.014	0	58.6	35.2	6.0	0.1

5. 洪水特性发生改变

1）洪峰流量显著降低

点绘宁蒙河道典型站 1952～2012 年逐年最大洪峰流量过程（见图 1-20），可以明显看出，龙刘水库运用之后，上游各水文站最大洪峰流量是明显减小的。龙刘水库运用之后下河沿、石嘴山、三湖河口、头道拐各站最大洪峰流量分别为 3 750 m³/s、3 390 m³/s、3 000 m³/s、3 350 m³/s，比刘家峡水库单库运用时期最大洪峰 5 980 m³/s、5 660 m³/s、5 500 m³/s、5 150 m³/s 流量分别减少 2 230 m³/s、2 270 m³/s、2 500 m³/s、1 800 m³/s，洪峰流量减小百分数范围为 35%～45%。比天然情况下洪峰流量 5 330 m³/s、5 440 m³/s、5 380 m³/s、5 420 m³/s 分别减小 1 580 m³/s、2 050 m³/s、2 380 m³/s、2 070 m³/s，洪峰流量减小百分数范围为 30%～44%。

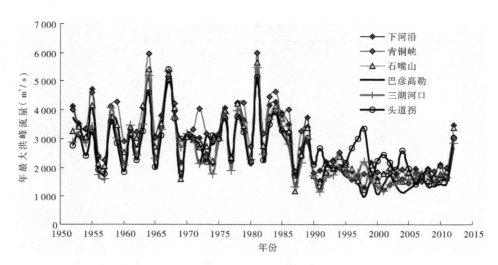

图 1-20　宁蒙河道典型水文站逐年最大洪峰流量变化

2）洪水发生频次减少

套绘宁蒙河道日均水沙资料，划分水流过程，把各站洪峰流量超过 1 000 m³/s 的径流过程作为洪水发生的场次进行统计，以头道拐站为例点绘不同流量级洪水年均发生场次（见图 1-21），可以看到龙刘水库运用以后，洪水发生频次是明显减少的，尤其是大洪水发生场次，头道拐站在天然情况下大于 3 000 m³/s 的洪水年均发生 0.8 次，并且 1967 年发生了 5 310 m³/s 的洪水；而在刘家峡水库单库运用时期，年均仅发生 0.7 次；当龙刘水库联合运用后，大于 3 000 m³/s 的洪水进一步降为年均仅发生 0.1 次，最大洪峰流量与龙刘水库运用前相比由 5 310 m³/s 减少到龙刘水库运用之后的 3 030 m³/s，减小了 43%。总的来看，龙刘水库运用后，洪水发生频次减少，尤其是大于 3 000 m³/s 的较大洪水场次的减少。

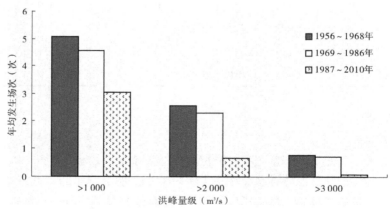

图 1-21　头道拐站各时段年均发生洪峰场次数量的对比

3）洪水期水沙量明显减少

统计场次洪水的历时、水沙量，点绘洪量、沙量与历时的关系，以头道拐站为例，可以看到在龙刘水库联合运用之后，洪水期水沙量分别为 18.9 亿 m³、0.09 亿 t（见表 1-12），与龙刘水库运用之前的 1956～1968 年相比，水沙量分别减少 44%、70%，与刘家峡水库单库运用时期相比,水沙量分别减少了34%、55%,沙量比水量的减少幅度大。比较相同历时条件下的洪量变化,龙刘水库运用时期洪量、沙量明显减小(见图1-22、图1-23),如头道拐站在同样30 d条件下,龙刘水库联合运用时期平均洪量、沙量约为20亿 m³、0.07亿 t,与水库运用前洪量、沙量40亿 m³、0.4亿 t相比减少了50%、83%。

表1-12 头道拐站洪水期特征值变化

时段	平均洪量 (亿 m³)	平均沙量 (亿 t)	平均含沙量 (kg/m³)	平均来沙系数 (kg·s/m⁶)
1956~1968 年	33.5	0.30	9.0	0.006 5
1969~1986 年	28.7	0.20	6.8	0.005 5
1987~2010 年	18.9	0.09	4.7	0.005 2

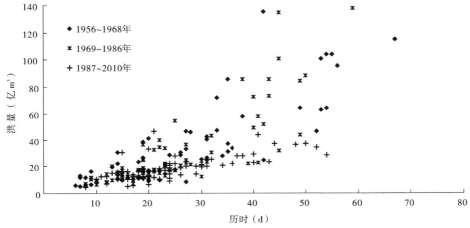

图1-22 头道拐站不同时期洪水期洪量与历时的关系

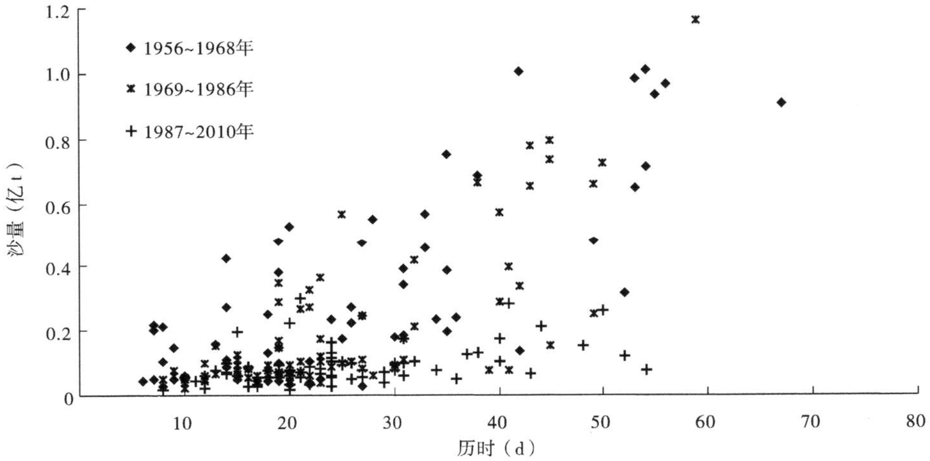

图1-23 头道拐站不同时期洪水期沙量与历时的关系

1.2.1.3 宁蒙河道不同时期悬沙组成变化特点

1. 不同时期分组泥沙量的变化

宁蒙河道各站不同时期的来沙变化有所不同,20 世纪 80 年代以来,由于天然降水量的减少,来沙量也有所减少,尤其是 2000 年之后,来沙量与天然时期相比,减少幅度最大。在这种来沙条件下,泥沙的分组也相应发生变化。为分析泥沙组成的变化特点,将泥沙分成四组,即细泥沙、中泥沙、粗泥沙和特粗泥沙。所谓细泥沙是指泥沙粒径小于 0.025 mm ($d < 0.025$ mm)的泥沙,粒径大于 0.025 mm 而小于 0.05 mm(0.025 mm $< d < 0.05$ mm)的为中泥沙,粒径大于 0.05 mm 而小于 0.1 mm(0.05 mm $< d < 0.1$ mm)的为粗泥沙,粒径大于 0.1 mm($d > 0.1$ mm)的为特粗泥沙。统计黄河上游宁蒙河道干流各站不同时期运用年各分组泥沙量(见表 1-13),点绘宁蒙河道各水文站不同时期分组泥沙变化图(见图 1-24 ~ 图 1-27),可以看到,近期各站在全沙减少的情况下,分组泥沙量也都有所减少。如下河沿水文站,由于 1970 年之前该站未测级配,因此只分析 1970 年之后几个时段的分组沙量变化情况。在 1987 ~ 1999 年细泥沙、中泥沙、粗泥沙、特粗沙量分别为 0.543 亿 t、0.181 亿 t、0.116 4 亿 t、0.031 亿 t(见表 1-13),与 1970 ~ 1986 年各分组沙量相比,分组沙中,除粗泥沙变化不大外,其他各组分组泥沙量都是减少的,减少幅度为 21.3% ~ 46.0%;其中细泥沙减少幅度最小,特粗沙减少幅度最大,到 2000 ~ 2012 年在来沙量进一步减少的情况下,各分组沙量减少幅度更大,该时期下河沿站各分组沙量分别为 0.261 亿 t、0.093 亿 t、0.049 亿 t、0.019 亿 t,与 1970 ~ 1986 年相比,各分组泥沙量的减幅在 57.9% ~ 65.6%(见表 1-14),特粗沙减幅最大,粗泥沙减幅最小。青铜峡站在水库运用之前的 1959 ~ 1968 年,细泥沙、中泥沙、粗泥沙和特粗泥沙的沙量分别为 1.070 亿 t、0.323 亿 t、0.181 亿 t、0.107 亿 t,到刘家峡水库单库运用时期的 1969 ~ 1986 年,各分组沙均有所减少,减少百分数范围为 42.9% ~ 69.3%,中泥沙减幅最小,特粗沙减幅最大;龙羊峡水库运用之后的 1987 ~ 1999 年,各分组沙量减少百分数为 11.1% ~ 65.0%,中泥沙减幅最小,特粗沙减幅最大;到 2000 ~ 2012 年,与 1959 ~ 1968 年相比,各分组沙量减少到 0.255 亿 t、0.111 亿 t、0.077 亿 t、0.034 亿 t,减少百分数范围为 57.7% ~ 76.2%,其中细泥沙减幅最大,粗泥沙减幅最小。石嘴山站在 1966 ~ 1968 年年均各分组沙量分别为 1.108 亿 t、0.379 亿 t、0.235 亿 t、0.077 亿 t,在 1969 年之后的几个时段 1969 ~ 1986 年、1987 ~ 1999 年和 2000 ~ 2012 年,各分组沙都是减少的,减少百分数范围分别为 14.5% ~ 49.0%、29.8% ~ 51.9% 和 12.0% ~ 72.3%,都是特粗沙减幅最小,细泥沙减幅最大。分析头道拐站不同时期分组沙量的变化可以看到:与水库运用之前的 1961 ~ 1968 年相比,1969 ~ 1986 年、1987 ~ 1999 年和 2000 ~ 2012 年各分组泥沙量均是减少的,减幅范围在 7.2% ~ 47.0%、62.8% ~ 84.5% 和 45.1% ~ 85.0%;各时期均是细泥沙减幅最大,特粗沙减幅最小。

表 1-13　黄河上游干流各站不同时期运用年各分组沙量　　（单位：亿 t）

站名	时段	分组沙量				全沙
		细泥沙	中泥沙	粗泥沙	特粗沙	
下河沿	1970～1986 年	0.690	0.243	0.116 1	0.057	1.106 1
	1987～1999 年	0.543	0.181	0.116 4	0.031	0.871 4
	2000～2012 年	0.261	0.093	0.049	0.019	0.422
青铜峡	1959～1968 年	1.070	0.323	0.181	0.107	1.681
	1969～1986 年	0.486	0.185	0.101	0.033	0.805
	1987～1999 年	0.481	0.218	0.161	0.037	0.897
	2000～2012 年	0.255	0.111	0.077	0.034	0.477
石嘴山	1966～1968 年	1.108	0.379	0.235	0.077	1.799
	1969～1986 年	0.565	0.220	0.135	0.066	0.986
	1987～1999 年	0.533	0.187	0.131	0.054	0.905
	2000～2012 年	0.307	0.127	0.097	0.068	0.599
头道拐	1961～1968 年	1.280	0.492	0.266	0.059	2.097
	1969～1986 年	0.695	0.261	0.167	0.055	1.178
	1987～1999 年	0.281	0.076	0.064	0.022	0.443
	2000～2012 年	0.219	0.074	0.057	0.032	0.382

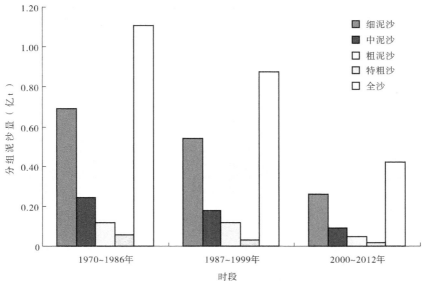

图 1-24　下河沿站不同时期分组沙量变化

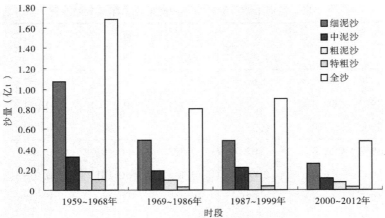

图 1-25　青铜峡站不同时期分组沙量变化

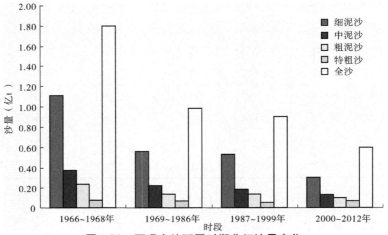

图 1-26　石嘴山站不同时期分组沙量变化

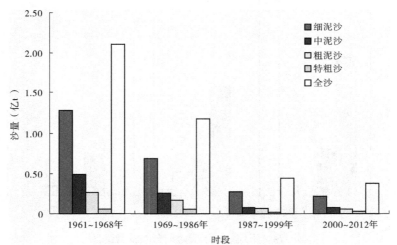

图 1-27　头道拐站不同时期分组沙量变化

表 1-14　干流各站运用年各分组沙量与水库运用前相比减幅　　　　（％）

| 水文站 | 时段 | 分组沙减少百分数（与水库运用前相比） | | | |
		细泥沙	中泥沙	粗泥沙	特粗沙
下河沿	1970～1986 年				
	1987～1999 年	−21.3	−25.6	0.2	−46.0
	2000～2012 年	−62.2	−61.8	−57.9	−65.6
青铜峡	1959～1968 年				
	1969～1986 年	−54.6	−42.9	−44.2	−69.3
	1987～1999 年	−55.1	−32.7	−11.1	−65.0
	2000～2012 年	−76.2	−65.8	−57.7	−68.6
石嘴山	1966～1968 年				
	1969～1986 年	−49.0	−41.8	−42.5	−14.5
	1987～1999 年	−51.9	−50.6	−44.1	−29.8
	2000～2012 年	−72.3	−66.5	−58.8	−12.0
头道拐	1961～1968 年				
	1969～1986 年	−45.7	−47.0	−37.2	−7.2
	1987～1999 年	−78.1	−84.5	−75.9	−62.8
	2000～2012 年	−82.9	−85.0	−78.5	−45.1

　　近期各时期在年分组泥沙量都减小的条件下,进一步分析各站不同时期来沙中分组泥沙量占全沙的比例情况(见表 1-15 和图 1-28 ~ 图 1-31),下河沿站各时期各分组沙占来沙的比例变化不大,其他各站来沙组成均发生明显变化,青铜峡水文站和石嘴山水文站细泥沙占全沙比例有所减小,中泥沙占全沙比例变化不大,而粗泥沙占全沙比例明显增加。以石嘴山站为例,在 1966 ~ 1968 年细泥沙占来沙中全沙的比例为 61.6%,而到 1969 ~ 1986 年,下降到 57.3%,1987 ~ 1999 年,细泥沙量略有恢复,占全沙的比例为 58.9%,到近期 2000 ~ 2012 年,该站细泥沙占全沙比例仅占 51.2%,可见细泥沙量占全沙比例明显减小。而中泥沙在几个时期占全沙的比例为 20.6% ~ 22.3%。粗泥沙占全沙的比例由 1966 ~ 1968 年 13.1% 增加到 1969 ~ 1986 年的 14.5%,1987 年之后,粗泥沙占全沙比例进一步增大到 14.5%,到 2000 ~ 2012 年增大到 16.2%。特粗沙占全沙比例也有所增加,由 1966 ~ 1968 年的 4.3% 增加到 1969 ~ 1986 年的 6.7%,到 2000 ~ 2012 年进一步增大到 11.4%。分析头道拐站各分组沙占全沙的比例,与水库运用之前的 1961 ~ 1968 年相比,也是细泥沙占全沙比例除 1987 ~ 1999 年有所增大外,其他两个时段都是减少的,到 2000 ~ 2012 年由 1961 ~ 1968 年的 61.0% 下降到 57.3%。中泥沙占全沙的比例也有所减少,由 1961 ~ 1968 年的 23.5% 下降到 19.3%。粗泥沙占全沙比例有所增加,特别是特粗沙占全沙比例增加较大,由 1961 ~ 1968 年的 2.8% 增加的 1969 ~ 1986 年的 4.6%,到 2000 ~ 2012 年进一步增大到 8.5%。因此,分析可知在分组泥沙量减少的情况下,细泥沙量占全沙比例有所减少,粗沙尤其是特粗沙占全沙比例明显增加。

表 1-15　黄河上游干流各站不同时期运用年分组沙占全沙比例 （%）

水文站	时段	分组沙量				全沙
		细泥沙	中泥沙	粗泥沙	特粗沙	
下河沿	1970~1986 年	62.4	22.0	10.5	5.1	100
	1987~1999 年	62.4	20.7	13.4	3.5	100
	2000~2012 年	61.8	22.0	11.6	4.6	100
青铜峡	1959~1968 年	63.6	19.2	10.8	6.4	100
	1969~1986 年	60.3	23.0	12.6	4.1	100
	1987~1999 年	53.5	24.3	18.0	4.2	100
	2000~2012 年	53.5	23.3	16.1	7.1	100
石嘴山	1966~1968 年	61.6	21.0	13.1	4.3	100
	1969~1986 年	57.3	22.3	13.7	6.7	100
	1987~1999 年	58.9	20.6	14.5	6.0	100
	2000~2012 年	51.2	21.2	16.2	11.4	100
头道拐	1961~1968 年	61.0	23.5	12.7	2.8	100
	1969~1986 年	59.0	22.2	14.2	4.6	100
	1987~1999 年	63.4	17.2	14.5	4.9	100
	2000~2012 年	57.3	19.3	14.9	8.5	100

因此,分析宁蒙河道典型站不同时期运用年分组泥沙量变化及分组沙占全沙比例可以看到,与水库运用之前相比,水库运用之后在年均来沙量减少的情况下,各分组沙量也都相应有所减少,2000~2012 年各分组泥沙减少量较大,但是不同时期不同站减少最多的泥沙分组有所不同;从分组沙占全沙的比例来看,大部分站细泥沙占全沙比例有所减少,中泥沙变化不大,但是粗泥沙特别是特粗泥沙占全沙比例明显增大。

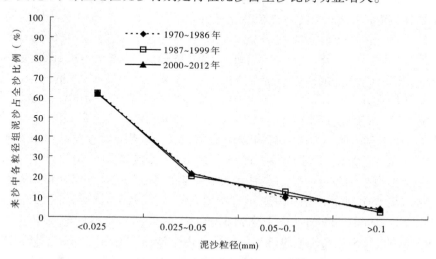

图 1-28　下河沿站不同时期分组泥沙占全沙比例

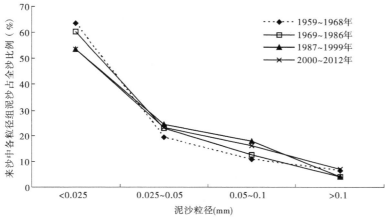

图 1-29　青铜峡站不同时期分组泥沙占全沙比例

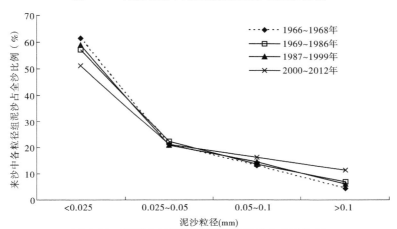

图 1-30　石嘴山站不同时期分组泥沙占全沙比例

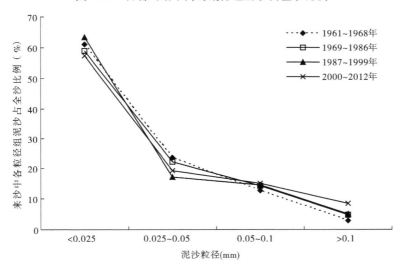

图 1-31　头道拐站不同时期分组泥沙占全沙比例

宁蒙河道各站在运用年沙量有所减少的条件下,汛期和非汛期的来沙量也有所减少,分组泥沙组成也相应有所变化,无论是汛期还是非汛期,分组沙与水库运用之前相比,均有不同程度的减少,只是不同时期减幅最大和最小的分组有所不同。详细分析汛期各站分组沙量的变化特点(见表1-16、表1-17)可以看到,与水库运用之前相比,汛期细泥沙、中泥沙、粗泥沙和特粗沙均有不同程度的减少,从不同时期来看,2000~2012年减幅最大。详细分析各站不同时期的分组泥沙量减幅可以看到,下河沿站与1970~1986年相比,1987~1999年各分组沙减幅为0.5%~46.7%,其中粗泥沙减幅最小,特粗沙减幅最大;2000~2012年各分组沙减幅为62.1%~67.4%,其中粗泥沙减幅最小,中泥沙减幅最大。青铜峡站汛期分组沙与1959~1968年相比,1969~1986年各分组沙减幅为42.8%~64.3%,中泥沙减幅最小,特粗沙减幅最大。1987~1999年各分组沙减幅为13.8%~64.2%,其中粗泥沙减幅最小,特粗沙减幅最大。2000~2012年各分组沙减幅为58.6%~77.5%,其中粗泥沙减幅最小,细泥沙减幅最大。石嘴山站在1966~1968年,汛期细泥沙、中泥沙、粗泥沙和特粗沙沙量分别为0.929亿t、0.290亿t、0.155亿t、0.036亿t,水库运用之后的其他几个时期,均有不同程度的减少,减少最大的时段是2000~2012年,分组沙减少百分数14.0%~77.0%,细泥沙减幅最大,特粗沙减幅最小。与其他几个站相比,与1961~1968年相比,头道拐站1969~1986年各分组沙减少百分数为13%~49%,中泥沙减幅最大,特粗沙减幅最小。龙羊峡水库运用之后,与水库运用之前相比,减幅更大,1987~1999年,各分组沙减幅范围在74.8%~88.7%,中泥沙减幅最大,特粗沙减幅最小。2000~2012年,各分组沙减幅在49.6%~89.4%。仍是中泥沙减幅最大,特粗沙减幅最小。

表1-16　黄河上游干流各站不同时期汛期各分组沙量　　　　　　　　（单位:亿t）

| 水文站 | 时段 | 分组泥沙量 | | | | 全沙 |
		细泥沙	中泥沙	粗泥沙	特粗沙	
下河沿	1970~1986年	0.582	0.207	0.094	0.041	0.924
	1987~1999年	0.434	0.145	0.093	0.022	0.695
	2000~2012年	0.196	0.068	0.035	0.014	0.313
青铜峡	1959~1968年	0.959	0.300	0.168	0.085	1.512
	1969~1986年	0.432	0.172	0.092	0.030	0.726
	1987~1999年	0.419	0.196	0.145	0.030	0.790
	2000~2012年	0.215	0.098	0.070	0.031	0.414
石嘴山	1966~1968年	0.929	0.290	0.155	0.036	1.410
	1969~1986年	0.462	0.154	0.083	0.025	0.724
	1987~1999年	0.398	0.113	0.084	0.019	0.614
	2000~2012年	0.213	0.068	0.048	0.031	0.360
头道拐	1961~1968年	1.015	0.411	0.213	0.034	1.673
	1969~1986年	0.561	0.209	0.127	0.039	0.936
	1987~1999年	0.186	0.046	0.039	0.009	0.280
	2000~2012年	0.132	0.044	0.033	0.017	0.226

表 1-17　干流各站汛期各分组沙量与水库运用前相比减幅　　　　　（%）

| 水文站 | 时段 | 分组泥沙减少百分数（与水库运用前相比） | | | |
		细泥沙	中泥沙	粗泥沙	特粗沙
下河沿	1970～1986 年				
	1987～1999 年	−25.4	−29.8	−0.5	−46.7
	2000～2012 年	−66.2	−67.2	−62.1	−66.4
青铜峡	1959～1968 年				
	1969～1986 年	−54.9	−42.8	−45.2	−64.3
	1987～1999 年	−56.3	−34.6	−13.8	−64.2
	2000～2012 年	−77.5	−67.5	−58.6	−62.7
石嘴山	1966～1968 年				
	1969～1986 年	−50.3	−47.0	−46.8	−31.8
	1987～1999 年	−57.2	−61.0	−45.7	−46.4
	2000～2012 年	−77.0	−76.6	−69.2	−14.0
头道拐	1961～1968 年				
	1969～1986 年	−44.8	−49.0	−40.1	13.0
	1987～1999 年	−81.7	−88.7	−81.6	−74.8
	2000～2012 年	−87.0	−89.4	−84.5	−49.6

　　分析非汛期分组沙量的变化（见表 1-18、表 1-19）可以看到，非汛期各分组沙量也有所减少，分组沙量的减幅仍然是 2000 年之后最大。详细分析各站分组沙变化情况可以看到，与水库运用之前相比，下河沿站 2000～2012 年比 1970～1986 年各分组沙减幅为 30.3%～63.6%，特粗沙减幅最大，中泥沙减幅最小。青铜峡站非汛期各分组沙与 1959～1968 年相比，各分组沙减幅都比较大，2000～2012 年减幅在 44.9%～90.8%，特粗沙减幅最大，中泥沙减幅最小。石嘴山站非汛期各分组沙与 1966～1968 年相比，2000～2012年仍是几个时段中减幅最大的，减幅范围在 10.2%～47.7%。头道拐站非汛期各分组沙量与 1961～1968 年相比，均有不同程度的减少，但是 2000～2012 年各分组沙的减幅仍是最大，减幅范围在 38.9%～67.2%，其中特粗沙减少最少，细泥沙减少最多。

表 1-18　黄河上游干流各站不同时期非汛期各分组沙量　　　　（单位：亿 t）

水文站	时段	分组泥沙量				全沙
		细泥沙	中泥沙	粗泥沙	特粗沙	
下河沿	1970～1986 年	0.108	0.036	0.023	0.015	0.182
	1987～1999 年	0.109	0.035	0.023	0.008	0.175
	2000～2012 年	0.064	0.025	0.013	0.006	0.108
青铜峡	1959～1968 年	0.112	0.023	0.013	0.022	0.170
	1969～1986 年	0.053	0.013	0.009	0.003	0.078
	1987～1999 年	0.061	0.021	0.016	0.007	0.105
	2000～2012 年	0.039	0.013	0.007	0.002	0.061
石嘴山	1966～1968 年	0.179	0.088	0.080	0.041	0.388
	1969～1986 年	0.103	0.066	0.053	0.042	0.264
	1987～1999 年	0.135	0.074	0.047	0.035	0.291
	2000～2012 年	0.093	0.059	0.049	0.037	0.238
头道拐	1961～1968 年	0.265	0.081	0.053	0.024	0.423
	1969～1986 年	0.134	0.051	0.040	0.016	0.241
	1987～1999 年	0.095	0.030	0.025	0.013	0.163
	2000～2012 年	0.087	0.030	0.024	0.015	0.156

表 1-19　干流各站非汛期各分组沙量水库运用前相比减幅　　　　（%）

水文站	时段	分组泥沙减少百分数（与水库运用前相比）			
		细泥沙	中泥沙	粗泥沙	特粗沙
下河沿	1970～1986 年				
	1987～1999 年	0.9	-2.8	0.0	-46.7
	2000～2012 年	-40.7	-30.6	-43.5	-60.0
青铜峡	1959～1968 年				
	1969～1986 年	-52.7	-43.5	-30.8	-86.4
	1987～1999 年	-45.5	-8.7	-23.1	-68.2
	2000～2012 年	-65.2	-43.5	-46.2	-90.9
石嘴山	1966～1968 年				
	1969～1986 年	-42.5	-25	-33.8	2.4
	1987～1999 年	-24.6	-15.9	-41.3	-14.6
	2000～2012 年	-48	-33	-38.8	-9.8
头道拐	1961～1968 年				
	1969～1986 年	-49.4	-37	-24.5	-33.3
	1987～1999 年	-64.2	-63.0	-52.8	-45.8
	2000～2012 年	-67.2	-63.0	-54.7	-37.5

从汛期、非汛期宁蒙河道各站不同时期分组沙占全沙比例来看(见表1-20、表1-21),汛期下河沿站不同时期各分组沙占全沙比例相差不大。从细泥沙占全沙比例来看,与水库运用之前相比,除头道拐站1987～1999年细泥沙占全沙比例有所增大外,其他时段以及青铜峡站、石嘴山站细泥沙占全沙比例都是减小的,中泥沙青铜峡站在刘家峡水库运用之后有所增大,石嘴山站、头道拐站与水库运用之前相比都是减少的。几个站具有相同特点:与水库运用之前相比,粗泥沙和特粗沙占全沙比例都是增大的,青铜峡粗泥沙占全沙比例由1959～1968年的11.1%增加到2000～2011年的16.8%,特粗沙由1959～1968年的5.6%增加到2000～2011年的7.6%;石嘴山站在1966～1968年粗泥沙占全沙比例为11.0%,而到2000～2010年增大到13.3%,特粗沙由2.6%增加到8.6%,头道拐站粗泥沙和特粗沙分别由1961～1968年的12.7%、2.1%增加到2000～2012年的14.6%、7.7%。可见,对于汛期各站基本上是细泥沙占全沙比例有所减少,而粗泥沙占全沙比例增大。

表1-20 黄河上游干流各站不同时期汛期分组沙占全沙比例 (%)

水文站	时段	分组沙量占全沙百分数(%)				全沙
		细泥沙	中泥沙	粗泥沙	特粗沙	
下河沿	1970～1986年	63.0	22.4	10.1	4.5	100
	1987～1999年	62.5	20.9	13.4	3.2	100
	2000～2012年	62.6	21.7	11.3	4.4	100
青铜峡	1959～1968年	63.5	19.8	11.1	5.6	100
	1969～1986年	59.5	23.6	12.7	4.2	100
	1987～1999年	53.0	24.8	18.4	3.8	100
	2000～2012年	52.0	23.6	16.8	7.6	100
石嘴山	1966～1968年	65.8	20.6	11.0	2.6	100
	1969～1986年	63.9	21.3	11.4	3.4	100
	1987～1999年	64.7	18.4	13.7	3.2	100
	2000～2012年	59.2	18.9	13.3	8.6	100
头道拐	1961～1968年	60.6	24.6	12.7	2.1	100
	1969～1986年	59.8	22.4	13.6	4.2	100
	1987～1999年	66.3	16.6	14.0	3.1	100
	2000～2012年	58.5	19.2	14.6	7.7	100

表 1-21　黄河上游干流各站不同时期非汛期分组沙占全沙比例　　　　　　　　（%）

水文站	时段	分组泥沙量占全沙百分数				全沙
		细泥沙	中泥沙	粗泥沙	特粗沙	
下河沿	1970～1986 年	59.7	19.6	12.4	8.3	100
	1987～1999 年	62.0	20.0	13.2	4.8	100
	2000～2012 年	59.5	23.0	12.4	5.1	100
青铜峡	1959～1968 年	65.5	13.8	7.5	13.2	100
	1969～1986 年	68.8	16.7	11.1	3.4	100
	1987～1999 年	58.1	20.2	15.0	6.7	100
	2000～2012 年	64.1	21.1	11.4	3.4	100
石嘴山	1966～1968 年	46.1	22.7	20.6	10.6	100
	1969～1986 年	39.1	25.2	20.0	15.7	100
	1987～1999 年	46.5	25.3	16.2	12.0	100
	2000～2012 年	39.2	24.7	20.6	15.5	100
头道拐	1961～1968 年	62.4	19.2	12.6	5.8	100
	1969～1986 年	55.7	21.4	16.4	6.5	100
	1987～1999 年	58.1	18.4	15.3	8.1	100
	2000～2012 年	55.6	19.3	15.5	9.6	100

　　分析非汛期分组沙量占全沙的比例可以看到,与 1970～1986 年相比,下河沿站 1987～1999 年细泥沙和中泥沙、粗泥沙占全沙比例有所增大,而特粗沙占全沙比例减少。2000～2012 年,细泥沙、粗泥沙变化不大,中泥沙是增大的,占全沙比例由 1970～1986 年的 19.6% 增大到 2000～2012 年的 23%,特粗沙占全沙比例减少到 5.1%。青铜峡站各时期细泥沙占全沙比例变化不大,中泥沙占全沙比例有所增大,由 1959～1968 年的 13.8% 增大到 2000～2012 年的 21.1%,粗泥沙也有所增加,而特粗沙占全沙比例有所减小。石嘴山站、头道拐站非汛期细泥沙占全沙比例均有所减小,中泥沙变化不大,特粗泥沙占全沙比例均有所增大。

　　综合分析宁蒙河道各站汛期、非汛期不同时期分组沙量的变化可以看到,在运用年沙量减少的情况下,汛期和非汛期沙量也有所减少,分组沙也相应减少,仍是 2000～2012 年时期内减幅最大,但是不同时期减幅最大和最小的分组有所不同。从汛期、非汛期各分组沙占全沙比例来看,汛期各站基本上是细泥沙占全沙比例有所减少,中泥沙占全沙比例变化不大,而粗泥沙占全沙比例明显增大。对于非汛期,分组沙占全沙比例,最突出的特点就是除石嘴山站外,下河沿、青铜峡和头道拐站特粗沙占全沙的比例都是减少的。

2.逐年代表粒径的变化

用中数粒径和平均粒径代表泥沙粗细的特征值,其中中数粒径 d_{50} 即为大于和小于某粒径的沙重正好相等的粒径,它是在一定程度上反映泥沙粗细的特征值。表 1-22 为宁蒙河道各站不同时期特征粒径变化统计,表中给出了不同时期运用年、汛期、非汛期不同时期的中数粒径值和平均粒径值,从趋势变化来看(见图 1-32、图 1-33),中数粒径和平均粒径趋势上变化是相同的,但是从数值上来看,平均粒径明显大于各站的中数粒径。详细分析各站不同时期的特征粒径值的变化可以看到,下河沿站各时期的中数粒径值变化不大,运用年、汛期中数粒径为 0.017 ~ 0.018 mm,三个时期中数粒径比较稳定。非汛期中数粒径略大于汛期中数粒径,由 1970 ~ 1986 年的 0.020 mm 增大到 0.022 mm,稍有增大。青铜峡站运用年中数粒径在 1959 ~ 1968 年为 0.020 mm,1969 ~ 1986 年由于水库运用,中数粒径减少到 0.019 mm,到 2000 ~ 2012 年,中数粒径增大到 0.024 mm;青铜峡站中数粒径增加主要反映在汛期,汛期中数粒径由 1959 ~ 1968 年的 0.019 mm 增大到 2000 ~ 2012 年的 0.025 mm,而该站非汛期中数粒径变化不大;从石嘴山站不同时期中数粒径变化情况来看,石嘴山站运用年在水库运用之前的 1966 ~ 1968 年中数粒径为 0.017 mm,到 1969 ~ 1986 年增大到 0.021 mm,到 2000 ~ 2012 年该站中数粒径增大到 0.026 mm。从年内分布来看,非汛期和汛期中数粒径都是增大的。头道拐站为宁蒙河道的出口控制站,经过长河段的调整之后,泥沙中数粒径变化不大。

表 1-22　宁蒙河道各站不同时期特征粒径变化　　　　　　(单位:mm)

水文站	时段	中数粒径			平均粒径		
		非汛期	汛期	运用年	非汛期	汛期	运用年
下河沿	1970 ~ 1986 年	0.020	0.018	0.018	0.040	0.033	0.034
	1987 ~ 1999 年	0.017	0.017	0.017	0.032	0.041	0.037
	2000 ~ 2012 年	0.022	0.017	0.018	0.037	0.030	0.031
青铜峡	1959 ~ 1968 年	0.018	0.019	0.020	0.043	0.035	0.036
	1969 ~ 1986 年	0.018	0.020	0.019	0.025	0.031	0.030
	1987 ~ 1999 年	0.019	0.022	0.021	0.032	0.033	0.033
	2000 ~ 2012 年	0.018	0.025	0.024	0.030	0.042	0.040
石嘴山	1966 ~ 1968 年	0.033	0.014	0.017	0.051	0.029	0.034
	1969 ~ 1986 年	0.035	0.019	0.021	0.055	0.030	0.037
	1987 ~ 1999 年	0.028	0.015	0.019	0.048	0.029	0.036
	2000 ~ 2012 年	0.037	0.019	0.026	0.058	0.040	0.048
头道拐	1961 ~ 1968 年	0.016	0.018	0.018	0.032	0.028	0.029
	1969 ~ 1986 年	0.021	0.018	0.019	0.037	0.030	0.029
	1987 ~ 1999 年	0.019	0.012	0.014	0.039	0.026	0.024
	2000 ~ 2012 年	0.021	0.017	0.018	0.038	0.033	0.035

点绘宁蒙河道各站逐年、非汛期、汛期的中数粒径和平均粒径的变化过程(见图 1-32、图 1-33),可以看到中数粒径和平均粒径的变化趋势都是一样的,下河沿、青铜峡、石嘴山、头道拐各站从 20 世纪 70 年代即开始变小,除个别年份外,基本上都是呈减小的趋势,20 世纪八九十年代,泥沙粒径有增大趋势,90 年代泥沙粒径又有所减少,到 2003 年之后,泥沙粒径有明显增大的趋势。

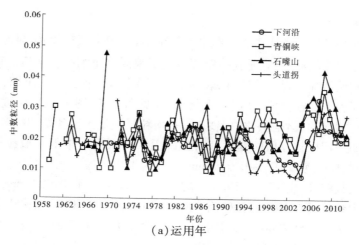

（a）运用年

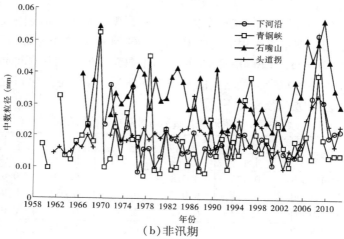

（b）非汛期

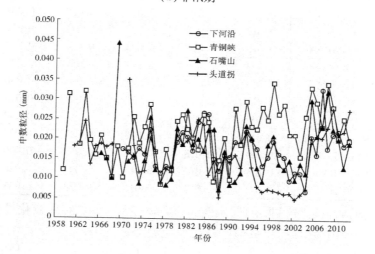

（c）汛期

图 1-32　宁蒙河道典型站各期 d_{50} 变化历程

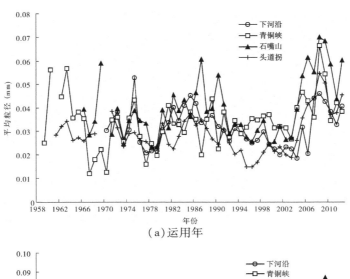

（a）运用年

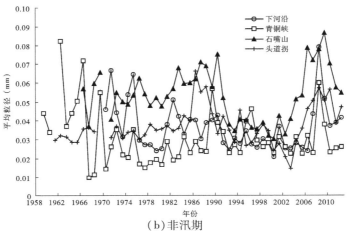

（b）非汛期

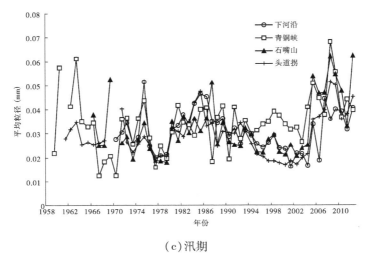

（c）汛期

图 1-33　宁蒙河道典型站各时期平均粒径变化历程

3.相同来沙条件下泥沙组成变化

进一步分析不同时期分组沙随全沙的变化规律,由于宁蒙河道来沙主要集中在汛期,因此点绘下河沿、青铜峡、石嘴山、头道拐四个站长系列汛期分组沙量与全沙的相关关系,见图1-34～图1-37。从图中可以看到各时期的点子基本掺混在一起,没有明显的分化现象,说明黄河宁蒙河道干流在相同来沙条件下,泥沙组成规律并没有发生明显的趋势性变化。进一步分析其规律可以看到,各分组沙量与全沙都呈正相关关系,即各分组沙量随着全沙的增大而增大;其次在各分组沙中,细泥沙、中泥沙与全沙的关系很好,点群分布比较集中,点群带比较窄;而粗泥沙与全沙的关系较散乱,尤其是在沙量较大时,粗泥沙变化幅度很大。这反映了水流挟沙的规律,粗泥沙起动条件、输移条件比较复杂,因而导致输沙量不稳定。

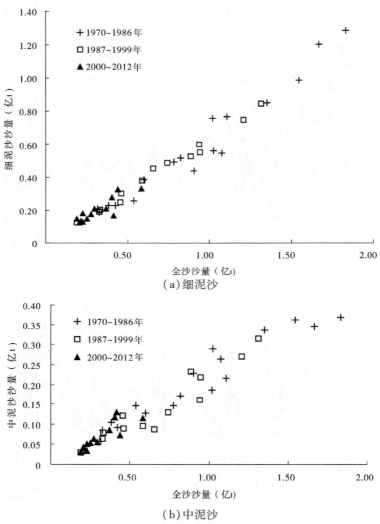

（a）细泥沙

（b）中泥沙

图1-34　下河沿站汛期分组泥沙与全沙相关关系

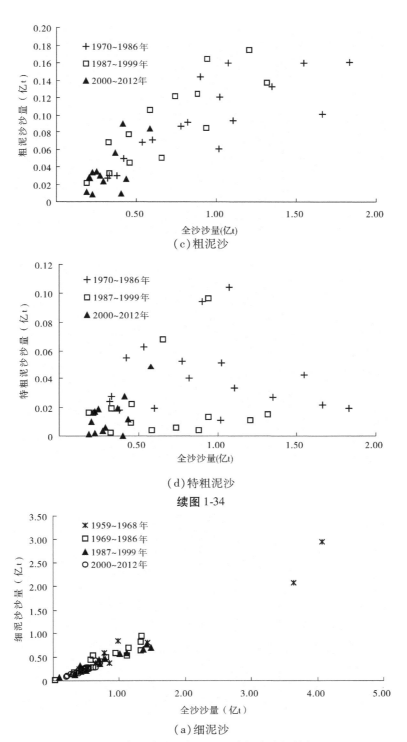

（c）粗泥沙

（d）特粗泥沙

续图 1-34

（a）细泥沙

图 1-35　青铜峡站汛期分组泥沙与全沙相关关系

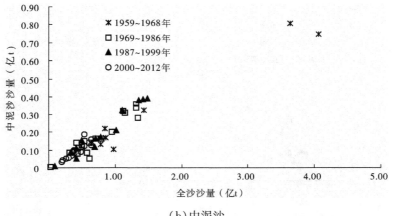

（b）中泥沙

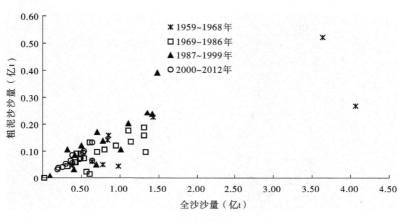

（c）粗泥沙

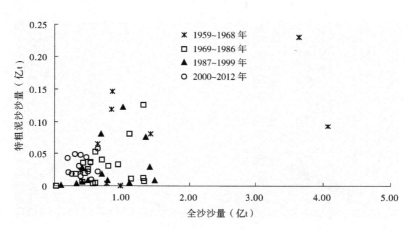

（d）特粗泥沙

续图 1-35

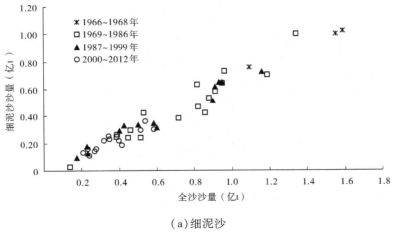

（a）细泥沙

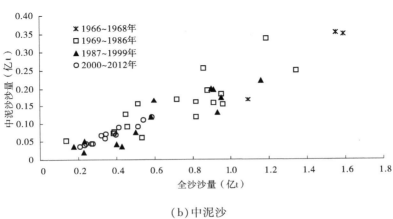

（b）中泥沙

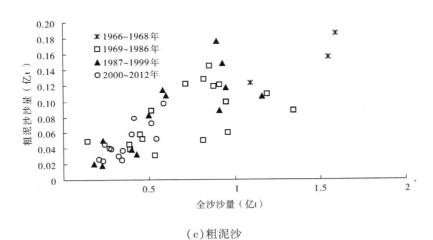

（c）粗泥沙

图 1-36　石嘴山站汛期分组泥沙与全沙相关关系

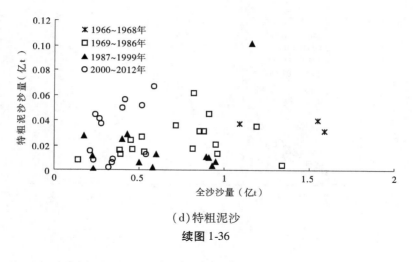

（d）特粗泥沙

续图 1-36

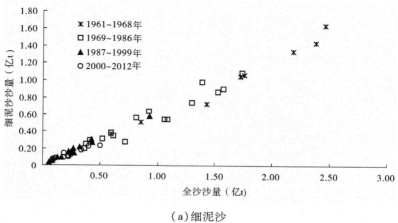

（a）细泥沙

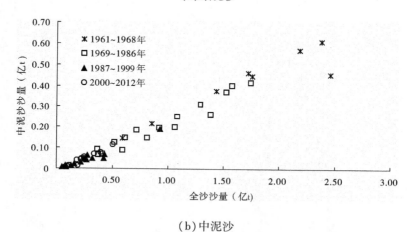

（b）中泥沙

图 1-37　头道拐站汛期分组泥沙与全沙相关关系

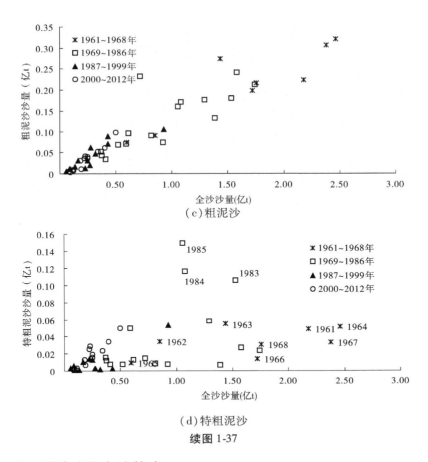

（c）粗泥沙

（d）特粗泥沙

续图 1-37

1.2.2　区间不同时段水沙特点

1.2.2.1　支流来水来沙特点

1. 宁夏河段支流水沙变化特点

清水河、苦水河是宁夏境内的两条较大支流。其中，清水河发源于六盘山北端东麓固原县南部开城镇黑刺沟脑，由中宁县泉眼山注入黄河，是宁夏境内直接入黄的第一大支流，干流长 320 km，流域面积 14 481 km²，其中 93% 的面积在宁夏，东部及西部边缘部分在甘肃。流域东邻泾河，西南与渭河分水，西南高东北低。流域中黄土丘陵沟壑区面积占总面积的 82%，植被差，水土流失严重。

清水河最主要的水文特点之一是水少沙多。据泉眼山水文站实测资料统计（见表 1-23），清水河 1958～2011 年年均水量为 1.11 亿 m³，年输沙量为 0.261 亿 t，年均含沙量为 235 kg/m³。20 世纪 70 年代受降雨及水土保持治理影响，清水河入黄水沙量都减少较多；但 1986 年以来，水沙量有所恢复，1995 年、1996 年来水量较大，分别为 2.13 亿 m³、2.45 亿 m³，1996 年来沙量为 1.04 亿 t，居历史第二位。水沙量的增加对宁蒙河道冲淤有一定的不利影响。清水河另一个水文特点是年际间水沙量变化起伏较大，丰枯悬殊，年水量最大为 3.711 亿 m³（1964 年），最小的为 0.131 亿 m³（1960 年）；清水河年最大来沙量为 1.22 亿 t（1958 年），最小的是 1960 年的 0.000 8 亿 t，年水沙量过程见图 1-38。清水河同样具有年内水沙量主要集中在汛期的特点,沙的集中程度更高,径流过程见图 1-39,输沙过程见图 1-40。清水河多年平均汛期水量、沙量分别为 0.75 亿 m³、0.233 亿 t,分别占年均水沙量的 67.3% 和 89.3%(见表 1-23),非汛期中各月的水沙量都很小,水沙的年过程与汛期过程基本一致,说明年过程的起落取决于汛期的洪水。

表 1-23 清水河和苦水河水沙量特征

支流	时段	汛期		年		汛期占年比例(%)	
		水量 (亿 m³)	沙量 (亿 t)	水量 (亿 m³)	沙量 (亿 t)	水量	沙量
清水河 (泉眼山)	1958~1968 年	1.10	0.261	1.49	0.281	73.8	92.9
	1969~1986 年	0.53	0.152	0.79	0.177	67.1	85.9
	1987~1999 年	0.91	0.364	1.26	0.400	72.2	91.0
	2000~2011 年	0.57	0.186	1.07	0.216	53.3	86.1
	1958~2011 年	0.75	0.233	1.11	0.261	67.6	89.3
苦水河 (郭家桥)	1958~1968 年	0.16	0.021 5	0.22	0.022	72.7	97.7
	1969~1986 年	0.39	0.025	0.66	0.030	59.1	83.3
	1987~1999 年	0.88	0.092	1.53	0.103	57.5	89.3
	2000~2011 年	0.60	0.031	1.31	0.043	45.8	72.1
	1958~2011 年	0.50	0.042	0.93	0.049	53.8	85.7

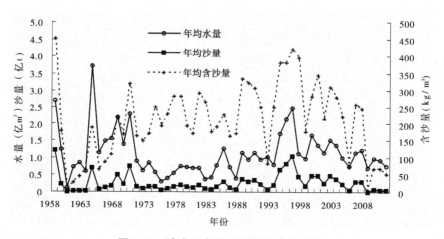

图 1-38 清水河泉眼山站历年水沙过程

从水沙的不同时期分配来看,由于天然降雨和人类活动影响,不同时期水沙量变化有所不同;清水河泉眼山站在 1958~1968 年年均水沙量分别为 1.49 亿 m³ 和 0.281 亿 t,水沙量主要集中在汛期,汛期水沙量分别为 1.10 亿 m³ 和 0.261 亿 t,占年水沙量的比例为 74.1% 和 92.8%。与 1958~1968 年相比,1969~1986 年年均水沙量都是减少的,水沙减少百分数分别为 47.0% 和 37.0%,水沙量的减少主要在汛期,汛期水沙量分别减少 51.8% 和 41.8%。1987～1999 年年均水沙量与 1958～1968 年相比,水量减少 15.4%,而沙量增加 42.3%,并且水沙量变化主要集中在汛期,汛期水量减少 17.3%、沙量增加 39.5%。2000～2011 年,清水河站年均水沙量分别为 1.07 亿 m³ 和 0.216 亿 t,与 1958～ 1968 年相比同样是减少的,其中水量减少 28.2%,沙量减少 23.1%,水沙量的减少仍主要集中在汛期。

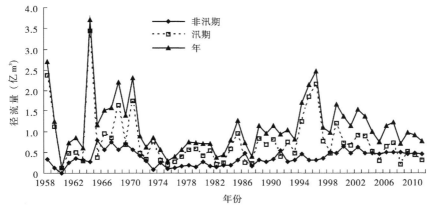

图 1-39　清水河泉眼山站水量年内分配变化过程

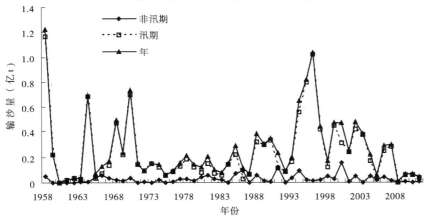

图 1-40　清水河泉眼山站沙量年内分配变化过程

　　苦水河是宁夏境内另一条较大的支流,水沙变化也具有"水少沙多、水沙年际变化大,水沙年内分配不均,主要集中在汛期"的特点(见图 1-41～图 1-43)。表 1-23 统计了清水河不同时期的水沙量,可以看到,苦水河在 1958～2011 年多年平均水量、沙量分别为 0.93 亿 m³ 和 0.049 亿 t,多年平均含沙量为 52.7 kg/m³。从不同时期的水沙量的分配来看,苦水河在 1958～1968 年年均水量、沙量分别为 0.22 亿 m³ 和 0.022 亿 t,而 1969～ 1986 年、1987～1999 年、2000～2011 年与 1958～1968 年相比,年均水沙量均有不同程度的增加,其中 1987～1999 年增加的水沙量较大,该时段年均水量、沙量分别为 1.53 亿 m³ 和 0.103 亿 t,水沙量分别约为 1958～1968 年的 7.0 倍和 4.7 倍。

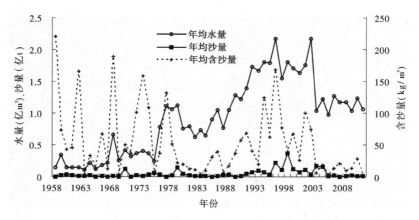

图 1-41　苦水河郭家桥站历年水沙过程

图 1-42　苦水河郭家桥站水量年内分配变化过程

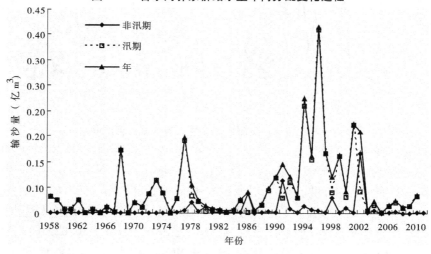

图 1-43　苦水河郭家桥站沙量年内分配变化过程

2.内蒙古河段十大孔兑水沙变化特点

内蒙古河段十大孔兑是指黄河内蒙古河段右岸较大的 10 条直接入黄支沟(见图1-44),从西向东依次为毛不拉孔兑、卜尔色太沟、黑赖沟、西柳沟、罕台川、壕庆河、哈什拉川、木哈沟、东柳沟、呼斯太河,是内蒙古河段的主要产沙支流。十大孔兑发源于鄂尔多斯台地,河短坡陡,由南向北汇入黄河。十大孔兑上游为丘陵沟壑区,中部通过库布齐沙漠,下游为冲积平原。实测资料中只有三大孔兑的部分水沙资料,即毛不拉孔兑图格日格站(官长井)、西柳沟龙头拐站、罕台川红塔沟站(瓦窑、响沙湾)。十大孔兑所在区域干旱少雨,降雨主要以暴雨形式出现,7 月、8 月经常出现暴雨,上游发生特大暴雨时,形成洪峰高、洪量小、陡涨陡落的高含沙洪水(见表1-24),含沙量最高达 1 550 kg/m³。如西柳沟1966 年 8 月 13 日发生的洪水过程(见图1-45),毛不拉孔兑和西柳沟1989 年 7 月 21 日发生的洪水过程(见图1-46、图1-47),三大孔兑的洪水和沙峰涨落时间很短,一般只有 10 h 左右。洪水挟带大量泥沙入黄,汇入黄河后遇干流小水时造成干流淤积,严重时可短期淤堵河口附近干流河道,1961 年、1966 年、1989 年都发生过这种情况,以 1989 年 7 月洪水最为严重。十大孔兑汛期来沙主要集中在洪水过程(见表1-25);并且洪水发生的时间都在 7 月下旬至 8 月上旬,以西柳沟为例,一次洪水沙量就能占年沙量的 99.8%。

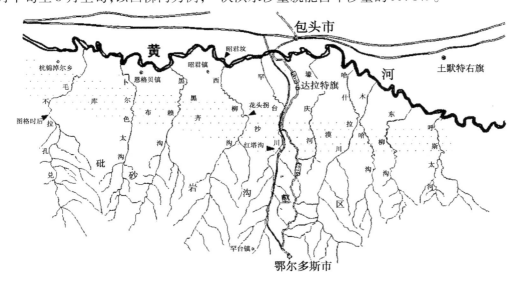

图 1-44　库布齐十大孔兑位置图

表 1-24　十大孔兑高含沙洪水

时间(年-月-日)	河流	洪峰流量(m³/s)	最大含沙量(kg/m³)
1961-08-21	西柳沟	3 180	1 200
1966-08-13	西柳沟	3 660	1 380
1973-07-17	西柳沟	3 620	1 550
1989-07-21	西柳沟	6 940	1 240
1989-07-21	罕台川	3 090	
1989-07-21	毛不拉孔兑	5 600	1 500

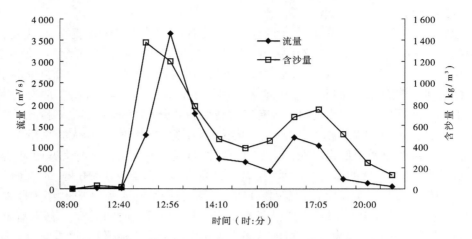

图 1-45　1966 年 8 月 13 日西柳沟发生的洪水过程线

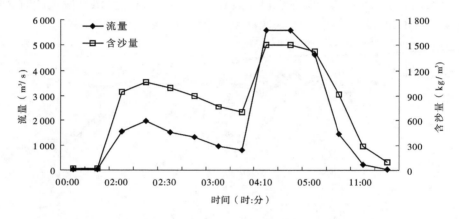

图 1-46　1989 年 7 月 21 日毛不拉孔兑发生的洪水过程线

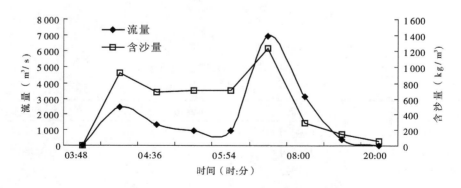

图 1-47　1989 年 7 月 21 日西柳沟发生的洪水过程线

表 1-25 西柳沟一次洪水沙量占年沙量的比例

洪水时间 (年-月-日)	洪水沙量(万 t)	年输沙量(万 t)	洪水沙量占年输沙量 的比例(%)
1961-08-21	2 968	3 317	89.5
1966-08-13	1 656	1 756	94.3
1971-08-31	217	244	88.9
1973-07-17	1 090	1 313	83.0
1975-08-11	96.8	279	34.7
1976-08-02	460	898	51.2
1978-08-30	292	638	45.8
1979-08-12	406	454	89.4
1981-07-01	223	495	45.1
1982-09-26	257	318	80.8
1984-08-09	347	436	79.6
1985-08-24	108	158	68.4
1989-07-21	4 740	4 749	99.8

表 1-26 为宁蒙河道三大孔兑的实测水沙资料,从表中可以看出,西柳沟、毛不拉孔兑多年平均 1961~2011 年水量分别为 0.289 亿 m^3、0.119 亿 m^3;多年平均沙量分别为 0.038 6 亿 t、0.040 0 亿 t;罕台川站 1985~2011 年多年平均水、沙量分别为 0.086 亿 m^3、0.010 7 亿 t;水沙量的年内分布主要集中在汛期,西柳沟站多年平均(1961~2011 年)汛期水、沙量分别占年水、沙量的 65.7% 和 98.5%。毛不拉站 1961~2011 年平均汛期水、沙量分别占年水、沙量的 86.1% 和 98.4%(见表 1-26),罕台川站 1985~2011 年汛期水、沙量分别占年水、沙量的 93.1% 和 99.1%。

从西柳沟站不同时期的水沙量变化来看,水库运用之前的 1961~1968 年年均水、沙量分别为 0.364 亿 m^3、0.038 8 亿 t,由于 20 世纪 70 年代开始大规模的水土保持治理,因此 1969~1986 年来沙量有所减少,年均水、沙量分别减少到 0.289 亿 m^3、0.033 4 亿 t,水沙量分别减少 20.7% 和 14.0%。1987~1999 年年均来沙量与 1961~1968 年相比,年均水量是减少的,但是年均沙量增加较多,年均水沙量分别为 0.337 亿 m^3、0.071 1 亿 t,水量减少 7.3%,但是沙量增加 83.4%。而到 2000~2011 年,年均水、沙量较 1961~1968 年都有所减少,分别减少到 0.189 亿 m^3、0.011 0 亿 t,分别减少 48.1% 和 71.7%。可见几个时段中,西柳沟站年均水量减少最大的时段是 2000~2011 年,而来沙量增加较大的时段是 1987~1999 年。

表 1-26　宁蒙河道三大孔兑汛期、年水沙量变化

站名	时段	汛期		年		汛期占年比例(%)	
		水量 (亿 m³)	沙量 (亿 t)	水量 (亿 m³)	沙量 (亿 t)	水量	沙量
龙头拐 (西柳沟)	1961~1968 年	0.257	0.038 2	0.364	0.038 8	70.6	98.5
	1969~1986 年	0.196	0.032 4	0.289	0.033 4	67.8	97.0
	1987~1999 年	0.231	0.070 5	0.337	0.071 1	68.6	99.2
	2000~2011 年	0.092	0.010 9	0.189	0.011 0	48.7	99.8
	1961~2011 年	0.190	0.038 0	0.289	0.038 6	65.7	98.5
图格日格 (毛不拉 孔兑)	1961~1968 年	0.092	0.027 3	0.094	0.027 3	97.9	100
	1969~1986 年	0.094	0.023 9	0.109	0.024 0	86.2	99.8
	1987~1999 年	0.163	0.087 6	0.195	0.089 8	83.6	97.6
	2000~2011 年	0.058	0.018 1	0.070	0.018 3	82.9	98.9
	1961~2011 年	0.103	0.039 3	0.119	0.040 0	86.6	98.4
罕台川	1985~2011 年	0.080	0.010 6	0.086	0.010 7	93.0	99.1

毛不拉孔兑图格日格站来沙量增加较大的时期仍是 1987~1999 年,该时期年均水沙量分别为 0.195 亿 m³、0.089 8 亿 t,与 1961~1968 年相比,水沙量分别增加 107.0% 和 228.9%;年均水沙量减少较多的时期仍是 2000~2011 年,该时段年均水、沙量分别为 0.070 亿 m³、0.018 3 亿 t,水、沙量分别减少 25.9% 和 32.8%。

由于十大孔兑有实测资料的仅有三大孔兑,缺少另外七大孔兑的实测水沙资料,黄河干流水库调水调沙关键技术研究与龙羊峡、刘家峡水库运用方式调整研究项目组采用以不同地貌和降雨情况分片推算方法,具体做法如下:

(1)毛不拉孔兑—西柳沟之间的卜尔色太沟和黑赖沟输沙量的推算:由于两孔兑相距较近,且位处居中。采用毛不拉孔兑和西柳沟相应各年的平均输沙模数推算卜尔色太沟和黑赖沟逐年的输沙量。

(2)罕台川 1979 年以前年输沙量的推估:采用离罕台川最近的西柳沟的实测资料,建立西柳沟与罕台川 1980~2005 年实测年输沙量关系(见图 1-48),予以推估。

计算式如下:

若西柳沟年输沙量大于(或等于)0.005 亿 t,则有:

$$罕台川年输沙量 = 0.216 \times 西柳沟年输沙量^{0.88}$$

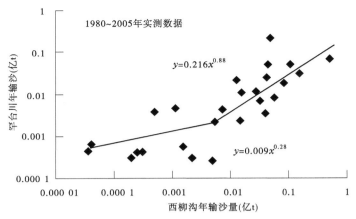

图 1-48　罕台川与西柳沟的输沙量关系图

若西柳沟年输沙量小于 0.005 亿 t，则有：

$$罕台川年输沙量 = 0.009 \times 西柳沟年输沙量^{0.28}$$

（3）罕台川以东各孔兑年输沙量的推算：

一般年份的推算：用罕台川各年的输沙模数进行推算。

大沙年份的推算：从已有实测各孔兑暴雨和产沙的对比分析，较大的暴雨产沙一般都发生在局部地区，且各孔兑大沙年的关联度并不十分密切。考虑到在所有的孔兑上同时形成大面积强暴雨和同时产生较大的暴雨产沙的可能性较小，所以对罕台川来沙非常大的个别年，在推算其他孔兑的产沙时，采用折扣系数予以逐步递减。例如：1981 年罕台川来沙 2 182 万 t，1981 年西柳沟的输沙量也还不到 500 万 t，说明产沙相对集中。在推算罕台川以东的壕庆河、哈什拉川、木哈沟、东柳沟、呼斯太河时，分别以 0.8、0.7、0.6、0.5、0.4 的系数进行相应的折减。1989 年罕台川来沙近 700 万 t，相对较大，推算中就分别以 0.8 的系数折减。各孔兑年输沙量过程线如图 1-49 所示。

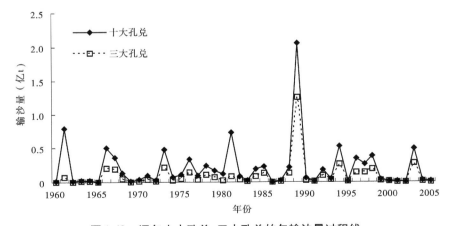

图 1-49　逐年十大孔兑、三大孔兑的年输沙量过程线

将推算的十大孔兑沙量和有实测资料三大孔兑进行对比（见图1-49、表1-27），从图1-49可以看到，三大孔兑的沙量远小于十大孔兑沙量，1961～2005年，年均相差0.1200亿t，对河道冲淤有一定的影响，因此在算河道冲淤量时，沙量法采用的是十大孔兑沙量。

表1-27　三大孔兑与十大孔兑年沙量对比

时段	年沙量（亿t）		
	十大孔兑①	三大孔兑②	差值②－①
1961～1968年	0.231 8	0.066 1	－0.165 7
1969～1986年	0.170 5	0.059 4	－0.111 1
1987～2005年	0.247 8	0.138 7	－0.109 1
1961～2005年	0.214 0	0.094 1	－0.119 9

3. 近期支流总来沙量变化特点

粗略合计四条实测资料系列较长的支流的水沙情况（见表1-28）可以看到，在1969～1986年，四条支流的年均水、沙量分别为1.768亿 m³、0.264亿t，与1961～1968年的水、沙量2.153亿 m³、0.294亿t相比，水、沙量分别减少17.9%和10.2%；到1987～1999年，年均水、沙量分别为3.221亿 m³、0.664亿t，与1961～1968年相比，水、沙量分别增加49.6%和125.9%。与1969～1986年相比，水、沙量分别增加82.2%和151.5%。到2000～2011年，四条支流的来水量稍有增加，与1961～1968年、1969～1986年相比分别增加20%和46.2%，年均水量增加到2.584亿 m³，年均沙量为0.288亿t，与1961～1968年相比，减少2.0%，与1969～1986年相比，沙量增加9.1%。进一步分析可以看到，四条支流1987年之后水沙关系更不协调，尤其是1987～1999年，年均含沙量有所升高，由1961～1968年的136.7 kg/m³增加到206.1 kg/m³。因此，支流来水来沙关系明显恶化。

表1-28　宁蒙河段各支流水文站实测水沙统计（运用年）

站名	时段	年径流量			年输沙量			含沙量（kg/m³）
		均值（亿 m³）	与1961～1968年前比较（%）	与1969～1986年比较（%）	均值（亿t）	与1961～1968年前比较（%）	与1969～1986年比较（%）	
泉眼山（清水河）	1961～1968年	1.537			0.206			134.0
	1969～1986年	0.791	－48.5		0.177	－14.1		224.0
	1987～1999年	1.262	－17.9	59.5	0.400	94.2	126.0	316.7
	2000～2011年	1.065	－30.7	34.6	0.216	4.9	22.0	202.8
	1961～2011年	1.093			0.248			226.6

站名	时段	年径流量			年输沙量			含沙量 (kg/m³)
		均值 (亿 m³)	与1961~1968年前比较(%)	与1969~1986年比较(%)	均值 (亿 t)	与1961~1968年前比较(%)	与1969~1986年比较(%)	
郭家桥 (苦水河)	1961~1968年	0.225			0.022			99.2
	1969~1986年	0.664	195.1		0.030	36.4		45.0
	1987~1999年	1.534	581.8	131.0	0.103	368.2	243.3	67.3
	2000~2011年	1.312	483.1	97.6	0.043	95.5	43.3	32.5
	1961~2011年	0.970			0.050			52.0
龙头拐 (西柳沟)	1961~1968年	0.364			0.039			106.6
	1969~1986年	0.289	-20.7		0.033	-14.0		115.6
	1987~1999年	0.337	-7.3	16.8	0.071	83.4	113.1	210.9
	2000~2011年	0.189	-48.1	-34.6	0.011	-71.7	-67.1	58.1
	1961~2011年	0.289			0.039			133.3
图格日格 (毛不拉孔兑)	1961~1968年	0.027			0.027			1 000.7
	1969~1986年	0.024	-11.1		0.024	-11.1		1 002.4
	1987~1999年	0.088	225.9	266.7	0.090	233.3	275	1 024.8
	2000~2011年	0.018	-33.3	-25	0.018	-33.3	-25.0	1 010.1
	1961~2011年	0.119			0.040			334.7
四条支流 年均总量	1961~1968年	2.153			0.294			136.7
	1969~1986年	1.768	-17.9		0.264	-10.2		149.6
	1987~1999年	3.221	49.6	82.2	0.664	125.9	151.5	206.1
	2000~2011年	2.584	20.0	46.2	0.288	-2.0	9.1	111.5
	1961~2011年	2.471			0.376			152.4

1.2.2.2 区间引水引沙特点

黄河河套平原西起宁夏的下河沿,东到内蒙古的托克托。该河套平原内有著名的卫宁灌区、青铜峡灌区、内蒙古河套灌区。河道引黄灌溉历史悠久。其中,宁夏灌区已有2 000多年的灌溉历史,是宁夏主要粮油产区。灌区南起中卫县的美利渠口,北止石嘴山,地势南高北低,灌区总面积6 573 km²。宁夏灌区主要有七星渠、秦渠、汉渠和唐徕渠。

内蒙古河套灌区是我国具有悠久历史的特大型古老灌区之一,始建于秦汉,历代兴衰交替,新中国成立后获得跨越式发展。石嘴山—三湖河口主要有河套灌区、鄂尔多斯市西部灌区和磴口县灌区,农业耗水量大,占整个区间耗水量的90%。三湖河口—头道拐主要为扬水灌溉区。较大的扬水灌溉区有北岸镫口,南岸鄂尔多斯市达拉特旗扬水灌区。

　　根据实测引水资料,主要统计了青铜峡库区、三盛公库区6个引水渠的引水情况,即宁夏河段青铜峡水库的秦渠、汉渠、唐徕渠以及内蒙古河段三盛公水库的巴彦高勒总干渠、沈乌干渠和南干渠。从宁蒙河道历年引水量可以看出(见表1-29、图1-50),1961～2011年平均引水122.8亿 m³,但各年份之间年引水量相差悬殊,1999年引水量最大为141.6亿 m³,1961年引水最小为81.11亿 m³,最大值是最小值的1.75倍。从引水量的时段变化来看,1968年后引水量逐渐增加,1969～1986年平均引水126.2亿 m³,是1961～1968年平均引水量的1.30倍,1987～1999年年均引水135.0亿 m³,是1961～1968年年均引水量的1.39倍。2000～2011年年均引水量也有所增加,年均引水量为121.8亿 m³,是1961～1968年年均引水量的1.26倍。从引沙量的变化(见图1-51、表1-29)上看,多年平均1961～2011年年均引沙量为0.364亿 t,从不同时期引沙量的分布来看,引沙量较多的时期为1987～1999年,年均引沙量为0.519亿 t,较1961～1968年年均0.347亿 t增加49.6%,1969～1986年和2000～2011年与1961～1968年相比,年均水、沙量均有所减少,减少百分数分别为8.8%和19.6%。这与河道来水含沙量和河道冲淤调整有关。

表1-29　宁蒙河道汛期和年引水、引沙量统计

时段	汛期		年		汛期/年(%)	
	引水量 (亿 m³)	引沙量 (亿 t)	引水量 (亿 m³)	引沙量 (亿 t)	引水量	引沙量
1961～1968年	57.9	0.287	96.8	0.347	59.8	82.7
1969～1986年	68.9	0.264	126.2	0.317	54.6	83.4
1987～1999年	72.9	0.413	135.0	0.519	54.0	79.6
2000～2011年	63.0	0.211	121.8	0.279	51.7	75.4
1961～2011年	66.8	0.293	122.8	0.364	54.4	80.5

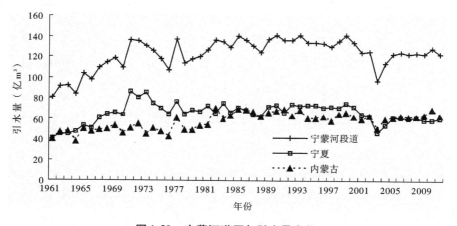

图1-50　宁蒙河道历年引水量变化

　　从引水引沙量的年内分配图(见图1-52、图1-53)来看,引水引沙主要集中在汛期,各时期汛期引水量的比例占年水量的范围在51.7%～59.8%,而汛期引沙量比例占年引沙量比例的75.3%～83.3%;汛期引沙比例大于引水比例,可见引沙更集中在汛期。

从宁蒙河道引水引沙的空间分布来看（见表 1-29 ～ 表 1-31）和（见图 1-50、图 1-51），引水引沙主要集中在宁夏河段。宁夏河道 1961 ～ 2011 多年平均引水量、引沙量分别为 65.4 亿 m³ 和 0.222 亿 t，占整个宁蒙河道引水量、引沙量的 53.3% 和 61.0%。而内蒙古河道多年平均 1961 ～ 2011 年引水量、引沙量分别为 57.4 亿 m³ 和 0.142 亿 t，引水量、引沙量分别占整个宁蒙河道的 46.7% 和 79.8%。

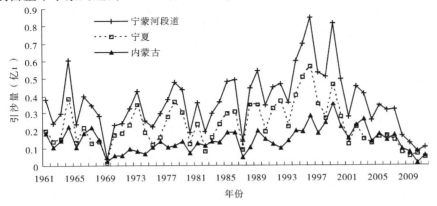

图 1-51　宁蒙河道历年引沙量变化

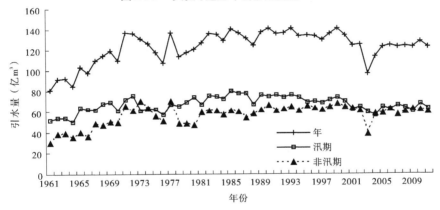

图 1-52　宁蒙河道年内引水量变化

表 1-30　宁夏河道汛期和年引水、引沙量统计

时段	汛期		年		汛期/年（%）	
	引水量 （亿 m³）	引沙量 （亿 t）	引水量 （亿 m³）	引沙量 （亿 t）	引水量	引沙量
1961 ～ 1968 年	26.8	0.153	50.9	0.185	52.7	82.6
1969 ～ 1986 年	34.4	0.173	71.5	0.210	48.1	82.3
1987 ～ 1999 年	32.6	0.271	70.8	0.342	46.1	79.2
2000 ～ 2011 年	25.6	0.098	60.2	0.134	42.5	73.1
1961 ～ 2011 年	30.7	0.177	65.4	0.222	46.9	79.8

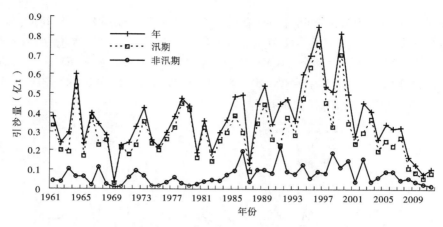

图 1-53　宁蒙河道年内引沙量变化

表 1-31　内蒙古河道汛期和年引水、引沙量统计表

时段	汛期		年		汛期/年（%）	
	引水量（亿 m³）	引沙量（亿 t）	引水量（亿 m³）	引沙量（亿 t）	引水量	引沙量
1961～1968	31.1	0.134	46.0	0.162	67.7	82.8
1969～1986	34.5	0.091	54.7	0.107	63.0	85.4
1987～1999	40.3	0.142	64.3	0.177	62.7	80.4
2000～2011	37.4	0.112	61.6	0.145	60.7	77.6
1961～2011	36.1	0.116	57.4	0.142	62.9	81.5

1.2.2.3　入黄风积沙量

黄河流域土壤遭受风蚀的面积在 10 万 km^2 以上,其中黄河上游风蚀面积为 5.87 万 km^2,占 58.2%,主要分布在青海黄河左岸的共和沙区和宁夏沙坡头至内蒙古头道拐之间黄河干流两岸的沙漠地区。沙坡头至头道拐是黄河风沙活动的主要分布区,沿黄河干流两岸分布有腾格里沙漠、河东沙区、乌兰布和沙漠及库布齐沙漠。其中,中卫河段和乌海至三盛公河段是两个风口,风沙较为活跃,是风沙入黄的主要通道。沙漠入黄分布图见图 1-54。

宁蒙河段风积沙入黄有三种形式:一是黄河干流两岸风成沙直接入黄,如乌兰布和沙漠风成沙直接入黄;二是通过沙漠、沙地及覆沙梁地的支流,如流经库布齐沙漠的十大孔兑,两岸的流沙于风季带入沟内,洪水季节洪水挟带风沙进入黄河;三是干流两岸冲洪积平原上覆盖的片状流沙地、半固定起伏沙地,在大风、特大风时,被吹入黄河,如石嘴山至乌海段、乌海至磴口段的黄河东岸。关于入黄风积沙量的大小,在不同的研究阶段有着不同的认识和相应的研究成果。

图 1-54   宁蒙河道水文站及沙漠分布图

1. 成果一

1991 年 3 月,中国科学院黄土高原综合考察队完成的《黄土高原地区北部风沙区土地沙漠化综合治理》报告成果为:下河沿至头道拐河段 1971~1980 年年平均入黄风积沙量为 4 555 万 t。其中,下河沿至石嘴山河段入黄风积沙量为 1 360 万 t,石嘴山至磴口河段入黄风积沙量为 1 856 万 t,磴口至三盛公河段入黄风积沙量为 361 万 t,三盛公至头道拐河段入黄风积沙量为 978 万 t。按河段长度分配各河段入黄风积沙量,见表 1-32。

表 1-32   黄河干流宁蒙河段风积沙入黄量(1971~1980 年)　　　　(单位:万 t)

河段	11 月至次年 6 月	7~10 月	11 月至次年 10 月
下河沿至青铜峡	350	80	430
青铜峡至石嘴山	755	175	930
石嘴山至磴口	1 492	364	1 856
磴口至三盛公	290	71	361
三盛公至三湖河口	354	53	407
三湖河口至昭君坟	202	30	232
昭君坟至头道拐	295	44	339
下河沿至头道拐	3 738	817	4 555

2. 成果二

2009 年 2 月,中国科学院寒区旱区环境与工程研究所完成的《黄河宁蒙河道泥沙来源与淤积变化过程研究》报告成果为:宁蒙河段入黄风积沙量为 3 710 万 t。其中,宁夏河东沙地河段(青铜峡至石嘴山河段)的入黄风积沙量为 1 540 万 t,乌兰布和沙漠河段(石嘴山至三盛公河段)的入黄风积沙量为 1 800 万 t,库布齐沙漠河段(三盛公至毛不拉孔兑)的入黄风积沙量为 370 万 t。

上述两个成果相比较,后者认为在毛不拉孔兑以下河段的直接入黄风积沙量较少,主要通过孔兑在洪水期搬运入黄的形式存在。

3. 成果三

黄河勘测规划设计有限公司在做《黄河宁蒙河段主槽淤积萎缩原因及治理措施和效果研究项目》时,采用沙量法和断面法对比修正,得到宁蒙河道各河段的入黄风积沙量见表1-33。

表1-33　修正后的宁蒙河段入黄风积沙量成果

河段	11月至次年6月	7~10月	11月至次年10月
下河沿至青铜峡	350	80	430
青铜峡至石嘴山	350	80	430
石嘴山至磴口	290	71	361
磴口至三盛公	290	71	361
三盛公至三湖河口	354	53	407
三湖河口至昭君坟	0	0	0
昭君坟至头道拐	0	0	0
下河沿至头道拐	1 634	355	1 989

风沙入黄量较难确定,现有研究成果差别较大,本次研究主要参考黄河勘测规划设计有限公司水利部公益性行业科研专项经费项目《黄河宁蒙河段主槽淤积萎缩原因及治理措施和效果研究》(编号:200701020)以及中国科学院《黄土高原地区北部风沙区土地沙漠化综合治理》报告,再辅以实地查勘等多种方法计算的冲淤量对比,确定采用的入黄风积沙量见表1-34。青铜峡至石嘴山、石嘴山至巴彦高勒、巴彦高勒至三湖河口河段风沙加入量分别为430万t、722万t和407万t;非汛期风沙加入量远大于汛期。下河沿至青铜峡河段和三湖河口至头道拐河段不考虑入黄风积沙。

表1-34　宁蒙河道入黄风积沙采用成果　　　　　　　　(单位:万t)

河段	11月至次年6月	7~10月	11月至次年10月
下河沿至青铜峡	0	0	0
青铜峡至石嘴山	350	80	430
石嘴山至磴口	290	71	361
磴口至三盛公	290	71	361
三盛公至三湖河口	354	53	407
三湖河口至昭君坟			
昭君坟至头道拐			
下河沿至头道拐	1 284	275	1 559

1.3 宁蒙河道冲淤量计算

1.3.1 河道冲淤量计算方法

对宁蒙河道冲淤量的计算,本次研究采用沙量法和断面法两种方法进行计算对比。所谓沙量法主要是按照沙量平衡方法(即输沙率法)计算河段冲淤量,即根据实测输沙率资料,计算某河段区间进入、输出河段的沙量(包括干流控制站、区间支流及引水引沙等)进行逐月、逐汛期、逐非汛期和逐年的计算,最终得到河段区间内进入、输出的沙量差,即为河段冲淤量,计算公式如下:

$$\Delta W_s = W_{s进} + W_{s区间} - W_{s引} - W_{s水库} - W_{s出} \tag{1-1}$$

式中:ΔW_s 为河段冲淤量,亿 t;$W_{s进}$ 为河段进口沙量即上站来沙量,亿 t;$W_{s区间}$ 为河段区间加入沙量,主要是指区间支流加入沙量,亿 t;$W_{s引}$ 主要是指河段区间渠系引沙量,亿 t;$W_{s水库}$ 为河段区间水库库区拦淤沙量,亿 t;$W_{s出}$ 为河段出口沙量及区间下站沙量,亿 t。

断面法采用上下游淤积断面两测次间冲淤面积的平均值乘以间距的方法(简称冲淤面积法)进行计算。设相邻的上下两个断面在高程 z 下的前后两次实测的断面面积分别为 S_{u1}、S_{d1} 和 S_{u2}、S_{d2},则计算冲淤面积公式为

$$\Delta S_u = S_{u1} - S_{u2} \tag{1-2}$$

$$\Delta S_d = S_{d1} - S_{d2} \tag{1-3}$$

式中:ΔS 为相邻测次同一断面的冲淤面积,m^2;S_u、S_d 分别为相邻测次在同一断面某一高程下的面积。

断面间冲淤量的计算公式为

$$V = \frac{\Delta S_u + \Delta S_d}{2} L \tag{1-4}$$

式中:V 为相邻断面间河道体积,m^3;L 为上下断面间距,m;ΔS_u、ΔS_d 分别为上、下游相邻断面的冲淤面积,m^2。

1.3.2 宁蒙河道计算冲淤考虑因素及计算的冲淤量

由于宁蒙河道下河沿—头道拐区间的河道变化比较大,枢纽较多,各河段的河道边界及河道特点不同,因此各河段河道的输沙特性也不同,计算冲淤时考虑的影响因素也不相同,为便于计算分析河道的冲淤特点,按干流河道的控制站将宁蒙河道分成几个区间来分析,主要分为下河沿—青铜峡、青铜峡—石嘴山、石嘴山—巴彦高勒、巴彦高勒—三湖河口及三湖河口—头道拐五个河段。沙量法计算冲淤量区间考虑的支流主要有:下河沿—青铜峡之间汇入的清水河,青铜峡—石嘴山之间汇入的苦水河,三湖河口—头道拐之间汇入的十大孔兑(毛不拉孔兑、尔色太沟、黑赖沟、西柳沟、罕台川、壕庆沟、哈什拉川、木哈尔、东柳沟、呼斯太河)及昆都仑河;区间考虑的水库主要是青铜峡水库拦沙和三盛公水库拦沙;区间引沙主要考虑青铜峡库区引沙即秦渠、汉渠和唐徕渠三站,其中秦渠、汉渠和唐徕渠站 1959 年之前位于青铜峡站下游青铜峡—石嘴山区间,而 1960 年之后位于青铜峡站

上游下河沿—青铜峡区间,并且由于测量的影响,1990 年之后,秦渠、汉渠合并为东总干渠,唐徕渠为西总干渠。引沙还包括三盛公水库的渠系引沙,即巴彦高勒总干渠、沈乌干渠以及南干渠,其中沈乌干渠 1970 年之前为沈家渠和第一干渠,1971 年之后为沈乌干渠站。宁蒙河道干支流水文站资料情况见表 1-35。采用沙量法计算不同时期的冲淤总量和年均冲淤量见表 1-36。

表 1-35　宁蒙河道水文测站及资料情况统计

项目名称	水文站	设站监测时间	已收集资料年份		备注
			径流量	输沙量	
黄河	下河沿	1951 年 5 月	1951～2012	1951～2012	缺少 1957～1964 年,用下河沿站整编资料减去美利渠资料
入黄支流清水河	泉眼山	1954 年 10 月	1957～2011	1957～2011	缺少资料的用多年均值代替
引黄渠秦渠	青铜峡	1945 年 5 月	1955～1990	1955～1990	1990 年之后,秦渠和汉渠合并为东总干渠
引黄渠汉渠	青铜峡	1945 年 5 月	1955～2012	1955～2012	
引黄渠唐徕渠	青铜峡	1960 年 4 月	1956～2012	1956～2012	
入黄支流红柳沟	鸣沙洲	1958 年 7 月	1958～1970 1981～1990 2006～2010	1958～1970 1981～1990 2006～2010	缺少资料按多年平均值代替
黄河	青铜峡	1939 年 5 月	1952～2012	1952～2012	
入黄支流苦水河	郭家桥	1954 年 10 月	1957～2011	1957～2011	
入黄支流都思兔河			无	无	参考甘肃报告
黄河	石嘴山	1942 年 9 月	1952～2012	1952～2012	
引黄渠	巴彦高勒总干渠	1961 年 5 月	1960～2011	1960～2011	
引黄渠	沈乌干渠	1971 年 4 月	1962～2011	1962～2011	1970 年之前为沈家渠 + 第一干渠资料补
引黄渠	南干渠	1962 年 6 月	1962～2011	1962～2011	
黄河	巴彦高勒	1972 年 10 月	1952～2012	1952～2012	1972 年 10 月前为渡口资料
退水渠乌梁素海	西山嘴	1974 年	1990～2006	1990～2006	见参考文献
引黄渠	丰济渠		1958～1963	1958～1963	1952～1957 年采用已有资料均值
引黄渠	复兴渠		1958～1963	1958～1963	
引黄渠	三湖河渠		1958～1963	1958～1963	
黄河	三湖河口	1950 年 8 月	1952～2012	1952～2012	

项目名称	水文站	设站监测时间	已收集资料年份		备注
			径流量	输沙量	
入黄支流昆都仑河	塔尔湾	1954 年 5 月	1955～2011	1955～2011	
入黄支流哈德门沟	哈德门沟		1957～1980 2006～2009	1957～1980 2006～2009	
入黄支流五当沟	东园		1955～2011	1955～2011	缺少 2004 年资料,采用均值代替
入黄支流毛不拉沟	图格日格	1981 年 6 月	1958～1968 1982～2011	1958～1968 1982～2011	计算冲淤时考虑十大孔兑,十大孔兑缺少资料时采用输沙模数推算见参考文献
入黄支流西柳沟	龙头拐	1960 年 4 月	1960～2011	1960～2011	
入黄支流罕台川	红塔沟	1984 年 7 月	1984～2011	1984～2011	
引沙					包头、磴口、团结渠等引水挟带泥沙,宝钢水源地、磴口水厂、蒙达电厂引用水
黄河	头道拐	1952 年 1 月	1953～2012	1953～2012	

表 1-36　宁蒙河道不同河段沙量法计算冲淤量　　　　　　　　　　（单位:亿 t）

项目	时段	河段							
		下河沿—青铜峡	青铜峡—石嘴山	石嘴山—巴彦高勒	巴彦高勒—三湖河口	三湖河口—头道拐	下河沿—石嘴山	石嘴山—头道拐	下河沿—头道拐
均值	1952～1960 年	0.037	0.384	-0.077	0.151	0.525	0.421	0.599	1.020
	1961～1968 年	-0.253	-0.400	0.035	-0.254	0.097	-0.653	-0.122	-0.775
	1969～1986 年	0.092	-0.106	0.015	-0.068	-0.006	-0.014	-0.059	-0.073
	1987～1999 年	0.042	0.099	0.012	0.224	0.386	0.141	0.622	0.763
	2000～2012 年	0.037	-0.065	-0.023	-0.010	0.185	-0.028	0.152	0.124
	1952～2012 年	0.016	-0.020	-0.005	0.015	0.210	-0.004	0.220	0.216
总量	1952～1960 年	0.332	3.456	-0.689	1.362	4.723	3.788	5.396	9.184
	1961～1968 年	-2.028	-3.198	0.280	-2.031	0.772	-5.226	-0.979	-6.205
	1969～1986 年	1.653	-1.906	0.262	-1.223	-0.115	-0.253	-1.076	-1.329
	1987～1999 年	0.546	1.287	0.151	2.911	5.019	1.833	8.081	9.915
	2000～2012 年	0.481	-0.840	-0.305	-0.129	2.401	-0.359	1.97	1.608
	1952～2012 年	0.985	-1.201	-0.301	0.89	12.800	-0.216	13.38	13.172

　　将计算冲淤量的两种方法进行对比分析可以发现,两种计算方法各有利弊,断面法冲淤量计算成果,由于测验断面布设间距较短,因此河道冲淤量的计算结果比较准确,并且能够计算出河段滩槽冲淤量及其分布;但由于宁蒙河道的实测大断面测量测次较少而且

不系统,宁夏河段仅有 1979 年、1993 年、1999 年、2001 年的实测大断面资料,内蒙古河段大断面测量资料仅有 1962 年、1982 年、1991 年、2000 年、2004 年、2008 年和 2012 年的断面测量资料,因此导致断面法冲淤量在时间和空间上的连续性不够。而沙量法计算冲淤量可以保证河道冲淤在时间和空间上有一定的连续性,但是由于考虑的影响因子较多,支流及引水资料的实测资料不足以及测量误差等因素,沙量法计算结果与断面法计算结果会有一定差别。因此,本次研究采用两种方法计算冲淤量对宁蒙河道调整机制进行分析。长时期冲淤及河道滩槽分布采用断面冲淤量计算结果,而逐年及年内冲淤量分配采用沙量法冲淤量计算成果。

1.3.3 断面法冲淤量计算

宁蒙河道实测大断面资料测次较少,而且不系统,给断面法冲淤的分析工作带来一定的困难。下河沿—石嘴山共有四次实测大断面资料,即 1993 年 5 月、1999 年 5 月、2001 年 12 月、2009 年 8 月;内蒙古巴彦高勒—蒲滩拐河段有七次实测大断面资料,即 1962 年、1982 年、1991 年 12 月、2000 年 8 月、2004 年 8 月、2008 年 6 月和 2012 年 11 月。

宁夏河段不同时段冲淤量滩槽分布见表 1-37。可以看到,宁夏河道 1993 年 5 月至2009 年 8 月年平均淤积量为 0.093 亿 t,淤积主要发生在青铜峡坝下—石嘴山河段,年均淤积量为 0.091 亿 t,占总淤积量的 97.8%,下河沿—白马(青铜峡水库入库处)河段为微淤状态,年平均淤积量为 0.002 亿 t。两个河段从长时期的滩槽分布来看,滩地淤积量大于主槽淤积量,分别占总淤积量的 40% 和 60%。

表 1-37   宁夏河段断面法冲淤量计算结果   (单位:亿 t)

河段	1993 年 5 月至 1999 年 5 月			1999 年 5 月至 2001 年 12 月		
	主槽	滩地	全断面	主槽	滩地	全断面
下河沿—白马(入库)	−0.009	0.003	−0.006	−0.010	0.017	0.007
青铜峡坝下—石嘴山	0.106	0.002	0.108	0.043	0.080	0.123
下河沿—石嘴山	0.097	0.005	0.102	0.033	0.097	0.130
河段	2001 年 12 月至 2009 年 8 月			1993 年 5 月至 2009 年 8 月		
	主槽	滩地	全断面	主槽	滩地	全断面
下河沿—白马(入库)	−0.003	0.009	0.006	−0.006	0.008	0.002
青铜峡坝下—石嘴山	−0.007	0.072	0.065	0.043	0.048	0.091
下河沿—石嘴山	−0.010	0.081	0.071	0.037	0.056	0.093

注:表中数据为黄河勘测规划设计有限公司成果。

详细分析不同时段的河道冲淤情况,1993 年 5 月至 1999 年 5 月,下河沿—石嘴山河段是淤积的,年均淤积量为 0.102 亿 t,淤积主要是在青铜峡坝下—石嘴山河段,年均淤积量为 0.108 亿 t,而下河沿—白马河段年均冲刷 0.006 亿 t,从淤积的横向分布来看,下河沿—石嘴山河道淤积主要集中在主槽,主槽的年均淤积量为 0.097 亿 t,占全断面淤积总量的 95.1%,滩地微淤,年均淤积量仅为 0.005 亿 t;1999 年 5 月至 2001 年 12 月,宁夏河道年均淤积0.130亿t,淤积河段仍是以青铜峡—石嘴山河段为主,该河段年均淤积量为0.123亿t,下河沿—白马河段呈微淤状态,年均淤积量仅为0.007亿t;该时段下河沿—石嘴山河道淤积分布主要集中在滩地,滩地年均淤积量为0.097亿t,主槽年均淤积量为0.033亿t。2001年12月至2009年8月,下河沿—石嘴山河段呈淤积状态,年均淤积量为0.071亿t,淤积河段仍然是青铜峡—石嘴山河段,年均淤积量为0.065亿t,而下河沿—白马河段为微淤状态,年均淤积量为0.006亿t。河道冲淤的滩槽分布表现在,主槽冲刷,滩地淤积,下河沿—石嘴山河段主槽年均冲刷0.010亿t,滩地年均淤积量为0.081亿t。

对内蒙古巴彦高勒—蒲滩拐河段实测大断面资料进行系统的分析、整理,对不同时期的河道冲淤量进行计算,得到不同时期的冲淤量,不同时段冲淤总量和年均冲淤量见表1-38。该河段从长时期的断面法冲淤量来看,内蒙古巴彦高勒—蒲滩拐河段呈淤积状态,1962年10月至2012年10月该河段淤积较多,总量达到11.243亿t,年平均淤积量为0.203亿t,长时期淤积的99%在三湖河口以下,三盛公—三湖河口长期仅淤积0.087亿t。从不同时期的冲淤情况来看,仅有1962~1982年是冲刷的,其他时期河道都呈淤积状态,淤积程度有所不同。1962~1982年该河段处于冲刷状态,主要是受三盛公水库1961年11月和刘家峡水库1968年11月蓄水拦沙的影响,内蒙古河段冲刷总量为0.61亿t,年均冲刷量为0.030亿t;冲刷主要集中在三盛公—新河段,冲刷总量为2.35亿t,年均量为0.117亿t,而新河—河口镇是淤积的,淤积总量为1.74亿t,年均淤积量为0.087亿t。从河道淤积的几个时期来看,1982年10月至1991年12月,三盛公—河口镇河段淤积总量为3.52亿t,年均淤积量为0.391亿t。从河道淤积的沿程分布来看,淤积主要集中在十大孔兑的入黄河段。从该时期淤积量的横向分布来看(见表1-39),河道淤积主要集中主槽,主槽淤积量占全断面的65%。1991年12月至2000年8年,河道淤积有所加重,河道淤积总量为5.832亿t,年均淤积量为0.648亿t,淤积量主要集中在三湖河口—昭君坟河段,淤积总量为2.988亿t,年均淤积量为0.332亿t,河道淤积量的横向分布主要集中在主槽,而且主槽的淤积比例增大至86%。2000~2012年淤积减少年均仅0.118亿t,个别河段是冲刷的。

表1-38　三盛公至河口镇河段各时期断面法年均冲淤量　　　（单位:亿t）

时段		河段冲淤总量			
	河段	三盛公—新河	新河—河口镇		三盛公—河口镇
1962年10月至1982年10月	总量	-2.35	1.74		-0.61
	年均	-0.117	0.087		-0.030
	河段	三盛公—毛不拉	毛不拉—呼斯太	呼斯太—河口镇	三盛公—河口镇
1982年10月至1991年12月	总量	1.29	2.07	0.16	3.52
	年均	0.143	0.23	0.018	0.391
时段	河段	巴彦高勒—三湖河口	三湖河口—昭君坟	昭君坟—蒲滩拐	巴彦高勒—蒲滩拐

表 1-38

时段	河段	河段冲淤总量			
		三盛公—新河	新河—河口镇		三盛公—河口镇
1991 年 12 月至 2000 年 8 月	总量	1.251	2.988	1.593	5.832
	年均	0.139	0.332	0.177	0.648
2000 年 8 月至 2012 年 10 月	总量	-0.104	0.832	0.690	1.418
	年均	-0.009	0.069	0.058	0.118

时段	河段	巴彦高勒— 三湖河口	三湖河口— 河口镇	三盛公— 河口镇
1962 年 10 月至 2012 年 10 月	总量	0.087	10.073	10.160
	年均	0.002	0.201	0.203

注:2000~2012 年数据采用"十二五"国家科技支撑计划项目课题"黄河内蒙古段孔兑高浓度挟沙洪水调控措施研究"(2012BAB02B03)研究成果。

表 1-39　内蒙古三盛公至河口镇河段各时期河道淤积量横向分布

不同时期	河　段	淤积总量			
		全断面(亿 t)	主槽(亿 t)	滩地(亿 t)	主槽占全断面(%)
1982 年 10 月至 1991 年 10 月	三盛公—毛不拉	1.29	0.84	0.45	64
	毛不拉—呼斯太河	2.07	1.22	0.85	59
	呼斯太河—河口镇	0.16	0.16	0	100
	全河段	3.52	2.22	1.3	65
1991 年 12 月至 2000 年 7 月	巴彦高勒—三湖河口	1.250 8	1.000 8	0.250	80
	三湖河口—昭君坟	2.988 04	2.480 04	0.508	83
	昭君坟—蒲滩拐	1.593	1.545 21	0.048	97
	巴彦高勒—蒲滩拐	5.832	5.015 53	0.816	86
2000 年 8 月至 2012 年 10 月	巴彦高勒—三湖河口	-0.104	-0.425	0.321	408
	三湖河口—昭君坟	0.832	-0.163	0.995	-19.6
	昭君坟—蒲滩拐	0.690	0.304	0.386	44.1
	巴彦高勒—蒲滩拐	1.418	-0.284	1.702	-20.0

注:表中 2000~2012 年数据采用"十二五"国家科技支撑计划项目课题"黄河内蒙古段孔兑高浓度挟沙洪水调控措施研究"(2012BAB02B03)研究成果。

1.4 宁蒙河道长时期冲淤调整机制研究

1.4.1 宁蒙河道长时期冲淤调整概况

1.4.1.1 宁蒙河道不同时段及年内各时期冲淤调整特点

采用沙量法计算宁蒙河道不同时期冲淤总量和年均冲淤量详见表1-40。可以看到，宁蒙河道下河沿—头道拐河段长时期 1952～2012 年呈淤积的状态，淤积总量为 23.686 亿 t，平均每年淤积 0.388 亿 t。从淤积量空间分布来看，宁蒙河道淤积主要发生在内蒙古河道，内蒙古河道淤积基本可以代表整个宁蒙河道的淤积状况，内蒙古河道(石嘴山—头道拐)1952～2012 年淤积总量为 19.112 亿 t，年均淤积量为 0.313 亿 t，约占宁蒙河道总淤积量的 81%。宁夏河道下河沿—石嘴山长时期淤积总量为 4.573 亿 t，年均淤积量为 0.075 亿 t。

表 1-40 宁蒙河道不同河段不同时期沙量法计算冲淤量

项目	时段	各河段冲淤量(亿 t)							
		下河沿—青铜峡	青铜峡—石嘴山	石嘴山—巴彦高勒	巴彦高勒—三湖河口	三湖河口—头道拐	下河沿—石嘴山	石嘴山—头道拐	下河沿—头道拐
均值	1952～1960 年	0.089	0.427	−0.004	0.192	0.447	0.516	0.634	1.150
	1961～1968 年	−0.073	−0.357	0.109	−0.213	0.141	−0.430	0.036	−0.394
	1969～1986 年	0.098	−0.063	0.087	−0.027	0.001	0.035	0.061	0.096
	1987～1999 年	0.043	0.142	0.085	0.265	0.374	0.185	0.723	0.908
	2000～2012 年	0.048	−0.022	0.025	0.031	0.145	0.026	0.201	0.227
	1952～2012 年	0.052	0.023	0.063	0.055	0.195	0.075	0.313	0.388
总量	1952～1960 年	0.802	3.843	−0.039	1.728	4.019	4.644	5.709	10.353
	1961～1968 年	−0.584	−2.854	0.870	−1.706	1.124	−3.438	0.289	−3.149
	1969～1986 年	1.762	−1.132	1.572	−0.491	0.021	0.630	1.103	1.732
	1987～1999 年	0.554	1.846	1.099	3.440	4.866	2.400	9.405	11.805
	2000～2012 年	0.618	−0.281	0.321	0.400	1.888	0.337	2.609	2.946
	1952～2012 年	3.152	1.422	3.823	3.371	11.918	4.573	19.112	23.687

按上游水库建设及实测资料情况初步划分为 1952～1960 年、1961～1968 年、1969～1986 年、1987～1999 年及 2000～2012 年等五个时段。从冲淤量不同时期分布来看(见图1-55、表1-40)，宁蒙河道淤积严重时期主要是在 1952～1960 年和 1987～1999 年两个时段，淤积总量分别为 10.353 亿 t 和 11.805 亿 t，分别占长时期 1952～2012 年总淤积量的 43.7% 和 49.8%，年均淤积量分别为 1.150 亿 t 和 0.908 亿 t；从淤积的空间分布看，这

两个时期宁夏、内蒙古河道都是淤积的,但更主要集中在内蒙古河道。内蒙古河道1952~1960年和1987~1999年两个时期的淤积总量分别为5.709亿t和9.405亿t,年均淤积量为0.634亿和0.723亿t;而宁夏河道淤积量相对较小,两个时期淤积总量为4.644亿t和2.400亿t,年均淤积量分别为0.516亿t和0.185亿t;其次淤积量较大的时段是2000~2012年,淤积总量和年均淤积量分别为2.946亿t和0.227亿t;淤积部位仍是集中在内蒙古河道,淤积总量和年均淤积量分别为2.609亿t和0.201亿t。宁夏河道呈微淤状态,该时期淤积总量和年均淤积量分别为0.337亿t和0.026亿t。刘家峡水库单库运用的1969~1986年,整个宁蒙河道呈微淤状态,淤积总量为1.732亿t,年均淤积量为0.096亿t,淤积仍主要集中在内蒙古河道。

内蒙古河道1969~1986年淤积总量和年均淤积量分别为1.103亿t和0.061亿t。而宁蒙河道在1961~1968年处于冲刷状态,冲刷总量为3.149亿t,年均冲刷0.394亿t;其中宁夏河道冲刷总量为3.438亿t,年均冲刷量为0.430亿t,而内蒙古河道呈微淤状态,淤积总量和年均淤积量分别为0.289亿t和0.036亿t,可见宁蒙河道1961~1968年冲刷主要集中在宁夏河道。

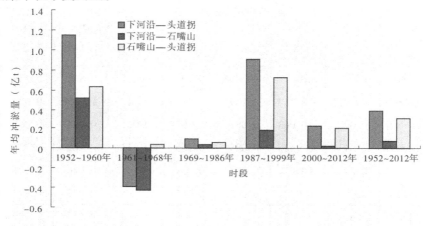

图1-55 宁蒙河道不同河段不同时期年均冲淤量分布

将宁蒙河道年内划分为运用年、汛期和非汛期进行详细分析,从长时期1952~2012年宁蒙河道的年内淤积分布来看(见表1-41),年内淤积分布主要集中在汛期,非汛期整个宁蒙河道略有冲刷。长时期汛期年均淤积量为0.409亿t,为年均淤积量0.388亿t的1.1倍,非汛期河道年均冲刷量为0.021亿t。从年内冲淤的空间分布来看,汛期长时期年宁夏河道和内蒙古河道都处于淤积状态,更主要集中在内蒙古河道,宁夏河道和内蒙古河道汛期年平均淤积量分别为0.202亿t和0.207亿t,分别占整个宁蒙河道汛期淤积总量的49.4%和50.6%。宁蒙河道长时期非汛期宁蒙河道是冲刷的,冲刷主要集中在宁夏河道,年均冲刷量为0.127亿t;内蒙古河道非汛期河道呈淤积状态,年均淤积量为0.106亿t。

表 1-41　宁蒙河道不同河段不同时期年均冲淤量年内分配　　　（单位:亿 t）

项目	时段	下河沿—青铜峡	青铜峡—石嘴山	石嘴山—巴彦高勒	巴彦高勒—三湖河口	三湖河口—头道拐	下河沿—石嘴山	石嘴山—头道拐	下河沿—头道拐
运用年	1952～1960 年	0.089	0.427	−0.005	0.192	0.446	0.516	0.635	1.150
	1961～1968 年	−0.073	−0.357	0.109	−0.213	0.141	−0.430	0.036	−0.394
	1969～1986 年	0.098	−0.063	0.087	−0.027	0.001	0.035	0.061	0.096
	1987～1999 年	0.042	0.142	0.085	0.265	0.374	0.184	0.723	0.908
	2000～2012 年	0.048	−0.022	0.025	0.031	0.146	0.026	0.201	0.227
	1952～2012 年	0.051	0.024	0.063	0.055	0.195	0.075	0.313	0.388
汛期	1952～1960 年	0.070	0.498	−0.109	0.148	0.424	0.567	0.464	1.031
	1961～1968 年	0.033	−0.123	−0.006	−0.171	0.210	−0.089	0.032	−0.057
	1969～1986 年	0.081	0.067	−0.005	−0.073	0.052	0.148	−0.026	0.122
	1987～1999 年	0.013	0.284	0.057	0.140	0.359	0.297	0.556	0.853
	2000～2012 年	0.005	0.104	−0.001	−0.012	0.123	0.109	0.110	0.219
	1952～2012 年	0.042	0.160	−0.006	0.005	0.208	0.202	0.207	0.409
非汛期	1952～1960 年	0.019	−0.071	0.104	0.044	0.022	−0.051	0.171	0.119
	1961～1968 年	−0.106	−0.234	0.115	−0.042	−0.069	−0.340	0.004	−0.337
	1969～1986 年	0.017	−0.130	0.092	0.046	−0.051	−0.113	0.087	−0.026
	1987～1999 年	0.029	−0.142	0.028	0.125	0.015	−0.113	0.167	0.055
	2000～2012 年	0.043	−0.126	0.026	0.043	0.023	−0.083	0.091	0.008
	1952～2012 年	0.009	−0.136	0.069	0.050	−0.013	−0.127	0.106	−0.021

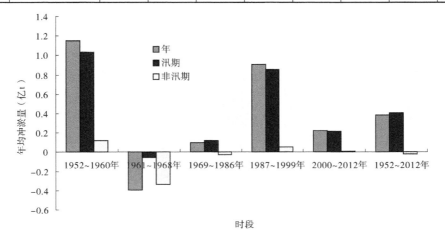

图 1-56　宁蒙河道(下河沿—头道拐)不同时期冲淤量年内分布

从年内淤积的不同时期分布来看,可以看到宁蒙河道汛期淤积主要集中在1952～1960年、1987～1999年和2000～2012年三个时段(见图1-56),三个时段汛期年均淤积量分别为1.031亿t、0.853亿t和0.219亿t,三个时段非汛期也是淤积的,年均淤积量分别为0.119亿t、0.055亿t和0.008亿t,淤积部位主要集中在内蒙古河段。1969～1986年时段内年内冲淤分布为汛期淤积、非汛期冲刷,整个运用年冲淤表现为微淤状态。其中汛期年均淤积量为0.122亿t,非汛期年均冲刷量为0.026亿t,年均淤积量为0.096亿t。1961～1968年,由于该时期丰水年较多,整个时期宁蒙河道处于冲刷状态,冲刷表现为汛期和非汛期均呈冲刷状态,其中汛期年均冲刷量为0.057亿t,汛期冲刷分布更主要集中在宁夏河道,宁夏河道年均冲刷量分别为0.089亿t,内蒙古河道年均冲刷量为0.032亿t。1961～1968年宁蒙河道非汛期年均冲刷量较汛期大,冲刷量达到年均0.337亿t,冲刷量的空间分布是宁夏河道是冲刷的,年均冲刷量为0.340亿t;内蒙古河道非汛期是淤积的,年均淤积量为0.004亿t。

综合分析宁蒙河道冲淤的年内分布可以看到,宁蒙河道淤积主要集中在汛期,淤积部位主要集中在内蒙古河段,淤积时期主要是在1952～1960年、1987～1999年和2000～2012年三个时段;而冲刷主要集中在非汛期,冲刷部位主要是在宁夏河段,冲刷集中时期为1961～1968年和1969～1986年。

为进一步分析宁蒙河道长时期的冲淤调整历程,点绘了宁蒙河道以及分河段宁夏、内蒙古河段1952年以来累计冲淤变化过程(见图1-57),从逐年累计冲淤变化图上对比分析可以看到,从不同时期来看,20世纪50年代(1952～1959年)宁蒙以及分河段宁夏、内蒙古河道都是淤积的。60年代到80年代,由于河道来水较丰以及系列水库的拦沙运用,沙量减少,水沙条件有利,因此宁蒙河道以冲刷调整为主。尤其是宁夏河道60年代持续冲刷,冲刷调整幅度比较大;90年代以后由于汛期径流较少,加之受支流来沙影响,宁夏河道和内蒙古河道均以淤积为主,其中内蒙古河道由于受十大孔兑来沙的影响,河道累计淤积线呈跳跃式抬升趋势。

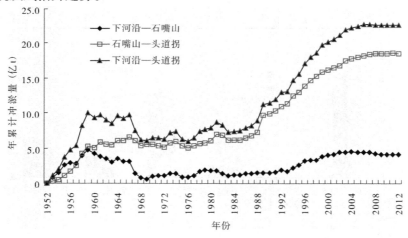

图 1-57　宁蒙河道各河段累计冲淤量过程

从分河段来看,宁夏河道20世纪50年代处于大淤状态,60年代处于大冲状态,七八十年代冲淤交替略有淤积,1990 年之后持续淤积,至 2012 年,宁夏河道累计淤积达到 4.193 亿 t。内蒙古河道 50 年代淤积,1966 年河道累计淤积量达到 6.609 亿 t,1967 ~ 1985 年内蒙古河道呈冲淤交替状态,河道以冲刷为主,到 1985 年累计淤积量减少到 6.215 亿 t,1986 年以后逐年淤积抬高,至 2012 年累计淤积量达 18.492 亿 t。

1.4.1.2 宁夏河道不同时段及年内各时期冲淤调整特点

从宁夏河道各河段不同时期的冲淤量变化可以看到,下河沿—青铜峡河道的冲淤变化较小,而青铜峡—石嘴山河段的冲淤调整变化较大。进一步分析可以看到,整个宁夏河道 1952 ~ 2012 年长时段呈微淤状态,淤积总量为 4.573 亿 t,年均淤积量为 0.075 亿 t,其中下河沿—青铜峡、青铜峡—石嘴山河段长时期运用年淤积总量分别为 3.152 亿 t 和 1.422 亿 t,年均淤积量分别为 0.052 亿 t 和 0.023 亿 t,因此从冲淤量的空间分布来看,宁夏河道长时期淤积分布主要集中在青铜峡—石嘴山河段。

从冲淤量不同时期分布来看(见图 1-58),宁夏下河沿—石嘴山河段在 1952 ~ 1960 年和 1987 ~ 1999 年两个时段淤积量较大,两个时段淤积总量分别为 4.644 亿 t 和 2.400 亿 t,年均淤积量分别为 0.516 亿 t 和 0.185 亿 t,为长时期 1952 ~ 2012 年总淤积量的 1.01 倍和 0.5 倍。从淤积的空间分布看,主要集中在青铜峡—石嘴山河段,1952 ~ 1960 年和 1987 ~ 1999 年两个时期的淤积总量分别为 3.843 亿 t 和 1.846 亿 t,年均淤积量为 0.427 亿 t 和 0.142 亿 t;下河沿—青铜峡河段是微淤的,两个时段年均淤积量分别为 0.089 亿 t 和 0.043 亿 t。在 1969 ~ 1986 年和 2000 ~ 2012 年宁夏整个河道处于微淤的状态,两个时期淤积主要集中在下河沿—青铜峡河段,淤积总量分别为 1.762 亿 t 和 0.618 亿 t,年均淤积量为 0.098 亿 t 和 0.048 亿 t,青铜峡—石嘴山河段 1969 ~ 1986 年和 2000 ~ 2012 年河道处于微冲的状态,冲刷总量分别为 1.132 亿 t 和 0.281 亿 t,年均冲刷量分别为 0.063 亿 t 和 0.022 亿 t。而在 1961 ~ 1968 年整个宁夏河道处于大冲状态,冲刷总量为 3.438 亿 t,年均冲刷 0.430 亿 t,该时期下河沿—青铜峡和青铜峡—石嘴山两个河段都是冲刷的,两个河段冲刷总量分别为 0.584 亿 t 和 2.854 亿 t,年均冲刷量为 0.073 亿 t 和 0.357 亿 t,可见冲刷更主要集中在青铜峡—石嘴山河段。

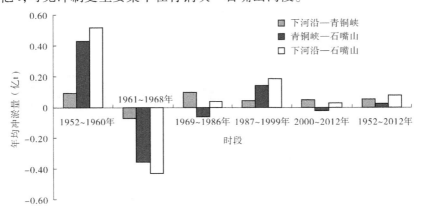

图 1-58 宁夏河道不同时段各河段运用年冲淤量变化

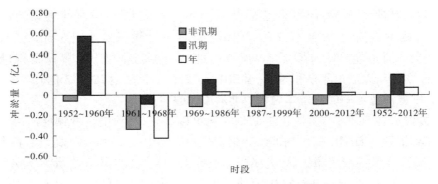

图 1-59　宁夏河道(下河沿—石嘴山)河道冲淤量年内分布

分析宁夏河道冲淤量的年内分布情况,点绘宁夏河道下河沿—石嘴山河段不同时期冲淤的年内分布图(见图 1-59),宁夏河道具有"汛期淤积、非汛期冲刷、全年微淤"的特点,这一特点在青铜峡—石嘴山河段表现得最为明显。从宁夏河道各河段不同时期年均冲淤量年内分配统计表(见表 1-41)上可以看到,下河沿—石嘴山河段 1952 ~ 2012 年长时期汛期年均淤积量为 0. 202 亿 t,非汛期年均冲刷量为 0. 127 亿 t,长时期全年宁夏河道表现为淤积状态,年均淤积量为 0. 075 亿 t;从年内冲淤的空间分布来看,汛期长时期 1952 ~ 2012 年下河沿—青铜峡河道和青铜峡—石嘴山河道都处于淤积状态,年均淤积量分别为 0. 042 亿 t 和 0. 160 亿 t;非汛期两个河段都处于冲刷状态,从非汛期长时期(1952 ~ 2012 年)宁夏河道冲刷分布来看,冲刷更集中在青铜峡—石嘴山河段,年均冲刷量为 0. 136 亿 t,占宁夏河道非汛期冲刷量的 95%,而下河沿—青铜峡河道微淤,年均淤积量为 0. 009 亿 t。

从宁夏下河沿—石嘴山河道不同时期年内淤积的分布来看,下河沿—石嘴山河道汛期淤积主要集中在 1952 ~ 1960 年和 1987 ~ 1999 年两个时段(见图 1-59),两个时段汛期年均淤积量分别为 0. 567 亿 t、0. 297 亿 t,淤积的空间分布主要集中在青铜峡—石嘴山河段(见图 1-60、图 1-61),两个时段青铜峡—石嘴山汛期年均淤积量分别为 0. 498 亿 t、0. 284 亿 t。两个时段非汛期都是冲刷的,年均冲刷量分别为 0. 051 亿 t、0. 113 亿 t,冲刷部位主要是在青铜峡—石嘴山河段,年均冲刷量分别为 0. 071 亿 t、0. 142 亿 t。

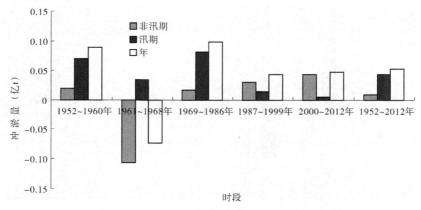

图 1-60　宁夏下河沿—青铜峡河道冲淤量年内分布

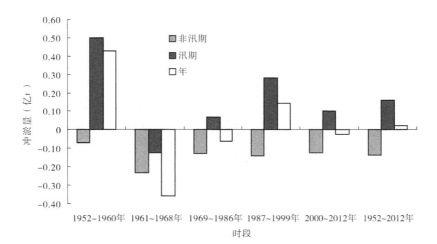

图1-61 宁夏青铜峡—石嘴山河道冲淤量年内分布

1969~1986年和2000~2012年下河沿—石嘴山河段年内冲淤分布为汛期淤积、非汛期冲刷,整个运用年冲淤表现为微淤状态。淤积分布主要表现在青铜峡—石嘴山河段,两个时段青铜峡—石嘴山河段汛期年均淤积量分别为0.067亿t、0.104亿t,分别占下河沿—石嘴山河段两个时期汛期年均淤积量0.148亿t、0.109亿t的45.3%和95.4%。非汛期下河沿—石嘴山河段在1969~1986年和2000~2012年均冲刷量分别为0.113亿t和0.083亿t,冲刷量的空间分布仍是集中在青铜峡—石嘴山河段,该河段在两个微淤时期内非汛期年均冲刷量分别为0.130亿t和0.126亿t,而青铜峡—石嘴山河段非汛期表现为微冲状态。1961~1968年,由于该时期丰水年较多,整个时期宁夏河道处于冲刷状态,冲刷表现为汛期和非汛期均呈冲刷状态,但是冲刷更集中在非汛期。其中,汛期年均冲刷量为0.089亿t,汛期冲刷分布河段是下河沿—青铜峡河段微淤0.033亿t、青铜峡—石嘴山河段汛期年均冲刷量为0.123亿t,可见汛期冲刷更主要集中在青铜峡—石嘴山河道;1961~1968年宁夏河道非汛期年均冲刷量较汛期大,冲刷量达到年均0.340亿t,冲刷量的空间分布是下河沿—青铜峡和青铜峡—石嘴山两个河段,其中非汛期年均冲刷量分别为0.106亿t和0.234亿t,可见青铜峡—石嘴山河道非汛期的冲刷对宁夏河道冲刷起着主导作用。

综上所述,宁夏下河沿—石嘴山河段长时期呈微淤状态,分河段来看,下河沿—青铜峡河道的冲淤变化较小,青铜峡—石嘴山河段的冲淤调整对整个宁夏河道冲淤起着主导作用;宁夏河道年内冲淤具有"汛期淤积、非汛期冲刷"的显著特点。

由以上分析可以看到,宁夏分河段下河沿—青铜峡和青铜峡—石嘴山两个河段河道冲淤特点有所不同,初步分析由于两个河段的比降不同,其中下河沿—青铜峡河段比降是0.806‰,而青铜峡—石嘴山河段比降为0.249‰,河段比降上陡下缓。该河段内有两条较大的入黄支流——清水河和苦水河,分别在下河沿以下约48.9 km处、青铜峡以下32.6 km处汇入,也由于不同时期来水来沙和河道边界条件的不同,河道的输沙能力及冲淤量有很大差异。从不同时期的年均水沙统计来看(见表1-42),下河沿—青铜峡河段水沙量明显大于下段,平均含沙量相差不大,但是可以看到青铜峡以上河段的冲淤变化较小。如在1952~1960年的大沙年份,年均来沙量为2.74亿t,除1960年下河沿加清水河来沙量为 0.856 亿 t 外,其他年份来沙量都超过 1.5 亿 t,1955 年、1958 年和 1959 年来沙量分别为 4.219 亿 t、4.945 亿 t、4.578 亿 t,该河段平均含沙量为 9.07 kg/m³;但是该时期内河道淤积较少,年均淤积量仅有 0.089 亿 t。而青铜峡—石嘴山河段,在平均含沙量同样是 9.08 kg/m³ 条件下,该河段年均淤积量达到 0.427 亿 t,可见青铜峡—石嘴山河段冲淤与水沙关系明显,河道冲淤受水沙影响较大。1961～1968 年由于来水量较丰,年均来水量为 381.1 亿 m³,1964 年、1967 年和 1968 年下河沿站水量都超过了 400 亿 m³,属于丰水年,来水量分别为 438.1 亿 m³、509.1 亿 m³、409.5 亿 m³。由于较大的来水量以及青铜峡水库的拦沙运用,两个河段均处于冲刷状态,青铜峡—石嘴山河道冲刷量达到 0.357 亿 t;由表 1-42 可以看到,由于青铜峡水库 1967 年开始投入运用,1967 年之后下段水沙明显小于上段水沙。1969～1986 年由于前期水沙条件有利,青铜峡—石嘴山河段呈微冲状态。1987～1999 年,青铜峡—石嘴山河道来水量仅为 182.7 亿 m³,河道来沙量为 1 亿 t,在这种水沙条件下,该段河道淤积量达到年均 0.142 亿 t;2000 年之后,河道水沙条件有所好转,青铜峡—石嘴山河道呈微冲状态。

表 1-42 宁夏河道不同时期年均水沙量及冲淤量变化

时段	下河沿—青铜峡河段			年均冲淤量（亿 t）	青铜峡—石嘴山河段			年均冲淤量（亿 t）
	下河沿 + 清水河				青铜峡 + 苦水河			
	水量（亿 m³）	沙量（亿 t）	含沙量（kg/m³）		水量（亿 m³）	沙量（亿 t）	含沙量（kg/m³）	
1952～1960 年	301.9	2.74	9.08	0.089	296.5	2.69	9.08	0.427
1961～1968 年	381.1	2.13	5.59	-0.073	323.0	1.51	4.69	-0.357
1969～1986 年	319.5	1.25	3.90	0.098	243.6	0.84	3.43	-0.063
1987～1999 年	249.6	1.27	5.09	0.043	182.7	1.00	5.47	0.142
2000～2012 年	259.1	0.63	2.42	0.048	192.5	0.52	2.69	-0.022
1952～2012 年	297.2	1.46	4.90	0.052	238.0	1.17	4.90	0.023

从宁夏河段逐年冲淤过程的对比来看(见图 1-62),宁夏河道冲淤与水沙关系密切,大沙年淤积,大水年冲刷(见图 1-63)。从分河段来看,下河沿—青铜峡河段冲淤量较小,并且冲淤变化幅度不大,将逐年河道冲淤与来水来沙过程对照来看(见图 1-64),下河沿—青铜峡河段受水沙影响不大,即大水年不一定冲刷、大沙年不一定淤积,是比较稳定的河段。如 1955 年下河沿 + 清水河站为 4.219 亿 t,河道冲刷量达到 0.154 亿 t;1976 年

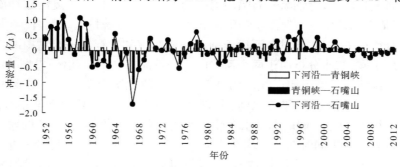

图 1-62 宁夏河道各河段逐年冲淤过程对比

下河沿＋清水河来水量为 426.9 亿 m³,来沙量为 1.304 亿 t,河道形成 0.161 亿 t 的淤积,河道没有形成明显的冲刷。而青铜峡—石嘴山河段受水沙影响比较大,该河段河道冲淤随水沙的变化进行调整,该河段除受下河沿来沙影响外(见图 1-65),还受清水河、苦水河支流的影响,点绘青铜峡—石嘴山河道逐年冲淤与支流清水河、苦水河来沙之间的关系(见图 1-66)可以看到,淤积量大的年份大都是沙量较大,水量较少,沙量主要是由支流来沙引起的。如 1994 年、1995 年和 1996 年,河道淤积量分别为 0.300 亿 t、0.342 亿 t 和 0.859 亿 t,支流清水河和苦水河来沙总量达到 0.873 亿 t、0.932 亿 t 和 1.405 亿 t,其中苦水河来沙量分别为 0.224 亿 t、0.111 亿 t 和 0.365 亿 t。因此,支流来沙对河道淤积有一定的影响。

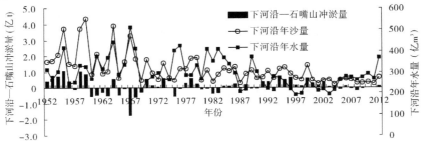

图 1-63　下河沿—石嘴山逐年冲淤量与逐年水沙对比

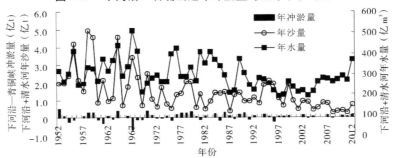

图 1-64　下河沿—青铜峡逐年冲淤量与逐年水沙对比

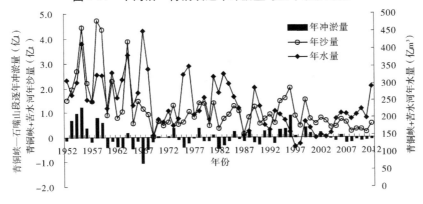

图 1-65　青铜峡—石嘴山逐年冲淤量与逐年水沙对比

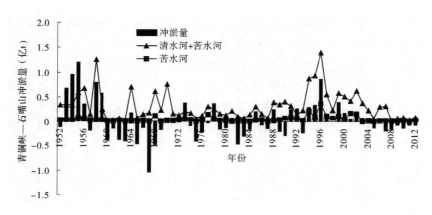

图 1-66　青铜峡—石嘴山逐年冲淤量与支流水沙关系

总的来看,青铜峡—石嘴山河道来沙量大,淤积量大,水量大,河道会冲刷。如 1952 ~ 1960 年河道属于大沙年,河道淤积量很大;1961 ~ 1986 年由于水量较丰,加之水库运用,青铜峡—石嘴山河段呈冲刷状态。1990 年之后由于水沙条件不利,青铜峡—石嘴山河段有所淤积。

1.4.1.3　内蒙古河道不同时段及年内各时期冲淤调整特点

点绘内蒙古河道不同时期各河段的冲淤变化图(见图 1-67、表 1-40),可以看到,整个内蒙古河道 1952 ~ 2012 年长时段呈淤积状态,淤积总量为 19.112 亿 t,年均淤积量为 0.313 亿 t,从冲淤量的空间分布来看,内蒙古河道淤积更主要集中在三湖河口—头道拐河段,该河段长时期运用年淤积总量为 11.918 亿 t,年均淤积量为 0.195 亿 t,占整个内蒙古河道长时期淤积总量的 62.4%。石嘴山—巴彦高勒河段和巴彦高勒—三湖河口河段长时期都是淤积的,淤积总量分别为 3.823 亿 t、3.371 亿 t,年均淤积量分别为 0.063 亿 t 和 0.055 亿 t。

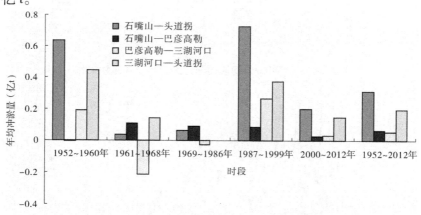

图 1-67　内蒙古河道不同时期分河段运用年冲淤量变化

从冲淤量不同时期分布来看,石嘴山—头道拐河段在各个时期都是淤积,但是淤积量有所不同,主要集中在 1952 ~ 1960 年、1987 ~ 1999 年以及 2000 ~ 2012 年三个时段,淤积总量分别为 5.709 亿 t、9.405 亿 t 和 2.609 亿 t,年均淤积量分别为 0.634 亿 t、0.723 亿 t

和 0.201 亿 t,分别约占长时期总淤积量的 29.9%、49.2% 和 13.7%,三个时段淤积总量占长时期淤积量的 92.7%。

从淤积的空间分布看,淤积更主要集中在三湖河口—头道拐河段,石嘴山—三湖河口河段不同时期淤积部位有所不同。1952～1960 年和 1987～1999 年两个时期的淤积主要集中在巴彦高勒—三湖河口及三湖河口—头道拐河段,这两个河段在 1952～1960 年淤积总量分别为 1.728 亿 t 和 4.019 亿 t,年均淤积量为 0.192 亿和 0.447 亿 t;两个河段在 1987～1999 年,淤积总量分别为 3.440 亿 t 和 4.866 亿 t,年均淤积量为 0.265 亿和 0.374 亿 t;而石嘴山—巴彦高勒河段在 1952～1960 年和 1987～1999 年河道分别呈微冲、微淤状态,年均冲刷量和年均淤积量分别为 0.004 亿 t 和 0.085 亿 t。2000～2012 年,内蒙古整个河道淤积主要集中在三湖河口—头道拐河段,年均淤积量为 0.145 亿 t,而该时期石嘴山—巴彦高勒河段、巴彦高勒—三湖河口两个河段淤积总量相差不大,淤积量为 0.321 亿 t、0.400 亿 t。1969～1986 年与 2000～2012 年冲淤具有相同的特点,淤积主要是集中在三湖河口—头道拐和石嘴山—巴彦高勒河段,巴彦高勒—三湖河口河段处于微冲的状态。

以上分析可见,内蒙古石嘴山—头道拐河段长时段呈淤积状态,从冲淤量不同时期冲淤分布来看,内蒙古河道淤积更主要集中在 1952～1960 年、1987～1999 年以及 2000～2012 年三个时段,其中 1987～1999 年淤积最为严重,其次是 1952～1960 年和 2000～2012 年;内蒙古河道淤积的空间分布各时期都主要集中在三湖河口—头道拐河段。石嘴山—三湖河口河段不同时期淤积部位有所不同。

从内蒙古石嘴山—头道拐河段不同时期冲淤的年内分布图来看(见图 1-68),长时期内蒙古河道冲淤的年内冲淤表现是:运用年、汛期和非汛期都是淤积的,但淤积更集中在汛期。内蒙古河段 1952～2012 年长时期运用年均淤积量为 0.313 亿 t,其中汛期年均淤积量为 0.207 亿 t,非汛期年均淤积量为 0.106 亿 t,从年内冲淤的空间分布来看,汛期集中在三湖河口—头道拐河段,长时期年均淤积量分别为 0.208 亿 t,非汛期主要淤积集中在石嘴山—巴彦高勒河段和巴彦高勒—三湖河口段,非汛期年均淤积量分别为 0.069 亿 t 和 0.050 亿 t,而三湖河口—头道拐河段年均冲刷量为 0.013 亿 t。

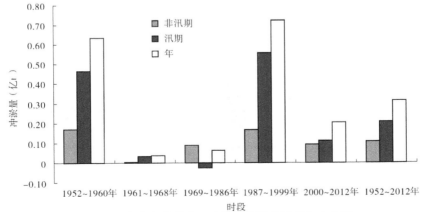

图 1-68　内蒙古石嘴山—头道拐河段冲淤量年内分配

从内蒙古河道不同时期年内淤积的分布来看,1952～1960 年、1987～1999 年和 2000～

2012 年三个时段运用年均表现为淤积,并且汛期和非汛期河道都是淤积的,但是淤积更主要集中在汛期。三个时段汛期年均淤积量分别为 0.464 亿 t、0.556 亿 t 和 0.110 亿 t,非汛期年均淤积量分别为 0.171 亿 t、0.167 亿 t 和 0.091 亿 t,汛期淤积部位主要集中在内蒙古三湖河口—头道拐河段(见图 1-69)。非汛期淤积主要集中在石嘴山—三湖河口河段(见图 1-70)。1961~1968 年内蒙古河道也是淤积的,汛期和非汛期都是呈淤积状态,年均淤积量分别为 0.032 亿 t 和 0.004 亿 t。1969~1986 年内蒙古河道石嘴山—头道拐河段汛期表现为微淤状态,但是汛期冲刷 0.026 亿 t,非汛期淤积 0.087 亿 t,整个运用年表现为微淤状态。1961~1968 年、1969~1986 年汛期淤积的空间分布主要是集中在三湖河口—头道拐河段,年均淤积量为 0.210 亿 t 和 0.052 亿 t。石嘴山—三湖河口河道是冲刷的,年均冲刷量为 0.177 亿 t 和 0.078 亿 t,并且主要集中在巴彦高勒—三湖河口河段。1961~1968 年、1969~1986 年非汛期河道冲淤的空间分布主要表现在石嘴山—巴彦高勒河段淤积,年均淤积量为 0.069 亿 t 和 0.051 亿 t,三湖河口—头道拐河道表现为微冲状态,年均冲刷量为 0.020 亿 t 和 0.001 亿 t,分析内蒙古河道冲淤的年内分布可以看到,长时期运用年是淤积的,汛期和非汛期都是淤积的,但淤积更主要集中在汛期;淤积的空间分布主要是集中在三湖河口—头道拐河段。

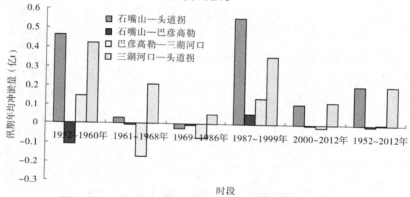

图 1-69　内蒙古河道不同时期汛期年均冲淤量空间分布

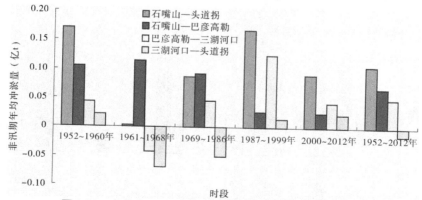

图 1-70　内蒙古河道不同时期非汛期年均冲淤量空间分布

点绘内蒙古石嘴山—头道拐河段逐年的冲淤变化(见图 1-71),从整体上看,内蒙古石嘴山—头道拐河段 20 世纪 50 年代淤积量较大,60~80 年代整个河道是冲淤调整的时段,河道有冲有淤,90 年代之后,内蒙古河道是个淤积加重的时段。河道具有这种冲淤调整特点主要和来水来沙条件有关。石嘴山—头道拐河段河道冲淤与水沙条件关系密切,来沙量大的年份淤积量较多(见图 1-72),如 1958 年、1981 年、1989 年和 1994 年,在内蒙古河道来沙量分别为 3.707 亿 t、1.701 亿 t、2.755 亿 t 和 1.496 亿 t,来水量分别为 311 亿 m³、376 亿 m³、346 亿 m³ 和 256 亿 m³ 条件下,河道淤积程度较大,河道淤积量分别为 1.771 亿 t、0.851 亿 t、2.372 亿 t 和 1.092 亿 t,可见大沙年份河道淤积量也较大。

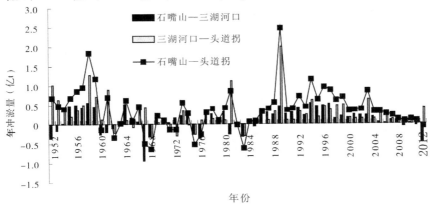

图 1-71 内蒙古石嘴山—头道拐河段逐年冲淤量变化过程

另外,从淤积分布上来看,内蒙古河道淤积主要集中在三湖河口—头道拐河段(见图 1-71)。

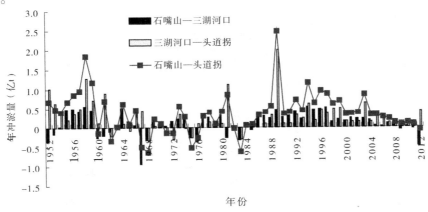

图 1-72 内蒙古石嘴山—头道拐河段逐年冲淤量及水沙变化过程

将内蒙古河段分石嘴山—三湖河口和三湖河口—头道拐河段进行详细分析,统计内蒙古河道年均水沙量和年均冲淤量的变化(见表 1-43),并且点绘石嘴山—三湖河口河段逐年冲淤量与水沙条件对比图(见图 1-73),可以看到石嘴山—三湖河口河段,大沙量淤积较多,大水年冲刷较多。但是从分河段来看,石嘴山—巴彦高勒河段位于内蒙古河段的上段,比降为 0.256‰,三盛公水利枢纽位于该河段内,巴彦高勒—三湖河口河段比降为 0.143‰,下段比降明显缓于上段;对比上下两段的年均水沙量可以看到,20 世纪 50 年代上下两个河段的水沙变化不大,巴彦高勒—三湖河口河段水沙量在 1960 年之后明显小于上段石嘴山—巴彦高勒水沙量,水量减少较多,年均减少 60 亿 m³,平均含沙量下段大于上段。其原因主要是由于 1961 年三盛公水库调节运用和引水引沙。分析两个河道的冲淤情况,可以看到,石嘴山—巴彦高勒河道微淤没有太大变化,巴彦高勒—三湖河口河段则对水沙条件比较敏感,河道在 1952~1960 年大沙时段,河道淤积较多,年均淤积量为 0.192 亿 t,在大水时期 1961~1986 年,河道呈冲刷状态。其中,1961~1968 年冲刷较大,年均冲刷量为 0.213 亿 t,1969~1986 年年均冲刷量为 0.027 亿 t,1987~1999 年水沙条件不利,又造成年均 0.265 亿 t 淤积;2000~2012 年巴彦高勒—三湖河口河段呈微淤状态,年均冲刷量为 0.031 亿 t。

表 1-43　内蒙古石嘴山—三湖河口河段年均水沙量及年均冲淤量变化

时段	石嘴山			石嘴山—巴彦高勒冲淤量(亿 t)	巴彦高勒			巴彦高勒—三湖河口冲淤量(亿 t)
	水量(亿 m³)	沙量(亿 t)	含沙量(kg/m³)		水量(亿 m³)	沙量(亿 t)	含沙量(kg/m³)	
1952~1960 年	281.0	2.12	7.53	-0.004	271.1	2.16	7.95	0.192
1961~1968 年	358.7	1.94	5.39	0.109	301.9	1.69	5.61	-0.213
1969~1986 年	295.9	0.97	3.28	0.087	234.7	0.83	3.55	-0.027
1987~1999 年	227.4	0.91	4.00	0.085	159.3	0.70	4.41	0.265
2000~2012 年	226.3	0.60	2.65	0.025	163.2	0.50	3.07	0.031
1952~2012 年	272.5	1.17	4.31	0.063	217.6	1.04	4.79	0.055

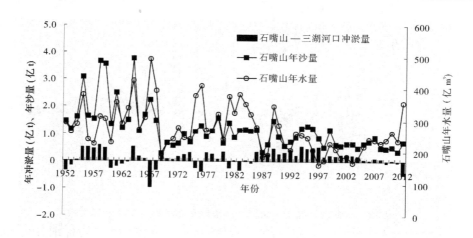

图 1-73　内蒙古石嘴山—三湖河口河段冲淤与水沙变化对比

三湖河口—头道拐河段位于内蒙古河段的下段,全长 300.5 km,以包头附近昭君坟站为界,分成三湖河口—昭君坟和昭君坟—头道拐,两个河段河长分别为 126.4 km 和 174.1 km,其中上段比降略大于下段,河段比降分别为 0.111‰和 0.098‰,内蒙古十大孔兑在这个河段汇入,其中毛不拉孔兑、卜尔色太沟和黑赖沟孔兑在昭君坟以上汇入,昭君坝以下汇入的有西柳沟、罕台川、壕庆沟、哈什拉川、木哈沟、东柳沟和呼斯太河孔兑。统计内蒙古三湖河口—头道拐河段年均水沙及冲淤量变化(见表1-44),分析三湖河口—头道拐河段不同时期河道冲淤与水沙条件的关系可以看到,该河段1952~1960年来沙量最大,来沙量年均为1.883亿t,淤积量最大,年均淤积量为0.447亿t;1961~1968年年均来沙量为2.056亿t,大于20世纪50年代来沙量,但是由于该时段水量较大,年均水量达到近300亿m³,因此该时期淤积量较少,年均仅为0.141亿t,1969~1986年水量相对较多,来沙量较少,相对偏枯,因此时段年均淤积量最少。1987年之后由于天然降雨的减少,以及人类活动的影响,年来水来沙量都处于偏枯的状态,时段年均淤积量有所增大,1987~1999年、2000~2012年年均淤积量分别为0.374亿t和0.145亿t。

表1-44　内蒙古三湖河口—头道拐河段年均水沙及冲淤量变化

时段	三湖河口			三大孔兑		三湖河口+三大孔兑		三湖河口—头道拐冲淤量(亿t)
	水量(亿m³)	沙量(亿t)	含沙量(kg/m³)	水量(亿m³)	沙量(亿t)	水量(亿m³)	沙量(亿t)	
1952~1960年	236.1	1.82	7.7	0.490	0.063	236.590	1.883	0.447
1961~1968年	299.1	1.97	6.6	0.560	0.086	299.660	2.056	0.141
1969~1986年	245.1	0.93	3.8	0.500	0.086	245.6	1.016	0.001
1987~1999年	168.2	0.51	3.0	0.655	0.179	168.855	0.689	0.374
2000~2012年	172.0	0.54	3.1	0.309	0.033	172.3	0.573	0.145
1952~2012年	218.9	1.02	4.7	0.498	0.091	219.398	1.111	0.195

另外,从三湖河口逐年来水来沙过程和三湖河口—头道拐河段冲淤过程对比来看(见图1-74),可以看到,三湖河口—头道拐河段的冲淤与水沙条件关系密切,即来沙量大,河道淤积较多;来水量大,河道淤积减少;进一步分析可以看到,三湖河口—头道拐河段冲淤除与三湖河口以上的来水来沙条件有关外,冲淤更主要与该区间的孔兑来沙有关,

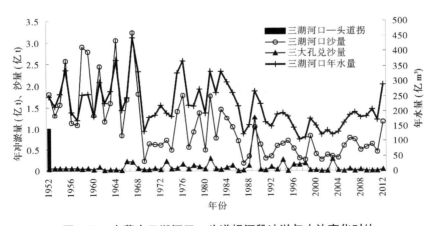

图1-74　内蒙古三湖河口—头道拐河段冲淤与水沙变化对比

对比分析逐年孔兑来沙过程与三湖河口—头道拐河段淤积过程(见图1-75)可以看到,三湖河口—头道拐的淤积量较大的年份与孔兑的大沙年是一一对应的,即该河段淤积大的年份,孔兑来沙量较大,因此认为孔兑来沙对该河段淤积有很大影响。如1981年和1989年三湖河口—头道拐河段的淤积量都很大,分别淤积1.102亿t和1.902亿t,其中孔兑加沙的影响很大,两个年份孔兑来沙量分别为0.298亿t和1.259亿。但是进一步分析还可以看到,三湖河口—头道拐河道淤积除孔兑来沙是其影响因子外,其淤积程度大小还与来水条件密切相关。如三湖河口—头道拐在20世纪70年代时,由于水量较大,该河段淤积状况有所减轻,90年代由于水量偏枯,该河段河道淤积加重。

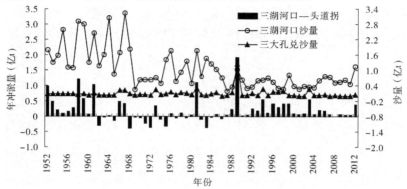

图1-75 内蒙古三湖河口—头道拐河段冲淤与水沙变化对比

综合分析宁蒙河道水沙和河道冲淤可以看到,河道淤积主要发生在内蒙古河段。按照水库运用及水沙条件不同划分的不同时期1952~1960年、1961~1968年、刘家峡运用1969~1986年、龙羊峡运用1987~1999年及2000~2012年的水沙搭配分别为大沙大水、大水中沙、中水小沙和小水小沙,沿程虽有变化但趋势没有改变。从各河段的冲淤来看,河段冲淤特点各不相同,其中宁夏河段(下河沿—石嘴山)具有"大水冲、大沙淤"的特点,由于河道上段下河沿—青铜峡比降大于下段青铜峡—石嘴山河段比降,具有"上段陡下段缓"河道特性,因此宁夏河道的冲淤调整主要发生在下段,即青铜峡—石嘴山河段;而内蒙古河段的石嘴山—头道拐整个河道,无论是大沙还是小水河道都会产生严重的淤积,淤积的部位主要集中在巴彦高勒—头道拐河段。尤以三湖河口—头道拐河段淤积最为严重,该河段的淤积除受上游来水的影响外,更主要是受十大孔兑来沙的影响。而巴彦高勒—三湖河口的淤积则主要是受其上游来水来沙的影响。

1.4.1.4 宁蒙河道冲淤变化与河道过流能力的对比

1. 同流量水位变化与河段冲淤变化对比

同流量水位的变化反映了河道的冲淤变化以及河道的过流能力,在河道淤积时,同流量水位升高,河道过流能力减小;在河道冲刷时,同流量水位下降,河道过流能力增大。图1-76为三湖河口站1 000 m³/s水位及石嘴山—头道拐河道累计淤积量对比,将石嘴山—头道拐河段又分为石嘴山—三湖河口段和三湖河口—头道拐河段,从水位线的变化和逐年累积淤积线来看,水位线的变化趋势和累计淤积线的变化趋势基本一致,都是20世纪60年代后期水位下降(河道冲刷),80年代以后水位抬升(河道淤积),唯一不同的是三湖河口—头道拐河段的累计淤积线在 1966 年、1973 年、1981 年和 1989 年等都有跳跃式的增加,从三湖河口站汛前同流量水位(1 000 m³/s)来看,这几年水位也是跳跃式抬升的。分析其原因主要是孔兑加沙量较大,说明孔兑来沙对三湖河口以下河段的影响是非常明显的。

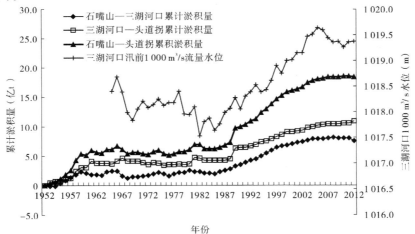

图 1-76　三湖河口站 1 000 m³/s 水位及河道累计淤积量对比

2. 平滩流量变化与河段冲淤变化对比

根据宁蒙河段水文站实测资料,通过水位流量关系、河道冲淤变化及断面形态分析等,得到 1980~2012 年历年汛前平滩流量,见图 1-77。1986 年以来,宁蒙河段的排洪输沙能力降低,河槽淤积萎缩,平滩流量减小。1980~1985 年来水来沙条件有利,河槽过流能力较大,巴彦高勒和头道拐平滩流量为 4 600~5 600 m³/s,三湖河口为 4 400~4 900 m³/s。1986~1997 年龙刘水库联合运用,平滩流量逐渐减小,至 1997 年巴彦高勒、三湖河口和头道拐减小为 1 900 m³/s、1 700 m³/s 和 3 100 m³/s。巴颜高勒和三湖河口 1998~2001 年间变幅较小,2002~2005 年有所减小,此后开始逐渐回升。头道拐 1997~2005 年变幅较小,基本维持在 3 000 m³/s 左右,此后逐渐增大。2012 年汛前巴彦高勒、三湖河口和头道拐平滩流量分别为 2 460 m³/s、2 000 m³/s 和 3 900 m³/s。

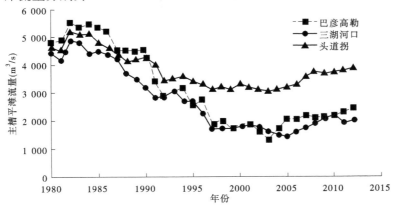

图 1-77　典型水文站主槽平滩流量

1.4.2 河道冲淤调整与水沙条件的关系

1.4.2.1 宁蒙河道冲淤调整发生的河段

分析宁蒙河道分河段逐年累计冲淤过程对比(见图 1-78),可以看到,宁蒙河道下河沿—青铜峡和石嘴山—巴彦高勒河道冲淤调整不大。整个河段的冲淤调整主要发生在三个河段,即青铜峡—石嘴山河段、巴彦高勒—三湖河口河段以及三湖河口—头道拐河段。三个河段有着相同的冲淤趋势,但有不相同的冲淤过程和冲淤特性,具体分析如下:

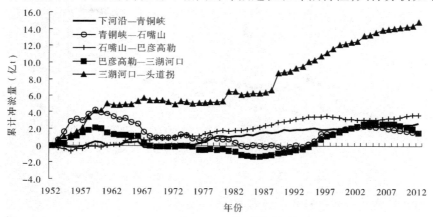

图 1-78 宁蒙河道分河段逐年累计冲淤过程对比

从三个河段的河道冲淤整体趋势来看都经历了相同的演变,即经历了 20 世纪 50 年代的大淤、60～80 年代以冲刷为主的冲淤交替段以及 90 年代以后的淤积加重时段。但是从过程上看,却存在差别,青铜峡—石嘴山河段在大沙年份时(1952～1959 年)淤积得多,在大水时期(60～80 年代)河道冲刷量大,冲得多,有明显的冲淤起伏。巴彦高勒—三湖河口河段的冲淤略有滞后,最大累计淤积量小于青铜峡—石嘴山河段,60 年以后的冲刷过程也比较平缓,冲刷幅度小,回淤时段有所提前。1986～2004 年河道呈淤积状态,没有冲刷,直至 2005 年以后至 2012 年,该河段发生冲刷。与青铜峡—石嘴山、巴彦高勒—三湖河口河段相比,三湖河口—头道拐河段淤积最突出的特点是,该河道各时期都是淤积的,并且淤积呈跳跃式上升,跳跃式淤积的年份经过分析,主要是孔兑加沙引起的。另外,该河段也有产生冲刷的年份,但是量值很小。

三个冲积性河段冲淤与水沙条件密切相关。青铜峡—石嘴山河段的冲淤除受青铜峡以上干流来水来沙的影响外,支流祖厉河、清水河、苦水河来沙也有很大影响,分析青铜峡站逐年水沙变化过程(见图 1-79)可以看到,该河段大水或者小沙的年份,河道都会冲刷,如大水年份 1967 年、1968 年,水量分别为 450.2 亿 m³、341.2 亿 m³,来沙量分别为 1.139 亿 t、0.812 亿 t,河道冲刷量分别为 1.03 亿 t、0.478 亿 t;而在来沙量较小的年份;如 1982 年,河道来沙为 0.348 亿 t,来水量为 272 亿 m³,河道仍是冲刷的,冲刷量为 0.467 亿 t。而河道淤积的年份,如 1959 年、1973 年、1994～1996 年等,一般都是沙大水小,而且淤积多半都是支流来沙引起的。其中,1959 年、1973 年青铜峡站来沙量分别为 4.319 亿 t、1.22 亿 t,而来水量仅为 322.1 亿 m³、177.2 亿 m³,河道淤积量为 0.576 亿 t、0.375 亿 t。1994 ~ 1996 年主要是由支流来沙引起了河道淤积。支流苦水河这三年年均来沙 0.233 亿 t,造成这三年年均淤积量为 0.501 亿 t。

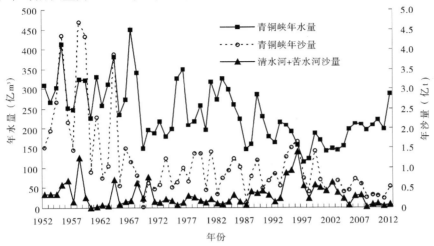

图 1-79　青铜峡站逐年沙量变化过程对比

　　巴彦高勒—三湖河口河段的冲淤同样取决于来水来沙条件,该河段径流的丰枯变换与青铜峡—石嘴山河段基本一致(见图 1-80),输沙与青铜峡—石嘴山河段不同的特点是:输沙量大小除与其河段以上的干、支流来沙大小有关外,还和上河段的冲淤调整有关。其上河段大淤之后,进入本河段的沙量就会减少,本河段的淤积相对就会少些,如青铜峡—石嘴山河段 1959 年、1978 年大淤,淤积量分别为 0.576 亿 t 和 0.363 亿 t,而巴彦高勒—三湖河口河段淤积量相对减少,淤积量分别为 0.328 亿 t 和 0.089 亿 t;又如 2006 年调整河段(青铜峡—石嘴山)微淤 0.066 亿 t,本河段(巴彦高勒—三湖河口)冲刷 0.117 亿 t。

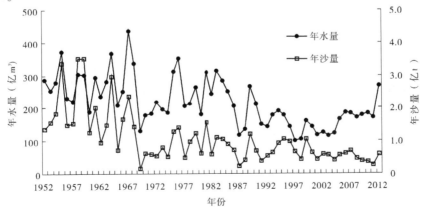

图 1-80　巴彦高勒站逐年水沙量变化过程对比

三湖河口—头道拐河段的冲淤与前两个河段相比更显著的特点是:该河段冲淤除与上游的来水来沙有关外,更多的是取决于孔兑的来沙,由于孔兑的来沙是短时间、大剂量、突发性的宣泄而至,若遇干流小水,支流来沙得不到很好的稀释作用,会造成水沙关系极不协调的局面,因此淤积会有所加重,所以累计淤积过程在孔兑大量来沙时均呈跳跃式的上升,而孔兑来沙很少时则受上河段来水来沙的影响进行调整,但调整的幅度不大。可见来水来沙条件是决定河道冲刷和淤积的一个重要影响因素。

另一个影响河道冲刷淤积的因子是河道本身河道边界条件和河道本身的特性。黄河宁蒙河道位于黑山峡河段下游,黄河出黑山峡进入宁夏河段(下河沿—青铜峡、青铜峡—石嘴山),由于河道边界条件不同,黄河由黑山峡峡谷区进入宁夏河段平原区,因此河势有了较明显的变化。下河沿以上为峡谷段,下河沿—青铜峡则是河道迂回曲折,河心滩地多,但比降仍较大(0.806‰),河床仍为粗沙卵石。青铜峡以下至石嘴山比降猛然变缓(0.249‰),河道有所放宽,并且河床组成由粗沙卵石转为粗沙,因此输沙能力急剧下降,大沙下来迅速淤积,形成了宁蒙河道第一个调整河段:青铜峡—石嘴山河段。

黄河进入内蒙古河道,河道逐渐变宽浅,浅滩、弯道叠出,坡降变缓,沙质河床。其中,石嘴山至乌达公路桥为峡谷段,河床岩基裸露,河宽仅 $200 \sim 300$ m,水流湍急,水沙穿堂而过,淤不下也冲不起,乌拉公路桥至三盛公为过渡河段,河道宽窄相间,河心滩较多。石嘴山—巴彦高勒的比降为 0.256‰,而巴彦高勒—三湖河口比降较小,为 0.143‰,并且三盛公—三湖河口为游荡型河段,该河段水流散乱,沙洲较多,断面形态宽浅,形成了宁蒙河道第二个调整河段:巴彦高勒—三湖河口河段。

三湖河口以下河道更趋宽浅和平缓,河道比降更小,为 0.10‰,输沙能力较弱,对来水来沙的变化十分敏感,大沙、小水均可造成河道的淤积,并且有十大孔兑入汇,因此形成宁蒙河道第三个调整河段:三湖河口—头道拐河段。

进一步分析发现,青铜峡—石嘴山、巴彦高勒—三湖河口和三湖河口—头道拐河段的河道比降都比较小,并且其相同的特点之一是:与三个河段相接的其上段河道都有相对较大的比降,比降大的河道输沙能力较强,如遇大沙也淤不下来;而大沙量到了比降较小的河段,输沙能力会明显下降,因此会造成不同程度的淤积。

但是如遇大水,水量大,流量大,动能大,加之上河段的大比降,更增加了进入其以下比降较小河段的动能,即可能把已淤积下来的泥沙冲起带走,使河道由淤积状态转为冲刷状态。所以青铜峡—石嘴山、巴彦高勒—三湖河口河段有冲有淤,大沙年淤积,大水年可以冲刷。而到了宁蒙河道的出口段三湖河口—头道拐河段,由于与其相邻的上段比降较小,从上段下来的水量,动能较小,并且该河段又有突发性孔兑加沙,因此该河道由淤积转为冲刷比较困难。

1.4.2.2 河道冲淤与水沙条件关系

1. 青铜峡—石嘴山河段河道冲淤调整与水沙变化之间关系

点绘青铜峡—石嘴山河段各年冲淤量和年径流量的相关关系(见图 1-81)可以看到,青铜峡—石嘴山河段的年径流量变化范围在 100 亿 ~450 亿 m³,年冲淤量的变化在冲刷

0.5 亿 t 至淤积 1.2 亿 t, 可以看到水量大小都有冲淤, 只是冲淤幅度大小不同。年径流大时冲淤的幅度较大, 年径流小时冲淤的幅度也小。该河道冲淤不仅与来水有关系, 而且与来沙量大小也密切相关, 来沙量大的年份淤积量较大(见图 1-82), 如同样来水量在 300 亿 m³ 时, 当来水中含沙量为 3 kg/m³, 河道冲刷 0.158 亿 t; 当来水中含沙量为 9 kg/m³, 河道淤积 0.954 亿 t。从图 1-83 中可看到, 河道青铜峡—石嘴山年平均来沙量大于 5 kg/m³, 河道都是淤积的, 小于 5 kg/m³, 河道基本上都是冲刷的, 同时还可以看到, 发生冲刷的来沙年均含沙量都是小于 4 kg/m³ 的。年均来水含沙量在 4 ~ 6 kg/m³ 时, 河道是有冲有淤, 一般年径流大时冲刷, 年径流小时淤积, 当年径流量大于 200 亿 m³ 时, 对该河道冲刷更有利。

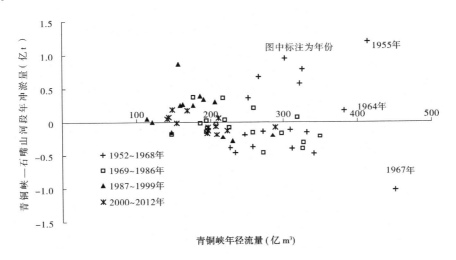

图 1-81　青铜峡—石嘴山河段年冲淤量与年径流量的关系

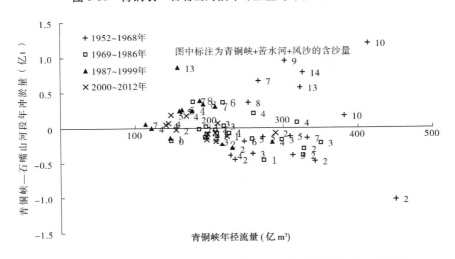

图 1-82　不同来沙条件下青铜峡—石嘴山河段年冲淤量与径流量关系

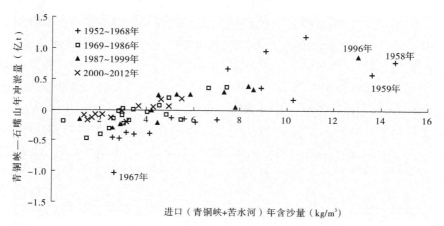

图 1-83 青铜峡—石嘴山河段年冲淤量与含沙量的关系

对比分析上下游站含沙量相关关系（见图 1-84），可以看到，下游站含沙量与上游站含沙量成正比，当上下游站流量变化不大时，中间的 45°线反映了不冲不淤的状态，线上面的点反应了该年冲刷，线下面则显示了淤积，从图中的实测数据可以看到，年冲刷时所增加的年均含沙量最多的是 2 kg/m³（1967 年年径流 450 亿 m³，年均含沙量由青铜峡站 2.6 kg/m³ 增加到石嘴山站 4.6 kg/m³）。

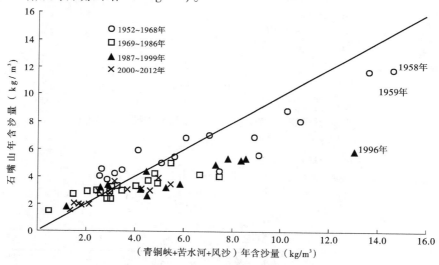

图 1-84 青铜峡—石嘴山河段逐年年均含沙量对比

青铜峡—石嘴山河段年淤积主要集中在汛期，因此进一步分析汛期冲淤和汛期径流量的相关关系（见图 1-85）可以看到青铜峡—石嘴山河段的汛期径流量变化范围为 50 亿 ~ 300 亿 m³，年冲淤量的变化在冲刷 0.589 亿 t 至淤积 1.2 亿 t 之间，汛期水量基本上是大于 100 亿 m³ 河道开始冲刷，但是又与来沙量密切相关，在相同水量条件下，来沙量大时，河道淤积量大，来沙量小时，河道淤积量减少甚至冲刷（见图 1-86）。只是从图 1-87 可以看到，青铜峡—石嘴山汛期平均来沙量约大于 5 kg/m³，河道都是淤积的，小于 5 kg/m³，河道基本上都是冲刷的(见图 1-88),同时还可以看到,汛期河道发生冲刷的来沙年均含沙量都是小于 5 kg/m³ 的。年均来沙含沙量在 5 ～ 10 kg/m³ 时,河道是有冲有淤,一般年径流大时冲刷,年径流量小时淤积。当河道来沙量大于 10 kg/m³,河道水量在 100 亿 ～ 300 亿 m³ 时,河道都处于淤积状态。

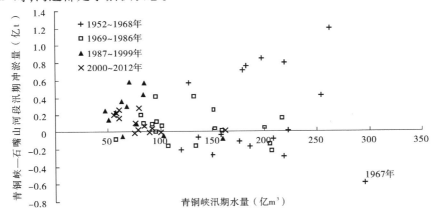

图 1-85　青铜峡—石嘴山河段汛期冲淤量与汛期水量的关系

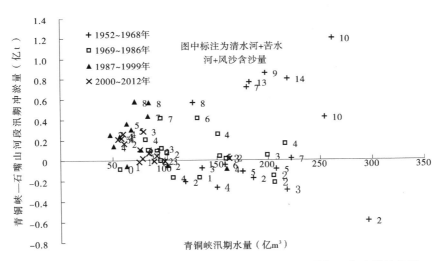

图 1-86　不同来沙条件下青铜峡—石嘴山河段汛期冲淤量与汛期水量的关系

2. 巴彦高勒—三湖河口河段河道冲淤调整与水沙变化之间关系

分析巴彦高勒—三湖河口河段年冲淤量与径流量的关系(见图 1-89),可以看到,年径流量较小时,大多数年份都发生淤积,年径流量小于 200 亿 m³ 时基本以淤积为主,将逐年份标注在图上,进一步分析可以看到,1987 年之后,只有 1989 年、1990 年和 2012 年年径流量超过 200 亿 m³,分别为 267 亿 m³、210.2 亿 m³ 和 269 亿 m³,尤其是 1987 ～ 2004 年,年均来水量仅有 149.4 亿 m³,因此 1987 ～ 2004 年,河道都是淤积的,2004 年之后年均

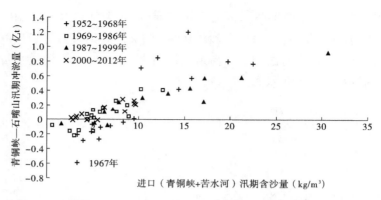

图 1-87　青铜峡—石嘴山河段汛期冲淤量与汛期来沙量的关系

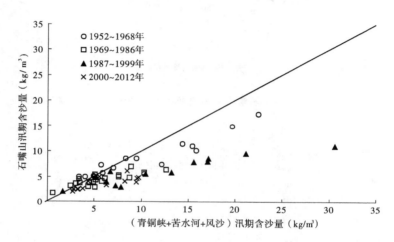

图 1-88　青铜峡—石嘴山河段汛期平均含沙量对比

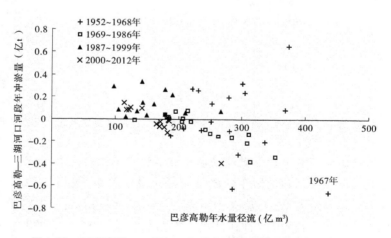

图 1-89　巴彦高勒—三湖河口河段年冲淤量与年径流量的关系

来水量年均增大 38.5 亿 m³, 达到 187.9 亿 m³, 河道发生冲刷。当巴彦高勒站年径流超过 200 亿 m³ 时, 含沙量大时发生淤积, 来沙量小时发生冲刷(见图 1-90)。年径流小于 300 亿 m³ 的冲刷幅度一般小于 0.15 亿 t, 冲刷量最大年份发生在 1967 年, 巴彦高勒年径流量 437 亿 m³, 巴彦高勒年均含沙量为 5.4 kg/m³, 河段年冲刷 0.837 亿 t。对比分析巴彦高勒—三湖河口各年年均含沙量的相关关系(见图 1-91), 冲刷所增加的年均含沙量最大的约为 2 kg/m³(1967 年), 该年巴彦高勒站是 5.4 kg/m³, 三湖河口站是 7.3 kg/m³。

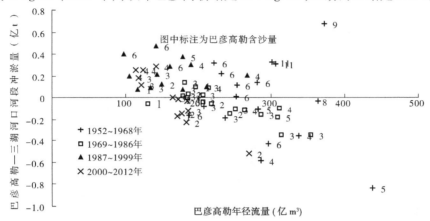

图 1-90　不同来沙条件下巴彦高勒—三湖河口河段年冲淤量与年径流量的关系

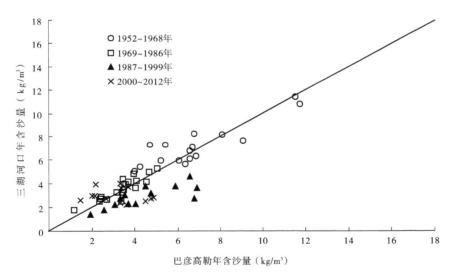

图 1-91　巴彦高勒—三湖河口各年年均含沙量变化对比

　　分析汛期巴彦高勒—三湖河口河段汛期冲淤量与径流量的关系(见图 1-92), 可以看到, 汛期河道冲刷量随着汛期水量的增加而增大, 进一步分析可以看到, 汛期河道冲淤与来沙量有关系, 相同水量条件下, 来水含沙量越大, 淤积量越多, 来沙量越小, 淤积量减少, 河道甚至冲刷(见图 1-93)。点绘河道冲淤量与汛期平均含沙量的关系(见图 1-94), 可以看到,巴彦高勒—三湖河口汛期平均来沙量小于 4 kg/m³, 河道基本上都是冲刷的,年均来水含沙量在 4~8 kg/m³ 时,河道是有冲有淤,一般年径流量大时冲刷,年径流量小时淤积。当河道来沙量大于 8 kg/m³,汛期河道水量在 100 亿~300 亿 m³ 时,河道都处于淤积状态。分析巴彦高勒—三湖河口河道冲淤与来沙量关系,可以看到河道淤积量随着来沙量的增加而增大,来沙量越大,河道淤积量越多。如 1955 年、1958 年和 1959 年、1996 年、1997 年,来沙中含沙量都比较大,河道淤积量明显大于其他年份。长时期分析汛期河道冲淤与平均含沙量关系,回归分析发现,当含沙量为 6.4 kg/m³ 时,该河段汛期基本可以达到冲淤平衡。对比分析巴彦高勒—三湖河口汛期年均含沙量的相关关系(见图 1-95),冲刷所增加的年均含沙量基本为 2 kg/m³。

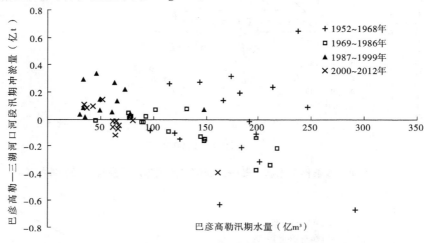

图 1-92　巴彦高勒—三湖河口河段汛期冲淤量与来水量的关系

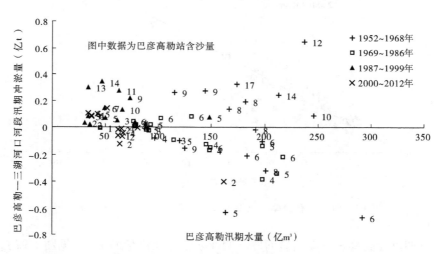

图 1-93　不同来沙条件下巴彦高勒—三湖河口河段汛期冲淤量与来水量的关系

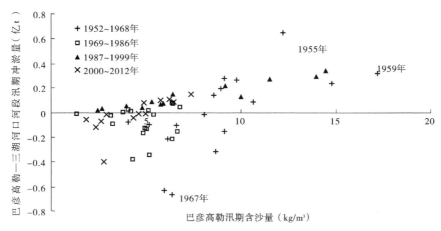

图 1-94　巴彦高勒—三湖河口河段汛期冲淤量与来沙量的关系

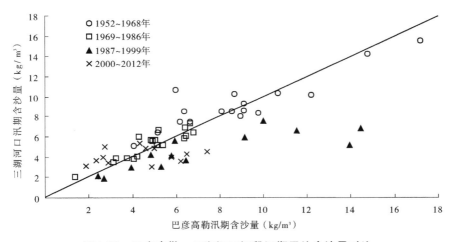

图 1-95　巴彦高勒—三湖河口河段汛期平均含沙量对比

3. 三湖河口—头道拐河段河道冲淤调整与水沙变化之间关系

分析三湖河口—头道拐河段各年径流量与冲淤量的相关关系(见图 1-96),从图中可看到,1966 年前和 1986 年后的绝大部分年份都发生淤积,只有 1968~1985 年中来沙量较小、来水量相对较大的年份产生了冲刷。与青铜峡—石嘴山河段、巴彦高勒—三湖河口河段对比,该河段更是一个淤积多于冲刷的河段。淤积量最大的年份为 1989 年,该年淤积量达到 2 亿 t。最大的冲刷发生在 1968 年,冲刷量为 0.332 亿 t,产生冲刷较大的三年是 1968 年、1975 年、1983 年,其年径流量都大于 325 亿 m³,年径流量在 200 亿 m³ 附近的 1971 年、1972 年、1965 年、1962 年,除 1962 年来水中含沙量为 5 kg/m³ 外,其他几年来水含沙量小于 4 kg/m³,河道略有冲刷。从图 1-97 中可以看到,冲刷年的年均含沙量都小于 6 kg/m³,所有年均含沙量大于 6 kg/m³ 的都是淤积的,其中来水较大的一些年份,可以达到不冲不淤保持河段的平衡。从图 1-98 中看出,年径流量小于 200 亿 m³,河道发生淤积;来水含沙量大于 6 kg/m³ 时,河道也发生淤积。

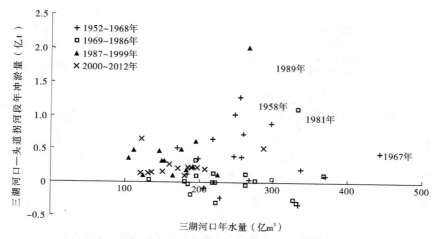

图 1-96　三湖河口—头道拐河段年冲淤量与年水量关系

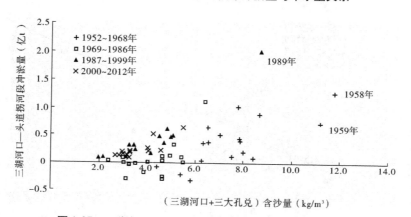

图 1-97　三湖河口—头道拐河段年冲淤量与含沙量关系

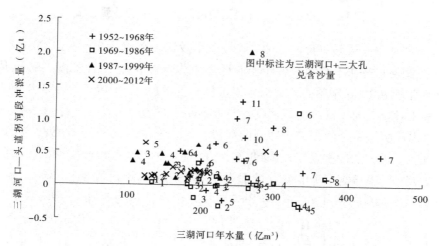

图 1-98　不同来沙条件下三湖河口—头道拐河段年冲淤量与年水量关系

其次,该河段孔兑突发性加沙,更加重了该河段的淤积程度。孔兑来沙较大的年份,如 1961 年、1973 年、1981 年、1989 年、1994 年、1996 年、1997 年、1998 年和 2003 年,孔兑来沙量大,河道淤积量明显大于其他年份。综合分析发现,三湖河口—头道拐河道当年径流量大于 200 亿 m³,并且年均含沙量小于 6 kg/m³ 时,河段才有可能产生冲刷。分析三湖河口—头道拐河段各年年均含沙量的相关对比(见图 1-99),引起冲刷时所增加的年均含沙量一般也不超过 2 kg/m³,实测冲刷所挟带的最大含沙量是 1968 年的 6.77 kg/m³(1968 年三湖河口 + 孔兑含沙量为 5.81 kg/m³,头道拐站含沙量为 6.77 kg/m³,头道拐站年径流量 331 亿 m³)。

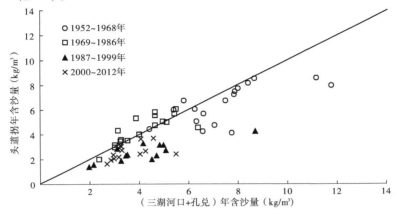

图 1-99　三湖河口—头道拐河段各年年均含沙量变化对比

内蒙古三湖河口—头道拐河段冲淤主要集中在汛期,点绘汛期三湖河口—头道拐河段各年汛期冲淤量与径流量的相关关系(见图 1-100),汛期来水量范围在 50 亿～300 亿 m³,汛期大部分年份都处于淤积状态,只有 1961～1986 年汛期来沙量较小、来水量相对较大的年份产生了冲刷。汛期淤积量最大的年份仍是 1989 年,汛期淤积量为 1.95 亿 t,冲刷

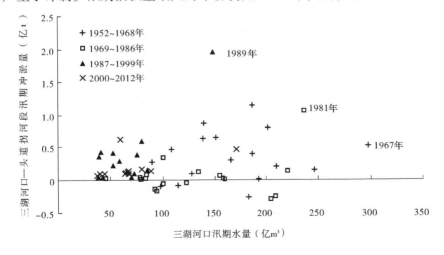

图 1-100　三湖河口—头道拐河段汛期冲淤量与汛期水量关系

量最大的年份是在 1968 年,冲刷量为 0.262 亿 t,汛期冲刷量较大的年份是 1968 年、1975 年、1983 年,其汛期来水量较大,汛期来水量分别为 182.9 亿 m³、204 亿 m³ 和 209 亿 m³; 其他汛期产生冲刷的年份分别是 1965 年、1971 年、1972 年、1986 年,水量在 100 亿 m³ 左右,1962 年和 1982 年水量约为 120 亿 m³,可见汛期水量大于 100 亿 m³ 时,河道才有可能冲刷。进一步分析不同来沙条件下河道冲淤量与来沙量的关系可以看到(见图 1-101、图 1-102),汛期河道冲淤与河道来沙量大小密切相关,来沙量大时河道淤积量较大,来沙量小时,河道淤积量减少,河道甚至发生冲刷。从发生冲刷年份的来沙量来看,基本上是汛期来沙含沙量都小于 7 kg/m³,而大于 7 kg/m³ 的都是淤积的。综合分析可以看到,三湖河口—头道拐河段当汛期来水量大于 100 亿 m³ 并且来沙中含沙量小于 7 kg/m³ 时,河道才可能冲刷。

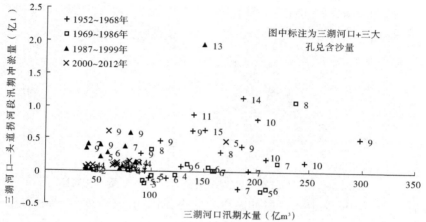

图 1-101 不同来沙条件下三湖河口—头道拐河段汛期冲淤量与汛期水量关系

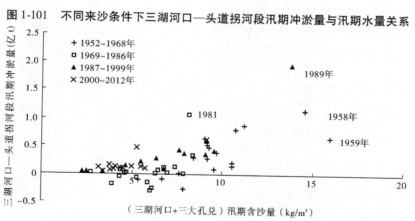

图 1-102 三湖河口—头道拐河段汛期冲淤量与汛期来沙量关系

另外,分析发现汛期淤积量大的年份,如 1981 年、1989 年、1967 年等,都是因为汛期孔兑洪水加沙,造成该年份汛期淤积量明显大于孔兑未来沙的年份。分析三湖河口—头道拐河段各年年均含沙量的相关对比(见图 1-103),汛期引起冲刷时所增加的年均含沙量最大为 1971 年,增加的含沙量为 2.52 kg/m³(三湖河口加支流含沙量为 5.9 kg/m³,头道拐站含沙量为 8.42 kg/m³）；另外，冲刷增加含沙量较大的年份是 1975 年和 1972 年，冲刷增加含沙量值分别为 1.76 kg/m³ 和 1.52 kg/m³。

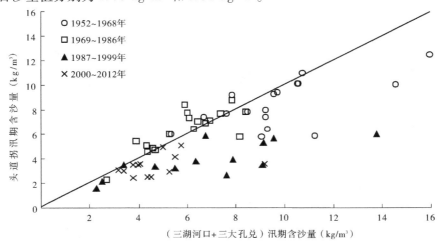

图 1-103　三湖河口—头道拐河段汛期平均含沙量变化对比

1.4.3　宁蒙河道汛期冲淤规律研究

　　分析宁蒙河道汛期河道冲淤与水沙条件的关系，建立宁蒙河道汛期单位水量冲淤量与来沙系数关系图（见图 1-104），可以看出，宁蒙河道汛期单位水量冲淤量随着来沙系数的增大而增大；来沙系数大，单位水量淤积量大；来沙系数小，单位水量淤积量减少，甚至还可能冲刷。经分析得出，宁蒙河道汛期来沙系数约在 0.003 kg·s/m⁶ 时，河道基本保持冲淤平衡。如当宁蒙河道汛期平均流量在 2 000 m³/s、含沙量约 6 kg/m³ 时，河道基本保持冲淤平衡。

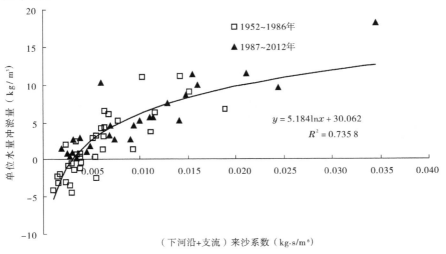

图 1-104　宁蒙河道汛期冲淤与来沙系数的关系

再细分开宁夏和内蒙古河道研究,宁夏河道(见图 1-105)和内蒙古河道(见图 1-106)汛期来沙系数都约在 0.003 kg·s/m⁶,分河段河道基本保持冲淤平衡,大于此值发生淤积,反之则发生冲刷。

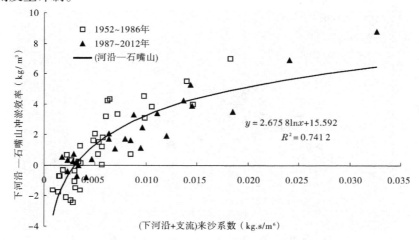

图 1-105　宁夏河道汛期冲淤与来沙系数的关系

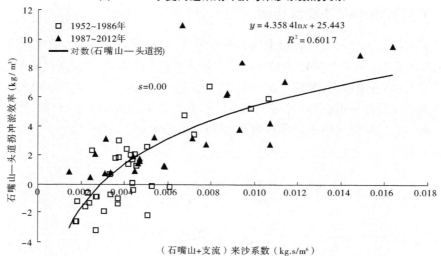

图 1-106　内蒙古河道汛期冲淤与来沙系数的关系

1.5　龙刘水库运用对宁蒙河段冲淤影响研究

1.5.1　龙刘水库运用方式和调度原则

1.5.1.1　运用方式概述

刘家峡水库 1968 年 10 月开始蓄水运用,龙羊峡水库 1986 年 10 月开始蓄水运用,刘龙水库都是以发电为主的水电站,全年采用蓄丰补枯的运行方式,即每年将汛期的水量拦蓄起来,调蓄到非汛期下泄,遇到丰水年,可将多余的水量拦蓄起来,调蓄到枯水年和非汛期使用,这样可以提高电站的发电效益及灌溉效益。

龙羊峡水库建成后,黄河上游梯级水电站群形成了龙羊峡和刘家峡两大水库联合调度的格局。根据水库的调节性能、地理位置及综合用水的情况,在径流调度中,采用补偿调节原则,确定龙羊峡水库为补偿调节水库,而刘家峡、盐锅峡、八盘峡和青铜峡等水库为被补偿调节水库。两库的联合调度在防洪、发电、灌溉、防凌和供水等方面取得了巨大的经济效益和社会效益。

1.5.1.2 水库调度原则

1. 汛期调度

龙羊峡、刘家峡两库联合调度,共同承担各防洪对象的防洪任务。龙羊峡水库利用设计汛限水位(2 594 m)以下的库容兼顾在建工程和宁蒙河段防洪安全。龙羊峡水库的下泄流量需满足龙刘区间防洪对象的防洪要求,并使刘家峡水库不同频率洪水时的最高库水位不超过设计值;刘家峡水库下泄流量应按照刘家峡下游防洪对象的防洪标准要求严格控制。龙羊峡、刘家峡下泄流量不大于各相应频率洪水的控泄流量,洪水退水段最大下泄流量不大于洪水过程的洪峰流量。

2. 凌汛期调度

按照国务院颁布的《黄河水量调度条例》《黄河水量调度条例实施细则(试行)》和国家防总《黄河刘家峡水库凌期水量调度暂行办法》(国汛〔1989〕22 号)中的有关规定,刘家峡水库下泄水量采用"月计划、旬安排"的调度方式,即提前 5 d 下达次月的调度计划及次旬的水量调度指令。刘家峡水库下泄水量按旬平均流量严格控制,避免各日出库流量忽大忽小,水库日均下泄流量较指标偏差不超过 5%。龙羊峡水库、刘家峡水库联合调度,实现黄河上游河段防凌目标。

1.5.2 龙刘水库调蓄过程和特点

1.5.2.1 调蓄概况

1. 龙羊峡水库

龙羊峡水库库容大,是多年调节水库,调节库容 193.6 亿 m^3。1987 ~ 2012 年平均蓄水量 8.66 亿 m^3,其中 1987 ~ 1999 年年均蓄水量 13.08 亿 m^3,而 2000 ~ 2012 年年均蓄水量仅 4.23 亿 m^3,较 1999 年以前平均减少 68%。26 年中有 11 年为补水年份,2000 年以后有 6 年补水,其中 2002 年和 2006 年补水超过 40 亿 m^3。增加蓄水量的年份有 15 年,其中 2000 年以后有 7 年,增加蓄水量最大的年份为 2005 年,达到 89.0 亿 m^3,增加蓄水量均超过 50 亿 m^3 的有 5 年,分别为 1987 年、1989 年、1999 年、2003 年和 2005 年。

汛期除 2002 年补水外,其余年份均以蓄水削峰为主,26 年汛期平均蓄水量 40.76 亿 m^3,其中 1987 ~ 1999 年平均蓄水量 38.13 亿 m^3,2000 ~ 2012 年平均蓄水量 43.38 亿 m^3,较 1987 ~ 1999 年增加 14%。汛期增加蓄水量均超过 60 亿 m^3 的有 5 年,分别为 1992 年、1999 年、2003 年、2005 年和 2009 年,特别是 2005 年,蓄水增量达到 109 亿 m^3。

2. 刘家峡水库

1969~1986年为刘家峡单库运用,年平均蓄水量2.15亿m³,18年中有6年补水,1977年补水量达到20.22亿m³。非汛期以补水为主,平均补水24.73亿m³,汛期平均蓄水量26.88亿m³,汛期蓄水以主汛期为主,主汛期和秋汛期分别增加蓄水量12.5亿m³和14.38亿m³,分别占汛期的46%和54%。龙羊峡水库运用以后,刘家峡水库补水年份增加,1987~2012年中有13年补水,非汛期补水量开始减少,1987~1999年平均补水8.75亿m³,2000~2012年平均补水5.03亿m³,较刘家峡单库运用时期明显减少;汛期蓄水量也大量减少,1987~1999年蓄水量平均增加7.82亿m³,2000~2012年蓄水量平均增加4.83亿m³。汛期蓄水量减少主要是秋汛期,1987~1999年蓄水量平均增加1.96亿m³,2000~2012年蓄水量平均增加0.46亿m³,分别占汛期增加量的25%和10%,详见表1-45。

表1-45　不同时段龙羊峡水库和刘家峡水库调蓄情况　　　（单位:亿m³）

水库	时段	主汛期	秋汛期	汛期	年	非汛期
刘家峡	1969~1986年	12.50	14.38	26.88	2.15	-24.73
	1987~1999年	5.86	1.96	7.82	-0.94	-8.76
	2000~2012年	4.37	0.46	4.83	1.02	-3.81
	1987~2012年	5.12	1.21	6.33	0.05	-6.28
龙羊峡	1987~1999年	23.69	14.45	38.14	13.09	-25.05
	2000~2012年	25.55	17.83	43.38	4.23	-39.15
	1987~2012年	24.62	16.14	40.76	8.66	-32.10
两库合计	1987~1999年	29.55	16.40	45.95	12.15	-33.81
	2000~2012年	29.93	18.29	48.22	5.25	-42.96
	1987~2012年	29.74	17.35	47.09	8.71	-38.38

注:表中"-"为水库补水。

1.5.2.2　调蓄特点

龙羊峡和刘家峡两库调节库容235.1亿m³,占唐乃亥站天然径流量的120%,因此调蓄能力非常强,蓄水量与来水量成正比,随着汛期来水量的增加,水库蓄水量也相应增加(见图1-107和图1-108)。由图1-108可见,当汛期来水量由70亿m³增加到170亿m³,两库蓄变量也由20亿m³增加到120亿m³时,蓄变量占来水量的比例也从28%提高到70%。

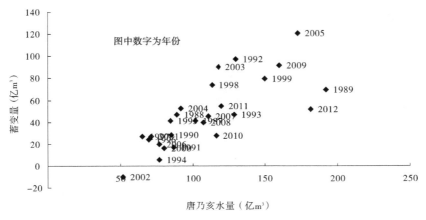

图 1-107　两库年调蓄量与来水量的关系

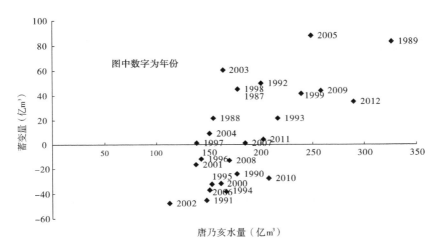

图 1-108　两库汛期调蓄量与来水量的关系

1.5.3　龙刘水库对上游水沙量的调节

1.5.3.1　径流年内分配发生变化

水库调蓄作用,使得进出库径流过程发生变化,汛期水量减少,非汛期水量增加。唐乃亥和贵德分别为龙羊峡水库进、出库站,统计不同时期径流变化(见表 1-46),可以看出,唐乃亥站汛期水量占年水量的比例均在 60% 左右,而贵德站在建库前为 61%,建库以后明显下降,特别是 2000～2012 年仅剩 36%;主汛期占年水量入库 32%,建库前出库31%,建库后减少到 20% 左右。水库为多年调节水库,可以将丰水年调成平水年,如1989 年入库唐乃亥站汛期水量 192.33 亿 m³,出库贵德站汛期水量 136.97 亿 m³;平枯水年调成枯水年,如 1992 年唐乃亥站汛期水量 130.04 亿 m³,出库贵德站汛期水量136.97 亿 m³。

表 1-46 龙羊峡和刘家峡水库不同时期进出库径流变化

水文站	时段	水量（亿 m³）			占年比例（%）	
		汛期	年	主汛期	汛期	主汛期
唐乃亥	1950～1968 年	125.24	205.05	63.84	61	31
	1969～1986 年	133.79	218.96	67.63	61	31
	1987～1999 年	105.54	186.00	60.44	57	32
	2000～2012 年	112.08	187.59	62.05	60	33
	1950～2012 年	120.90	201.49	63.85	60	32
贵德	1950～1968 年	131.86	215.59	67.36	61	31
	1969～1986 年	135.48	224.35	68.48	60	31
	1987～1999 年	68.56	178.79	37.26	38	21
	2000～2012 年	65.00	180.58	35.64	36	20
	1950～2012 年	106.03	203.27	54.92	52	27
刘家峡入库	1950～1968 年	178.02	303.44	89.35	59	29
	1969～1986 年	173.47	293.65	86.53	59	29
	1987～1999 年	94.01	228.26	52.15	41	23
	2000～2012 年	94.47	237.49	48.95	40	21
	1950～2012 年	142.15	271.52	72.53	52	27
小川	1950～1968 年	177.27	292.99	90.12	61	31
	1969～1986 年	145.68	287.11	74.25	51	26
	1987～1999 年	86.43	224.73	46.51	38	21
	2000～2012 年	90.57	233.20	45.01	39	19
	1950～2012 年	131.61	264.89	67.28	50	25

　　龙羊峡水库运用前,刘家峡入库汛期水量占年比例为 59%,1987 年以后下降到 40%
左右;小川站是刘家峡水库的出库站,是龙刘水库联合调节的结果。1950～1968 年是无
龙刘水库期,汛期水量占年水量的 61%;1969～1986 年是刘家峡水库单独运用期,汛期占
年水量下降到 51%;1987 年龙羊峡水库运用以后,出库汛期占年水量进一步下降,2000～
2012 年仅剩 39%。小川主汛期无龙刘水库期占年比例为 31%,刘家峡单库运用时为
26%,2000～2012 年仅剩 19%。

　　表 1-47 为出库小川站各月水量及年分配情况,水库非汛期补水,改变了非汛期水量
各月分配,可以看出,每年 12 月到次年 3 月,天然情况下水量为 34.05 亿 m³,刘家峡单库
运用期间为 51.69 亿 m³,两库联合运用期间的 1987～1999 年和 2000～2012 年分别为
51.35 亿 m³ 和 46.56 亿 m³,均较天然情况下增加,但各时段占年水量比例不同,刘家峡单

库运用占年水量 18%，两库联合运用期间的 1987～1999 年和 2000～2012 年分别为 23% 和 20%。由表 1-47 还可以看出，天然情况下和刘家峡单库运用期间，连续最大月份为 7～ 10 月，龙羊峡运用以后，连续最大月份为 5～8 月。

表 1-47　不同时段小川月水量及年分配情况

月份	月水量（亿 m³）					月/年（%）				
	1950～ 1968 年	1969～ 1986 年	1987～ 1999 年	2000～ 2012 年	1950～ 2012 年	1950～ 1968 年	1969～ 1986 年	1987～ 1999 年	2000～ 2012 年	1950～ 2012 年
11	19.68	20.11	19.73	20.14	19.91	7	7	9	9	8
12	10.23	14.25	14.66	13.25	12.91	3	5	7	6	5
1	8.11	13.71	13.21	12.15	11.60	3	5	6	5	4
2	6.79	11.45	11.36	9.36	9.59	2	4	5	4	4
3	8.92	12.28	12.12	11.81	11.14	3	4	5	5	4
4	12.38	16.67	16.91	21.34	16.39	4	6	8	9	6
5	22.23	25.33	28.00	27.86	25.47	8	9	12	12	10
6	27.39	27.64	22.31	26.74	26.28	9	10	10	11	10
7	46.57	38.63	22.53	22.45	34.36	16	13	10	10	13
8	43.55	35.63	23.98	22.56	32.91	15	12	11	10	12
9	48.09	36.97	19.66	20.00	33.25	16	13	9	9	13
10	39.06	34.46	20.26	25.56	31.08	13	12	9	11	12
合计	292.00	287.13	224.73	233.20	264.89	100	100	100	100	100

1.5.3.2　水库下游沙量减少

龙羊峡水库截至 2012 年 10 月，累计拦沙 3.721 亿 t（沙量平衡法），其中汛期拦沙 1.459 亿 t，汛期淤积主要在主汛期，达到 1.124 亿 t，占年淤积量的 30%。1999 年以前累计淤积量为 2.024 亿 t，占总淤积量的 54%，2000 年以后淤积量减少。由于水库蓄水拦沙，出库贵德站沙量较建库前大幅度减少，1987～1999 年年平均 0.058 亿 t，较建库前的年平均 0.456 亿 t 减少 87%；特别是 2000～2012 年平均仅 0.029 亿 t，较建库前的年平均 0.456 亿 t 减少 94%；贵德站汛期年均沙量占年比例为 45%，较建库前的 43% 略有增加。

刘家峡水库截至 2009 年 10 月，累计淤积 25.1 亿 t（沙量平衡法），其中汛期淤积量 11.392 亿 t，汛期淤积主要在主汛期，达到 8.211 亿 t，占年淤积量的 33%。刘家峡单库运用时累计淤积 18.808 亿 t，1986～1999 年累计淤积量为 5.057 亿 t，2000～2012 年累计淤积量为 1.232 亿 t。由于水库蓄水拦沙，出库小川站年沙量较建库前大幅度减少，特别是 2000～2012 年平均仅 0.187 亿 t，较建库前的年平均 1.481 亿 t 减少 88%，较刘家峡单库运用的 0.251 亿 t 减少 28%，汛期占年比例变化不大，但主汛期占年比例明显增加，达到 37%。

1.5.3.3　水库对流量级的调节

龙羊峡水库运用前，唐乃亥站和贵德站汛期水量均以 1 000～2 000 m³/s 流量级为主，该流量级水量占汛期水量的 50% 左右，龙羊峡水库运用以后，出库贵德站水量则以

1 000 m³/s以下的流量级为主,该流量级水量占汛期水量的87%。

龙羊峡水库运用前,贵德站汛期沙量以1 000~2 000 m³/s流量级输送为主,该流量级水量占汛期水量的53%左右,龙羊峡水库运用以后,则以1 000 m³/s流量级输送以下为主,1987~1999年该流量级沙量占汛期沙量的79%,2000~2012年该流量级沙量占汛期沙量的91%。

刘家峡水库运用前,入库和小川站汛期水沙量均以1 000~3 000 m³/s流量级为主,该流量级水沙量占汛期水沙量的80%左右;刘家峡单库运用以后,出库小川站水量仍然以1 000~3 000 m³/s流量级为主,该流量级水沙量分别占汛期水沙量的65%和69%;两库联合运用后,汛期水沙量发生变化,入库和出库水沙量均以小于1 000 m³/s流量级为主。

1.5.3.4 水库对洪水的调节

统计1969~2012年唐乃亥站入库流量大于1 000 m³/s的洪水143次,其中刘家峡单库运用期间的1969~1986年69次,水库拦蓄洪水削峰的有63次,平均3.50次/年(见表1-48,仅考虑拦蓄洪水,下同),平均削峰率29%(削峰率是唐乃亥站最大日流量考虑传播时间,加相应时间支流流量,作为入库流量,与相应时间出库小川站日流量计算,下同),削峰率最大的流量级为1 500~2 000 m³/s,达到37%;削峰率最小的流量级为2 500~3 000 m³/s,仅18%。

表1-48 水库运用削峰和削洪情况

项目	时段	流量级 1 000~ 1 500 m³/s	流量级 1 500~ 2 000 m³/s	流量级 2 000~ 2 500 m³/s	流量级 2 500~ 3 000 m³/s	流量级 3 000 m³/s 以上	平均
洪水场次 (次/年)	1969~1986年	0.78	0.83	0.72	0.5	0.67	3.50
	1987~2012年	0.77	1.0	0.46	0.31	0.15	2.69
	1987~1999年	0.69	1.08	0.62	0.31	0.15	2.85
	2000~2012年	0.85	0.92	0.31	0.31	0.15	2.54
削峰率 (%)	1969~1986年	32	37	28	18	25	29
	1987~2012年	34	55	60	69	63	52
	1987~1999年	38	59	57	73	69	55
	2000~2012年	31	51	66	66	58	49
削洪率 (%)	1969~1986年	17	21	21	18	16	19
	1987~2012年	19	40	48	53	49	37
	1987~1999年	22	42	43	61	66	41
	2000~2012年	17	36	49	45	32	33

两库联合运用期间的1987~2012年,唐乃亥站入库流量大于1 000 m³/s的洪水74次,水库拦蓄洪水削峰的有68次,平均2.69次/年,较刘家峡单库期间洪水场次减少

25%,减少主要是大于 2 000 m³/s 流量以上的洪水,平均削峰率 52%,较刘家峡单库期间的 29% 明显增加,不同流量级增加幅度不同,增加最大的流量级为 2 000 m³/s 以上的洪水,特别是流量级在 2 500~3 000 m³/s 的洪水,削峰率达到 69%,而刘家峡单库仅 18%。

1987~1999 年平均削峰率 55%,其中流量级在 2 500~3 000 m³/s 的洪水,削峰率达到 73%。与 1987~1999 年相比,2000~2012 年洪水场次减少 10%,主要表现为流量级在 2 000~2 500 m³/s 的洪水减少;平均削峰率略有减少,主要在 2 500 m³/s 以上的洪水。两库运用期间随着入库流量增加,削峰率也增加,但刘家峡单库运用不明显。

刘家峡单库运用期间平均削洪率为 19%,削峰率较小,其中流量级为 1 500~2 500 m³/s 时削洪率最大,削洪率 21%。两库运用期间的 1987~2012 年削洪率 37%,较刘家峡单库运用明显增加,不同流量级增加幅度不同,其中流量级在 2 500 m³/s 以上的洪水,由刘家峡单库的 16%~18%,增加到 49%~53%。

两库运用期间的 1987~1999 年平均削洪率 41%,2000~2012 年减小到 33%,不同流量级减少幅度不同,其中流量级在 3 000 m³/s 以上的洪水,由 1987~1999 年的 66%,下降到 2000~2012 年的 32%。

1.5.4 龙刘水库运用对宁蒙河道冲淤影响量计算及成果分析

刘家峡水库与龙羊峡水库投入运用后,改变了宁蒙河道的水沙条件,使河道冲淤发生了明显的变化,为了研究刘家峡水库与龙羊峡水库联合运用对宁蒙河道冲淤演变的影响,对宁蒙河道的水沙条件进行了还原,对比分析两个方案的水沙条件,其中方案一为有龙羊峡水库、刘家峡水库,方案二为无龙羊峡水库、刘家峡水库,利用已建立的水文学河道冲淤模型,计算分析不同方案水沙条件下宁蒙河道的冲淤影响量。受资料限制及考虑水库的开始运用时间,水沙还原的时段为 1968~2004 年。

1.5.4.1 无龙刘水库时水沙还原方法

刘家峡水库和龙羊峡水库修建后,经过水库调蓄作用,进入宁蒙河道的水沙发生了明显变化,为分析刘家峡水库和龙羊峡水库调蓄运用对宁蒙河段冲淤量的影响,对进入宁蒙河段的水沙条件进行了还原,水沙还原的基本前提为考虑到青铜峡以上河段基本为峡谷河段,水沙沿程调整的变化较小,水沙还原的具体方法如下。

1. 流量还原

将龙羊峡水库进出库站(唐乃亥、贵德)流量差值、刘家峡水库进出库(循化+红旗+折桥-小川)流量差值按传播时间加到青铜峡站,其中龙羊峡水库出库流量到青铜峡的传播时间为 6 d,刘家峡水库出库流量到青铜峡的传播时间为 4 d,详见下式:

$$Q = Q_0 + (Q_1 - Q_2) + (Q_3 - Q_4) \tag{1-5}$$

式中:Q 为青铜峡站还原后流量;Q_0 为青铜峡站还原前流量;Q_1、Q_2 为龙羊峡水库进、出库流量;Q_3、Q_4 为刘家峡水库进、出库流量,流量演进考虑了传播时间。

2. 沙量还原

和流量相对应,将龙羊峡水库进出库站(唐乃亥、贵德)输沙率差值、刘家峡水库进出库(循化+红旗+折桥-小川)输沙率差值按传播时间加到青铜峡站上,由于兰州—青铜峡河段沙量调整不大,因此假定沙量沿程不调整。

$$Q_s = Q_{s0} + (Q_{s1} - Q_{s2}) + (Q_{s3} - Q_{s4}) \tag{1-6}$$

式中：Q_s 为青铜峡站还原后输沙率；Q_{s0} 为青铜峡站还原前输沙率；Q_{s1}、Q_{s2} 为龙羊峡水库进出库输沙率；Q_{s3}、Q_{s4} 为刘家峡水库进出库输沙率。

1.5.4.2 有无龙刘水库水沙条件比较

按以上还原方法对刘家峡、龙羊峡水库的蓄水量进行还原，并与有龙刘水库水沙（实测水沙）进行对比，无龙刘水库青铜峡站的水沙总量特征值、年均特征值见表 1-49、表 1-50，从有无龙刘水库青铜峡站不同时段径流量、输沙量、含沙量年内不同时期对比图（见图 1-109～图 1-117）上可以看到，无龙刘水库时，青铜峡站的水沙特征发生较大变化，各时段的年水量和汛期水量、年输沙量和汛期输沙量均比有龙刘水库大，无库时非汛期水量有所减少。各时段无库时的年含沙量和非汛期含沙量比有水库时大，汛期含沙量仅 1987～2004 年比有库时小，其余时段均比有库时大。无论是有无龙刘水库，输沙均集中在汛期。由于水库的调节作用，改变了水量的年内分配，使得有水库时的汛期水量占全年水量比例较无水库时小。同时无龙刘水库时，洪峰流量比有龙刘水库时明显增大（见图 1-118），在刘家峡水库单库运用时期的 1968～1986 年，无库洪峰流量比有库洪峰流量增加 4.3%，而龙刘水库联合运用时期的 1987～2004 年，无库洪峰流量比有库洪峰流量增加 52.0%。

具体对比分析有无刘家峡水库青铜峡站不同时段水沙特征量值，可以看到无刘家峡水库时汛期（1968～1986 年）两种方案比有刘家峡水库水沙总量分别增加了 529.9 亿 m^3 和 9.4 亿 t（见表 1-49），年均水沙分别增加 27.93 亿 m^3 和 0.59 亿 t（见表 1-50），汛期含沙量分别增加 2.1 kg/m^3；由于无刘家峡水库时非汛期水量比有刘家峡水库时是减少的，因此年水沙量无刘家峡水库时比有刘家峡水库时水沙量总量分别仅增加 22.5 亿 m^3 和 11.2 亿 t，年均增加 1.2 亿 m^3 和 0.59 亿 t，含沙量分别增加 2.3 kg/m^3、3.2 kg/m^3。

表 1-49 有无龙刘水库青铜峡站不同时段水沙总量特征值

项目	时段	径流量（亿 m^3）			输沙量（亿 t）			含沙量（kg/m^3）		
		汛期	非汛期	年总量	汛期	非汛期	年总量	汛期	非汛期	年均
有库 ①	1968～1986 年	2 583.4	2 184.1	4 767.5	13.9	1.5	15.3	5.4	0.7	3.2
	1987～2004 年	1 300.2	1 820.9	3 121.2	12.7	1.8	14.5	9.8	1.0	4.6
	1968～2004 年	3 883.7	4 005.0	7 888.7	26.5	3.2	29.8	6.8	0.8	3.8
无库 ②	1968～1986 年	3 113.4	1 676.7	4 790.0	23.3	3.2	26.5	7.5	1.9	5.5
	1987～2004 年	2 093.7	1 130.0	3 223.7	17.8	3.4	21.2	8.5	3.0	6.6
	1968～2004 年	5 207.1	2 806.7	8 013.7	41.1	6.6	47.7	7.9	2.4	6.0
②－①	1968～1986 年	530	−507.4	22.5	9.4	1.8	11.2	2.10	1.27	2.32
	1987～2004 年	793.5	−690.9	102.5	5.1	1.6	6.7	−1.25	2.02	1.94
	1968～2004 年	1 323.4	−1 198.3	125.0	14.5	3.4	17.9	1.06	1.55	2.18

分析有无龙刘水库联合运用的水沙量变化可以看到，无龙刘水库时 1987～2004 年汛期水沙总量比有龙刘水库分别增加了 793.5 亿 m^3 和 5.1 亿 t（见表 1-49），汛期年均分别增加 44.07 亿 m^3 和 0.29 亿 t（见表 1-50），无龙刘水库时年水沙总量分别增加 102.5 亿 m^3 和 6.7 亿 t，年均水沙量分别增加 5.7 亿 m^3 和 0.37 亿 t，含沙量增加分别增加 1.9 kg/m^3。

表 1-50　有无龙刘水库青铜峡站不同时段年均水沙特征值

项目	时段	径流量（亿 m³）			输沙量（亿 t）			含沙量（kg/m³）		
		汛期	非汛期	年均	汛期	非汛期	年均	汛期	非汛期	年均
有库①	1968~1986 年	136.0	115.0	250.9	0.73	0.08	0.81	5.36	0.67	3.21
	1987~2004 年	72.2	101.2	173.4	0.71	0.10	0.80	9.76	0.97	4.63
	1968~2004 年	105.0	108.2	213.2	0.72	0.09	0.80	6.84	0.81	3.77
无库②	1968~1986 年	163.9	88.2	252.1	1.22	0.17	1.39	7.47	1.94	5.53
	1987~2004 年	116.3	62.8	179.1	0.99	0.19	1.18	8.51	2.98	6.58
	1968~2004 年	140.7	75.9	216.6	1.11	0.18	1.29	7.89	2.36	5.95
②－①	1968~1986 年	27.9	−26.8	1.2	0.49	0.09	0.58	2.11	1.27	2.32
	1987~2004 年	44.1	−38.4	5.7	0.28	0.09	0.38	−1.25	2.01	1.95
	1968~2004 年	35.7	−32.3	3.4	0.39	0.09	0.49	1.05	1.55	2.18

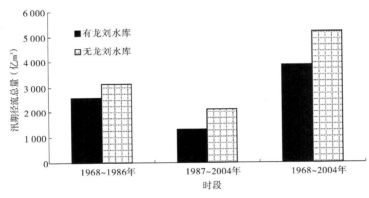

图 1-109　龙刘水库运用还原前后青铜峡站不同时段汛期径流总量对比

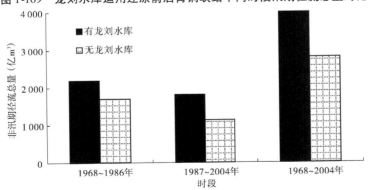

图 1-110　龙刘水库运用还原前后青铜峡站不同时段非汛期径流总量对比

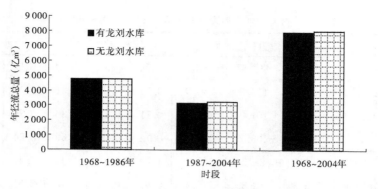

图 1-111　龙刘水库运用还原前后青铜峡站不同时段年径流总量对比

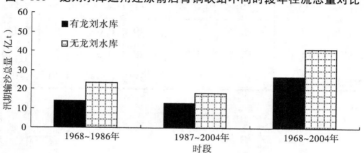

图 1-112　龙刘水库运用还原前后青铜峡站不同时段汛期输沙总量对比

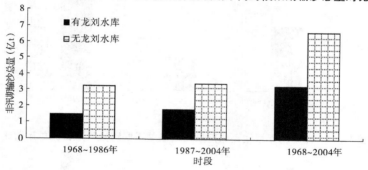

图 1-113　龙刘水库运用还原前后青铜峡站不同时段非汛期输沙总量对比

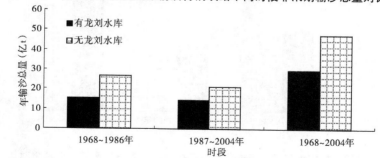

图 1-114　龙刘水库运用还原前后青铜峡站不同时段年输沙总量对比

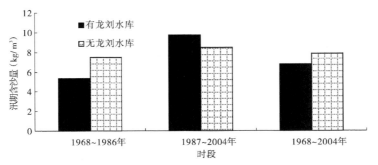

图 1-115　龙刘水库运用还原前后青铜峡站不同时段汛期含沙量对比

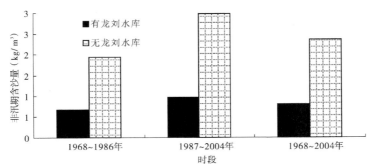

图 1-116　龙刘水库运用还原前后青铜峡站不同时段非汛期含沙量对比

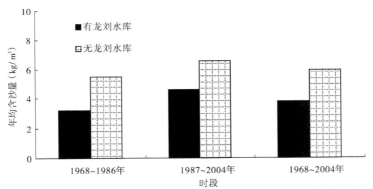

图 1-117　龙刘水库运用还原前后青铜峡站不同时段年含沙量对比

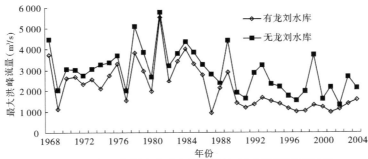

图 1-118　有无龙刘水库青铜峡站逐年最大洪峰流量过程

1.5.4.3 不同方案数学模型计算结果

根据还原前后进入宁蒙河段的水沙条件,利用水文学模型分河段、分时段进行宁蒙河段冲淤计算,分析龙刘水库运用对宁蒙河段冲淤演变影响,不同方案计算后得到的冲淤量结果见表1-51。从龙刘水库还原前后宁蒙河道淤积量对比表上可以看出,1968～1986年,宁夏河段(青铜峡—石嘴山河段)还原前年冲刷总量为2.92亿t,与实测冲刷量2.91亿t相差不大,无龙刘水库时该河段分别淤积了1.09亿t和2.67亿t,与有龙刘水库时相比多淤积了4.01亿t和5.59亿t,其中汛期总淤积量无库比有库分别多淤积了2亿t和3.71亿t(见表1-52),非汛期冲刷总量无库比有库少2.01亿t和1.88亿t(见表1-53),内蒙古河段(石嘴山—头道拐河段)全年冲刷总量有库为3.51亿t,与实测冲刷量3.86亿t相差不大,无库分别冲刷和淤积了1.73亿t、0.23亿t,比有库增淤1.78亿t、3.74亿t,其中汛期淤积量无库比有库多淤积1.60亿t、3.51亿t,非汛期淤积量无库比有库多0.18亿t、0.23亿t。总的来说,无刘家峡水库1968～1986年时期,宁蒙河段青铜峡—头道拐河段的淤积量增大,主要原因是刘家峡水库对汛期洪水的拦蓄作用相对较小,在考虑沙量还原之后增加的沙量相对较多,使得还原后进入宁蒙河段的水沙相对不利,因此还原之后宁蒙河道淤积量有所增加。1987～2004年,水库调蓄还原前宁夏河段冲刷总量为0.11亿t,无龙刘水库时冲刷总量分别为1.94亿和8.20亿t,无龙刘水库比有龙刘水库分别少1.84亿t和8.10亿t,其中汛期冲淤总量分别比有龙刘水库减少2.33亿t和0.10亿t,非汛期冲淤总量分别比有龙刘水库增加0.49亿t、减少8.19亿t;内蒙古河段(石嘴山—头道拐河段)有龙刘水库时淤积总量为9亿t,无龙刘水库淤积总量为9.13亿t,比有龙刘水库时增多0.13亿t,其中汛期淤积总量比有龙刘水库时减少0.06亿t,非汛期增加1.43亿t。

表 1-51 龙刘水库还原前后宁蒙河段年冲淤总量对比

项目	时段	各河段年冲淤总量(亿t)					
		青铜峡—石嘴山	石嘴山—巴彦高勒	巴彦高勒—三湖河口	三湖河口—头道拐	石嘴山—头道拐	青铜峡—头道拐
有库①	1968～1986年	-2.92	0.50	-1.66	-2.35	-3.51	-6.43
	1987～2004年	-0.11	3.05	2.96	3.00	9.00	8.89
	1968～2004年	-3.03	3.54	1.30	0.65	5.49	2.46
无库②	1968～1986年	1.09	1.02	-0.50	-2.25	-1.73	-0.65
	1987～2004年	-1.94	2.05	3.49	3.60	9.13	7.19
	1968～2004年	-0.86	3.07	2.98	1.35	7.40	6.54
②-①	1968～1986年	4.01	0.52	1.16	0.10	1.78	5.78
	1987～2004年	-1.83	-1.00	0.53	0.60	0.13	-1.70
	1968～2004年	2.17	-0.47	1.68	0.70	1.91	4.08

注:负号代表冲刷,正号代表淤积。

分析龙刘水库运用对宁蒙河道冲淤演变作用,从表1-51上可以看到,刘家峡水库单库运用时期的1968～1986年,刘家峡水库运用对宁蒙河道是减淤的,青铜峡—头道拐河段减淤总量为5.78亿t,各个河段都是减淤的,其中青铜峡—石嘴山河段减淤量最大为4.01亿t。据分析估算,刘家峡水库单库运用时期(1968～1986年),有库与无库相比,水库多淤11.1亿t,宁蒙河道减淤5.78亿t(见表1-54),水库拦沙量与下游河道减淤量的比值约为1.92:1;龙刘水库运用联合运用时期1987～2004年,水库运用对宁蒙河道的作用增淤的,增淤总量为1.70亿t,其中汛期增淤总量为3.63亿t(见表1-52),非汛期减淤1.93亿t(见表1-53)。

表1-52　龙刘水库还原前后宁蒙河段汛期冲淤总量对比

项目	时段	各河段汛期冲淤总量(亿t)					
		青铜峡—石嘴山	石嘴山—巴彦高勒	巴彦高勒—三湖河口	三湖河口—头道拐	石嘴山—头道拐	青铜峡—头道拐
有库①	1968～1986年	0.84	− 0.44	− 2.05	− 1.86	− 4.35	− 3.50
	1987～2004年	3.25	2.10	2.01	2.87	6.98	10.23
	1968～2004年	4.09	1.67	− 0.04	1.01	2.64	6.73
无库②	1968～1986年	2.84	− 0.14	− 0.86	− 1.74	− 2.75	0.09
	1987～2004年	0.92	0.01	2.32	3.36	5.69	6.61
	1968～2004年	3.76	− 0.13	1.46	1.61	2.94	6.70
②−①	1968～1986年	2.00	0.29	1.19	0.12	1.60	3.60
	1987～2004年	− 2.33	− 2.09	0.31	0.48	− 1.30	− 3.63
	1968～2004年	− 0.33	− 1.80	1.50	0.60	0.31	− 0.03

表1-53　龙刘水库还原前后宁蒙河段非汛期冲淤总量对比

项目	时段	各河段非汛期冲淤总量(亿t)					
		青铜峡—石嘴山	石嘴山—巴彦高勒	巴彦高勒—三湖河口	三湖河口—头道拐	石嘴山—头道拐	青铜峡—头道拐
有库①	1968～1986年	− 3.77	0.93	0.39	− 0.49	0.84	− 2.93
	1987～2004年	− 3.36	0.94	0.95	0.12	2.02	− 1.34
	1968～2004年	− 7.12	1.87	1.34	− 0.36	2.85	− 4.27
无库②	1968～1986年	− 1.75	1.16	0.35	− 0.50	1.01	− 0.74
	1987～2004年	− 2.86	2.03	1.17	0.25	3.45	0.58
	1968～2004年	− 4.62	3.20	1.52	− 0.26	4.46	− 0.16
②−①	1968～1986年	2.02	0.23	− 0.04	− 0.02	0.18	2.19
	1987～2004年	0.49	1.09	0.22	0.12	1.43	1.93
	1968～2004年	2.51	1.32	0.18	0.11	1.61	4.11

表 1-54   龙刘水库拦沙量与宁蒙河道冲淤量对比

项目	时段	输沙量（亿 t）			河道冲淤量（亿 t）		
		汛期	非汛期	年	汛期	非汛期	年
有库①	1968～1986 年	13.9	1.5	15.4	-3.50	-2.93	-6.43
无库②	1968～1986 年	23.3	3.2	26.5	0.09	-0.74	-0.65
②-①	1968～1986 年	9.4	1.7	11.1	3.59	2.19	5.78

1.5.4.4 计算结果合理性分析

利用水文学模型计算龙刘水库蓄水运用对宁蒙河道冲淤影响量,分析结果表明刘家峡水库单库运用对宁蒙河道的作用是减淤的,而龙刘水库联合运用时期,水库运用对宁蒙河道的作用是增淤的。此结果和黄河勘测规划设计有限公司《黄河黑山峡水库调水调沙运用方式和作用分析》专题报告中数学模型计算结果定性上是一致的。分析其原因主要是刘家峡水库单库运用时期,流量过程调节较小,蓄水量也不大,但是由于支流洮河、大夏河来沙较多,刘家峡水库拦沙量较大,拦沙作用明显,特别是 7～8 月(见图 1-119)。因此,刘家峡水库对宁蒙河道的作用是减淤的。而龙羊峡水库运用时期,属于枯水少沙期,蓄水作用较大,水库汛期蓄水使进入宁蒙河道水量减少,水库调节水流过程,调平进入宁蒙河道洪水过程(见图 1-120),输送沙量的大流量级减少;并且由于该区域水沙主要来自清水来源区,沙量较少,水库拦沙作用较小,因此增加了宁蒙河道淤积,定性上看水文学模型计算结果是合理的。

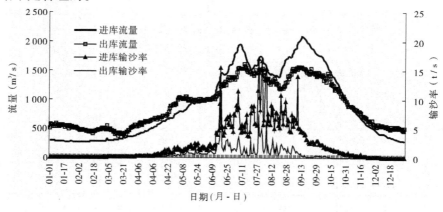

图 1-119   刘家峡水库 1968～1986 年时段平均蓄水过程

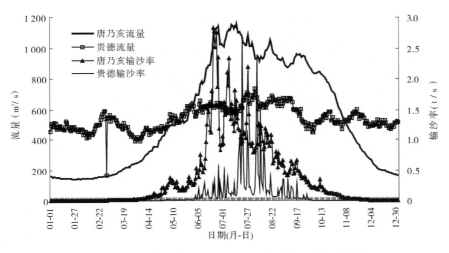

图 1-120　龙羊峡水库 1987～2004 年时段平均蓄水过程

1.6　认识与结论

（1）黄河上游水沙不协调,龙羊峡水库运用加剧了水沙不协调程度。与 1952～1968 年相比,水沙量明显减少,并且沙量减幅大于水量减幅,其中 1987～1999 年水量减幅最大,减幅为 26.5%～44.2%;2000～2012 年沙量减幅最大,减幅范围在 70.5%～80.3%。水沙量年内分配发生改变,汛期水量占年水量的比例由 1952～1968 年的 60% 下降到龙刘水库联合运用之后的 40%;流量过程也发生明显变化,汛期以 1 000 m³/s 以下流量级为主,输送大沙量的流量级过程明显减少。

（2）近期在全沙量减少的情况下,各分组沙量也相应有所减少,但是各分组沙量与全沙的关系基本相同,都成正相关关系,即各分组沙量随着全沙的增大而增大,并且随着沙量的增大,细泥沙的增幅越来越小,中泥沙变化不大,粗泥沙增幅越来越大;近期泥沙粒径有变粗的趋势。

（3）宁蒙河道下河沿—头道拐河段长时期 1952～2012 年呈淤积的状态,平均每年淤积 0.412 亿 t,淤积主要发生在内蒙古河道,占宁蒙河道总淤积量的 82.1%。从淤积分布时期来看,淤积主要集中在 1952～1960 年和 1987～1999 年两个时段,冲刷集中时期为 1961～1968 年和 1969～1986 年;从年内淤积分布来看,宁蒙河道淤积主要集中在汛期,冲刷主要集中在非汛期,并且冲刷部位主要是在宁夏河段。

（4）宁蒙河道发生冲淤调整的河段主要是青铜峡—石嘴山、巴彦高勒—三湖河口和三湖河口—头道拐河段,与来水来沙条件关系密切,三湖河口以下河段冲淤除与干流水沙条件有关外,孔兑来沙对该河段冲淤影响较大,孔兑来沙量大,河道淤积量大。

（5）宁蒙河道汛期冲淤演变与来水来沙条件密切相关,河道单位水量冲淤量与来沙系数关系较好,当汛期约为 0.003 0 kg·s/m⁶ 时宁蒙河段可不冲不淤,这可以作为宁蒙河道汛期临界冲淤判别指标;如汛期平均流量为 2 000 m³/s,含沙量约为 6 kg/m³ 的过程该河段可保持基本不淤积。

（6）通过方案计算（有无龙刘水库）探讨了龙刘水库运用对宁蒙河道冲淤的影响，刘家峡水库单库运用时期1968～1986年，有水库与无水库相比，宁蒙河道（青铜峡—头道拐河段）减少淤积总量为5.79亿t，减淤主要集中在青铜峡—石嘴山河段。刘家峡水库单库运用时期（1968～1986年），有库与无库相比，水库多淤11.1亿t，宁蒙河道减淤5.78亿t，水库拦沙量与下游河道减淤量的比值约为1.92:1。龙刘水库联合运用时期1987～2004年，有水库与无水库相比，宁蒙河道增加淤积1.70亿t，汛期增淤总量为3.63亿t，非汛期减淤1.93亿t。

第2章 宁蒙河段洪水期河道调整对水沙条件的响应

2.1 宁蒙河道洪水概况

根据宁蒙河道洪水发生的时间及洪水发生的原因,将宁蒙河道的洪水分为两种,一种是汛期由降雨形成的伏秋洪水,一种是由冰融形成的凌汛洪水。

2.1.1 伏秋洪水

黄河宁蒙河段的洪水主要来源于兰州以上地区,兰州至安宁渡加水不多,安宁渡以下流经宁蒙河道平原地区,由于灌溉引水和河道滞洪而沿程减少,因此宁蒙河段洪水主要来源于上游的吉迈至唐乃亥和循化至兰州两段区间,洪水主要由降雨形成,并且大洪水(年最大洪峰流量)主要发生在7月、9月,尤以9月居多,8月发生的多是一般洪水。宁蒙河道洪水的总体特点是洪量大、洪峰低、历时长、峰型为单峰和洪水过程为矮胖型的特点,但是各月的洪水特点也不完全相同。7月的洪水一般峰型较尖瘦,而9月的洪水一般较肥胖(见图2-1)。如青铜峡水文站分别于1964年(7月21日至8月10日)和1981年(8月30日至10月8日)发生两次洪水过程,最大洪峰流量分别为5 960 m³/s(7月29日)和5 980 m³/s(9月17日),两次洪水过程持续时间分别为21 d和40 d,洪水期洪量分别为65.7亿 m³和124.7亿 m³,两次洪水的峰型系数(洪水期最大洪峰流量与平均流量的比值)分别为1.49和1.54,因此可以明显看到7月洪水的峰型较9月的尖瘦。由于两次洪水持续时间较长,堤防受洪水长时间浸泡,因此两岸堤防工程发生险情,给沿河两岸造成一定灾害。

宁蒙河道支流较多,较大的支流主要有下河沿—石嘴山河段右岸的清水河、红柳沟、苦水河、都思兔河,内蒙古河段的支流主要有十大孔兑和昆都仑河。这些支流属于暴雨季节性河流,一旦发生洪水,汇入干流,若与干流洪峰遭遇,河水暴涨,水位明显升高。对于宁夏河段来说,清水河是该河段较大的支流,但是由于清水河上游建有多座水库,水库运用调节洪峰,洪峰有不同程度的削减,因此清水河的洪水对黄河干流的影响不大。而内蒙古河段的支流,从实测资料的分析成果来看,支流大洪水的洪峰流量及洪水过程与干流洪水过程基本不遭遇。

宁蒙河段河道的洪水灾害主要发生在宁蒙河段的河套平原,但是由于黄河上游地区暴雨少,洪水出现频率小,洪峰流量不大,加之过去这些地区人烟稀少,经济不发达,所以洪水灾害较黄河下游轻。据实测资料记载,20世纪以来青铜峡站共发生5次洪峰流量大于5 000 m³/s的洪水(见表2-1),分别为1904年(洪峰流量为7 450 m³/s,相当于百年一

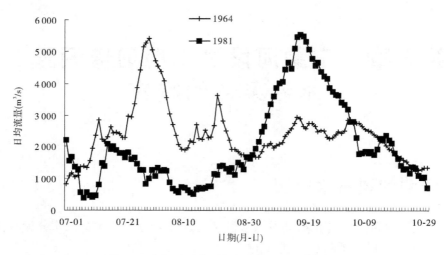

图 2-1　青铜峡站典型年份逐日平均流量过程

遇洪水)、1946 年(6 230 m³/s)、1964 年(5 960 m³/s)、1967 年(5 140 m³/s)和 1981 年(5 980 m³/s),每次大洪水都给沿河两岸造成不同程度的灾害,造成较大的经济损失。以 1981 年发生的洪水为例,1981 年 8 月 30 日至 10 月 8 日,黄河上游经历了连续 30 多天连阴雨。经过刘家峡水库调蓄之后,青铜峡站 9 月 17 日出现 5 980 m³/s 的洪峰流量,流量在 3 000 m³/s 以上持续 28 d,流量在 4 000 m³/s 以上持续 17 d,洪水演进到石嘴山站,在 9 月 20 日出现 5 660 m³/s 的洪峰流量,而后经过河套灌区总干渠适时分洪后,巴彦高勒、三湖河口、头道拐三站洪峰流量分别为 5 290 m³/s、5 500 m³/s 和 5 150 m³/s。该场洪水实淹农田 8.72 万亩(1 亩 = 1/15 hm²,下同),其中成灾(减产三成以上)3.9 万亩,淹没房屋 4 500 间,倒塌房间 1 200 间,冲毁码头三百多座。中宁田家滩,吴忠陈袁滩,中卫刘庄、申滩等处防洪堤决口,损失严重。

表 2-1　青铜峡站洪峰流量大于 5 000 m³/s 年份统计

水文站	年最大洪峰流量(m³/s)	年份
青铜峡	7 450	1 904
	6 230	1 946
	5 960	1 964
	5 140	1 967
	5 980	1 981

2.1.2　凌汛洪水

宁蒙河段地处黄河流域最北端,大陆性气候特征显著,冬季寒冷干燥,气温在 0 ℃以下的时间持续 4~5 个月。鉴于该河段特殊的地理位置及河道由南向北的河道流向走势,干流每年冬季都会结冰封河,年年都会发生不同程度的凌情,尤其是内蒙古河段,凌汛比较严重。凌汛主要表现为冰坝和冰塞两种形式,其影响程度高、范围广、发生概率频繁。

宁蒙河段河道特殊的地理位置,导致河道封河期下游封河先于上游,即下游先封河,上游后封河。而到次年春天的冰融开河期,上游开河先于下游,即上游先开河,下游后开河,因此往往会发生冰凌洪水,当上游开河的时候形成凌峰,而此时下游还未达到自然开河条件时,冰层以下的过流能力不足以通过上游的凌峰,冰块在强大的水流推动下向下游移动,在狭窄段或者弯道浅滩段阻拦冰水去路,易形成冰坝,进而导致河水猛涨,水位升高。从已有的1950~2005年的凌情整编资料历年成果看,封河期冰塞冰坝位置主要发生在巴彦高勒河段,解冻开河卡冰结坝常发生在乌达、伊盟段、包头段等。

20世纪90年代以来,由于龙羊峡水库的投入运用,大流量机遇减少,宁蒙河道水沙异源的特点,致使宁蒙河段河道淤积加重,尤其是内蒙古河段,河床逐年淤高,再加上气候变化和人类活动的共同影响,内蒙古河段封河期出现冰塞壅水的概率有所增加,而且发生冰灾河段有所增多,影响范围有所扩大。如巴彦高勒站,从巴彦高勒站1957~2004年逐年封冻期、开河期最高水位过程图(见图2-2)上可以看到,自1986年以来巴彦高勒封冻期、开河期最高水位有明显增大的趋势。冰塞壅水位超过百年一遇洪水位的有1990年、1992年、1994年、1995年、1988年和1993年冰塞壅水位分别为1 054.33 m、1 054.40 m(见表2-2),超过千年一遇洪水位。其中,1993年冰塞洪水造成堤防决口,12个村庄受淹,面积达0.8万 hm^2。2008年2月22日、23日,内蒙古河段处于稳定封河期的三湖河口水文站出现了历史最高水位1 020.85 m,水位距大堤堤顶不足1.0 m。3月11日11时,宁夏河段全线开通,开河断面移至内蒙古河段,内蒙古封冻河段进入开河期。随着封冻河段的逐渐融化,集蓄在河槽内的大量冰凌洪水集中释放,自3月19日16时起,三湖河口水位表现异常,急剧上涨,水位连续5次突破历史最高,最高水位达1 021.22 m,流量达到1 450 m^3/s。此次凌汛洪水导致内蒙古河段鄂尔多斯市杭锦旗独贵塔拉奎素段大堤出现溃堤重大险情。受灾群众达1万多人,出现防凌形势严峻的局面。

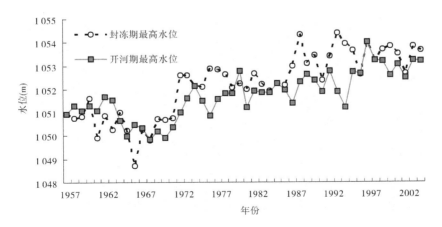

图2-2 巴彦高勒站逐年封冻期、开河期最高水位过程

表 2-2 巴彦高勒站 1986 年以来封冻期、开河期最高水位统计值

年份	封冻期最高水位（m）	开河期最高水位（m）	年份	封冻期最高水位（m）	开河期最高水位（m）
1957	1 050.94	1 050.94	1981	1 052.01	1 051.22
1958	1 050.75	1 051.28	1982	1 052.67	1 051.91
1959	1 050.84	1 051.07	1983	1 052.22	1 051.85
1960	1 051.60	1 051.29	1984	1 051.92	1 051.84
1961	1 049.92	1 051.08	1985	1 052.23	1 052.23
1962	1 050.87	1 051.69	1986	1 052.18	1 051.96
1963	1 050.26	1 051.55	1987	1 052.97	1 051.38
1964	1 051.01	1 050.64	1988	1 054.33	1 052.33
1965	1 050.24	1 049.98	1989	1 053.09	1 052.62
1966	1 048.70	1 050.48	1990	1 053.43	1 052.38
1967	1 050.26	1 050.32	1991	1 052.38	1 051.88
1968	1 049.82	1 049.85	1992	1 053.42	1 052.78
1969	1 050.73	1 050.20	1993	1 054.40	1 051.89
1970	1 050.70	1 049.90	1994	1 053.94	1 051.22
1971	1 050.74	1 050.37	1995	1 053.67	1 052.74
1972	1 052.58	1 051.00	1996	1 052.64	1 052.66
1973	1 052.58	1 051.62	1997	1 054.00	1 054.00
1974	1 052.12	1 052.12	1998	1 053.24	1 053.24
1975	1 052.09	1 051.50	1999	1 053.70	1 053.21
1976	1 052.88	1 050.87	2000	1 053.83	1 052.61
1977	1 052.83	1 051.58	2001	1 053.50	1 053.07
1978	1 052.63	1 051.82	2002	1 052.68	1 052.50
1979	1 052.06	1 051.82	2003	1 053.83	1 053.23
1980	1 052.25	1 052.79	2004	1 053.66	1 053.18

近期由于上游来水大幅度减少,加上龙羊峡水库、刘家峡水库的联合调度运用,改变年内水量分配,将汛期约 50 亿 m³ 的水量调节到非汛期,减少了大流量过程,加剧了宁蒙河段水沙关系的不协调,加之引水、支流来沙等因素的共同影响,致使宁蒙河段尤其是内蒙古河段主槽严重淤积萎缩,造成中小流量水位明显抬高,排洪能力大大降低,局部平滩流量由 1982 年的 2 500 m³/s 下降至 2008 年的 1 500 m³/s 左右,严重威胁内蒙古河段的防洪、防凌安全。由于河道的冲刷塑槽主要集中在汛期,更主要集中在汛期的洪水期,洪

水是冲积性河流河道演变的最重要驱动力,因此研究宁蒙河道洪水对河道冲淤的作用势在必行。研究成果可为上游水资源开发和水沙调控体系建设提供科学支撑,具有重大的现实意义和社会效益。

2.2 宁蒙河道汛期洪水期水沙特征值变化特点

2.2.1 洪水特征的表征体系

利用实测日均水沙资料,套汇宁蒙河段下河沿—头道拐河段干支流水文站日均流量和日均含沙量过程线,为对比各河段的不同来沙及不同水沙过程的冲淤变化,按汛期日均流量(或含沙量)的变化状况及洪水的发生过程,划分成若干洪水时段,以下河沿、青铜峡、石嘴山、巴彦高勒、三湖河口、头道拐等站作为划分河段的控制站,经分析各河段的洪水传播时间按顺序分别为第 1 d、2 d、3 d、5 d、6 d、8 d,即从下河沿到头道拐河段洪水传播总历时是 7 d,支流各站与相近的干流站取齐,区间考虑的支流主要有下河沿—青铜峡之间的清水河(泉眼山),青铜峡—石嘴山之间的苦水河(郭家桥),以及内蒙古三湖河口—头道拐河段的毛不拉孔兑(图格日格)、西柳沟(龙头拐)、罕台川(红塔沟)及昆都仑河(塔尔湾),引水渠主要有青铜峡—石嘴山河段的秦渠、汉渠和唐徕渠,以及石嘴山—巴彦高勒河段的引水渠巴彦高勒总干渠、沈乌干渠和南干渠。

以实测资料为基础,划分洪水,将各站洪峰流量(洪水要素统计)大于 1 000 m³/s 的径流过程作为洪水发生场次进行统计,考虑洪水传播时间的影响,统计出宁蒙河段干支流水文站各场次洪峰流量、水量、沙量、平均流量、含沙量或来沙系数、峰型、悬沙组成等洪水特征参数,以此表征洪水的特征指标,根据宁蒙河道洪水的水沙变化特点,综合分析选择、建立洪水特征的表征指标体系。

2.2.2 洪水特征值的变化特点

2.2.2.1 年最大洪峰流量的变化特点

洪峰流量量值的大小能够反映出洪水的大小,以实测洪水要素资料为基础,统计出宁蒙河段各水文站逐年场次洪水最大的洪峰流量值,点绘各站逐年最大洪峰流量过程(见图 2-3),可以明显看出各站逐年的洪峰流量的变化特点,特点之一是各站逐年洪峰流量值有所起伏,但量值较小,20 世纪 50 年代以来,除 1964 年、1967 年和 1981 年出现大于 5 000 m³/s 的洪峰流量外,其他年份在 20 世纪 90 年代之前大多在 4 000 m³/s;20 世纪 90 年代之后,最大洪峰流量基本在 2 000 m³/s 左右。年最大洪峰流量的另外一个特点是,内蒙古的三湖河口—头道拐河段 20 世纪 90 年代以来凌汛洪水基本成为全年的最大洪水。特别是头道拐水文站,从该水文站逐年最大洪峰流量及其出现的时间(见图 2-4)可以看到,20 世纪 90 年代之前头道拐站年最大洪峰流量基本上是在汛期的洪水期,并且洪峰流量值相对较大,而 20 世纪 90 年代以来,由于气候和龙刘水库蓄水的影响,汛期基本没有大的洪水过程,导致全年最大洪峰流量基本出现在凌汛期(3 月)。

以大型水库(刘家峡、龙羊峡)运用时期为时间节点,对比分析四个时期(天然时期

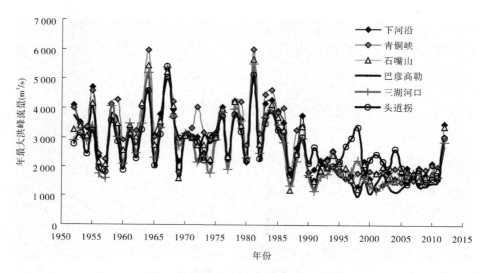

图 2-3　宁蒙河道典型水文站逐年最大洪峰流量变化过程

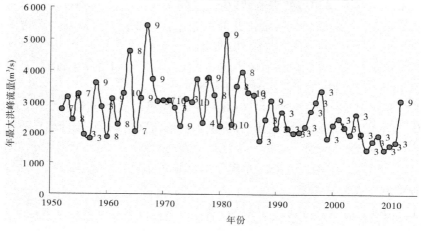

图 2-4　头道拐水文站年最大洪峰流量出现的时间

（1952～1968 年）、刘家峡水库单独运用时期（1969～1986 年）和龙刘水库联合运用后的
1987～1999 年和 2000～2012 年两个时段）年最大洪峰流量的变化特点，可以看到龙羊
峡、刘家峡水库联合运用之后，各站的年最大洪峰流量显著减小。龙刘水库联合运用的
1987～1999 年下河沿、青铜峡、石嘴山、三湖河口、头道拐各站最大洪峰流量分别为 3 750
m³/s、3 400 m³/s、3 390 m³/s、3 000 m³/s、3 350 m³/s,比刘家峡水库单独运用时期最大洪
峰流量 5 980 m³/s、5 980 m³/s、5 660 m³/s、5 500 m³/s、5 150 m³/s 分别减少 2 230 m³/s、
2 580 m³/s、2 270 m³/s、2 500 m³/s、1 800 m³/s,洪峰流量减少百分数为 35%～45%。比
1952～1968 年洪峰流量 5 330 m³/s、5 960 m³/s、5 440 m³/s、5 380 m³/s、5 420 m³/s 分别
减少 1 580 m³/s、2 560 m³/s、2 050 m³/s、2 380 m³/s、2 070 m³/s,洪峰流量减少百分数为
30%～44%。2000～2012 年最大洪峰流量发生在 2012 年,下河沿、青铜峡、石嘴山、三湖
河口、头道拐各站最大洪峰流量分别为 3 470 m³/s、3 050 m³/s、3 390 m³/s、2 840 m³/s、
3 030 m³/s,刘家峡水库单库运用时期 1969～1986 年减少百分数范围为 40.1%～49%;

与水库运用前1952~1968年相比减少34.9%~48.8%。

2.2.2.2 洪水发生场次变化特点

以实测洪水资料为基础,把各站洪峰流量超过1 000 m³/s的径流过程作为洪水发生的场次进行统计,表2-3为下河沿—头道拐河段干流典型水文站不同量级场次洪水的统计情况。从统计结果上看,龙刘水库联合运用之后的1987~2012年与前两个时期相比,各站年均洪水发生场次基本都是减少的(见图2-5~图2-9),尤其是大于2 000 m³/s的洪水场次锐减,并且巴彦高勒、三湖河口站3 000 m³/s以上的洪水内蒙古河段基本上没有发生过。以头道拐站为例,头道拐站在1956~1968年大于1 000 m³/s的洪水年均发生3.77次,其中大于2 000 m³/s的洪水年均发生2.00次,大于3 000 m³/s的洪水年均发生0.69次;而刘家峡水库单库运用时期的1969~1986年,洪水发生场次有所减少,大于1 000 m³/s、大于2 000 m³/s、大于3 000 m³/s的洪水场次年均分别减少到3.44次、1.56次和0.50次,龙羊峡水库运用之后的1987~2012年,洪水发生场次进一步减少,与1956~1968年年均洪水发生频次相比,其中1987~1999年,大于1 000 m³/s的洪水年均减少到2.15次,减少了42.9%;大于2 000 m³/s的洪水年均减少到0.23次,减少了96%;大于3 000 m³/s的洪水年均减少到0.08次,减少了88.9%。而2000~2012年洪水发生频次进一步减少,大于1 000 m³/s的洪水年均进一步减少到1.54次,减少59.2%;其中大于2 000 m³/s的洪水年均场次为0.08次,减少了88.5%;大于3 000 m³/s的洪水由年均0.69次减少到近期年均0.08次,减少88.9%。可见由于水库的调蓄运用,洪水发生的频次在刘家峡水库运用之后有所减少,在龙羊峡水库运用之后,洪水发生频次进一步减少。个别站3 000 m³/s以上的洪水没有发生过。

表2-3 各时段年均发生洪水场次数量的对比

站名	时段	流量级(m³/s)次数			最大洪峰	
		>1 000	>2 000	>3 000	流量(m³/s)	年份
下河沿	1956~1968年	3.80	2.40	1.80	5 240	1967
	1969~1986年	3.67	2.39	0.78	5 780	1981
	1987~1999年	3.62	1.15	0.15	3 710	1989
	2000~2012年	3.92	0.15	0.08	3 470	2012
青铜峡	1956~1968年	3.92	2.69	1.46	5 460	1964
	1969~1986年	3.44	1.94	0.67	5 870	1981
	1987~1999年	3.46	0.62	0.08	3 400	1989
	2000~2012年	3.00	0.15	0.08	3 050	2012
石嘴山	1956~1968年	3.54	2.15	1.62	5 440	1964
	1969~1986年	3.67	2.28	0.72	5 660	1981
	1987~1999年	3.46	0.85	0.15	3 390	1989
	2000~2012年	3.38	0.08	0.08	3 390	2012

续表 2-3

站名	时段	流量级（m³/s）次数			最大洪峰	
		>1 000	>2 000	>3 000	流量（m³/s）	年份
巴彦高勒	1956～1968 年	3.85	2.62	1.31	5 100	1964
	1969～1986 年	3.67	1.89	0.67	5 290	1981
	1987～1999 年	2.46	0.31	0	2 780	1989
	2000～2012 年	2.31	0.08	0	2 710	2012
三湖河口	1956～1968 年	3.77	2.23	0.85	5 380	1967
	1969～1986 年	3.56	1.67	0.61	5 500	1981
	1987～1999 年	2.31	0.38	0	3 000	1989
	2000～2012 年	1.92	0.08		2 840	2012
头道拐	1956～1968 年	3.77	2.00	0.69	5 310	1967
	1969～1986 年	3.44	1.56	0.50	5 150	1981
	1987～1999 年	2.15	0.23	0.08	3 030	1989
	1987～2012 年	1.54	0.08	0.08	3 030	2012

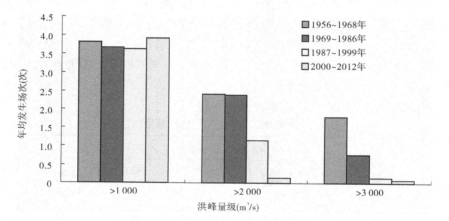

图 2-5　下河沿站不同时期不同量级洪水年均发生场次

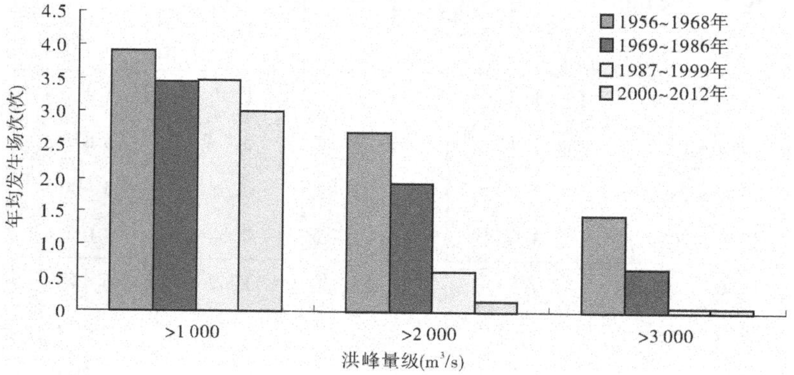

图 2-6　青铜峡站不同时期不同量级洪水年均发生场次

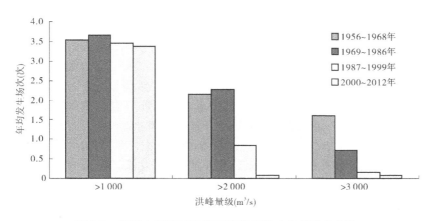

图 2-7 石嘴山站不同时期不同量级洪水年均发生场次

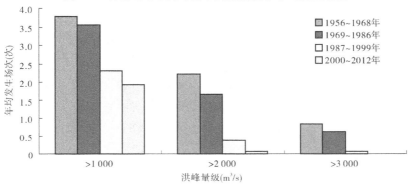

图 2-8 三湖河口站不同时期不同量级洪水年均发生场次

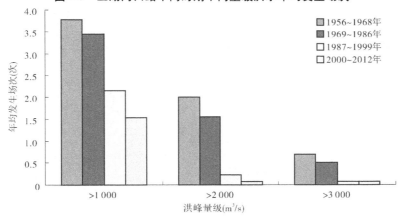

图 2-9 头道拐站不同时期不同量级洪水年均发生场次

2.2.2.3 场次洪水特征值比较

统计宁蒙河段干流各站场次洪水特征值变化(见表 2-4),其中包括洪水期平均洪量、平均沙量、平均流量、平均含沙量、平均来沙系数和平均历时等。可以看出,从整体上看各站特征值的变化,与水库运用之前的时段 1956～1968 年相比,刘家峡水库运用之后的时段 1969～1986 年和龙羊峡水库运用之后的 1987～2012 年,各站场次洪水的历时基本上是减少的,洪水期水沙量也有所减少,平均流量有所降低,平均含沙量各站在 1969 ~ 1986 年平均含沙量均有所减少,但是在 1987 年之后变化有所不同,其中在 1987 ~ 1999 年个别站有所增大,2000 ~ 2012 年含沙量又有所降低。从水沙搭配的表征指标来沙系数来看,与 1956 ~ 1968 年相比,刘家峡单库运用时由于水库的拦沙运用,拦沙量较大,水量调节不大,因此各站来沙系数有所减少;而到龙羊峡、刘家峡水库联合运用的 1987 ~ 1999 年,由于该时段天然来沙量较少,水库的蓄水作用较强,水库蓄水减少了进入宁蒙河道的水量,改变了水流过程,因此水沙关系恶化,来沙系数明显增大。到 2000 ~ 2012 年,较 1987 ~ 1999 年相比,来水条件有所好转,来沙变化相差不大,因此该时期来沙系数较 1987 ~ 1999 年稍有降低。从峰形系数(洪水期最大流量与平均流量比值)上看,各站基本上都是呈增大的趋势。

表 2-4 宁蒙河道典型水文站洪水期特征值变化

水文站	时段	平均洪量 (亿 m³)	平均沙量 (亿 t)	平均流量 (m³/s)	平均含沙量 (kg/m³)	平均来沙系数 (kg·s/m⁶)	峰型系数	平均历时 (d)
下河沿	1956 ~ 1968 年	48.8	0.37	1 970	7.5	0.003 8	1.36	25.9
	1969 ~ 1986 年	39.6	0.23	1 688	5.7	0.003 4	1.43	24.9
	1987 ~ 1999 年	20.4	0.18	1 166	8.9	0.007 6	1.55	21.4
	2000 ~ 2012 年	24.7	0.07	1 084	2.9	0.002 7	1.48	23.4
青铜峡	1956 ~ 1968 年	44.6	0.44	1 790	9.9	0.005 5	1.44	27.4
	1969 ~ 1986 年	32.7	0.21	1 360	6.3	0.004 6	1.82	25.1
	1987 ~ 1999 年	14.2	0.20	846	14.2	0.016 8	2.24	20.6
	2000 ~ 2012 年	20.3	0.11	828	5.5	0.006 6	1.99	26.9
石嘴山	1956 ~ 1968 年	47.7	0.39	1 883	8.1	0.004 3	1.40	27.6
	1969 ~ 1986 年	37.9	0.18	1 613	4.7	0.002 9	1.50	24.9
	1987 ~ 1999 年	19.7	0.14	1 124	7.2	0.006 4	1.58	21.5
	2000 ~ 2012 年	24.9	0.09	989	3.6	0.003 7	1.53	27.8
三湖河口	1956 ~ 1968 年	40.8	0.40	1 612	9.8	0.006 1	1.48	27.7
	1969 ~ 1986 年	32.7	0.20	1 352	6.0	0.004 4	1.71	25.2
	1987 ~ 1999 年	18.7	0.12	995	6.3	0.006 3	1.74	22.7
	2000 ~ 2012 年	22.2	0.11	844	5.0	0.005 9	1.79	27.4
头道拐	1956 ~ 1968 年	39.3	0.37	1 583	9.4	0.005 9	1.37	26.9
	1969 ~ 1986 年	33.1	0.24	1 371	7.2	0.005 2	1.61	25.4
	1987 ~ 1999 年	19.5	0.11	1 032	5.5	0.005 4	1.66	23.1
	2000 ~ 2012 年	22.3	0.10	809	4.4	0.005 5	1.79	27.4

以头道拐站为例,进一步详细分析各特征值的变化可以看到,与天然时期的1956～1968年相比,刘家峡水库单库运用时期1969～1986年和龙刘水库联合运用后水沙都是明显减少的,尤其是1987～1999年水沙量减少最大,头道拐水文站1987～1999年水、沙量分别为19.5亿m³、0.11亿t,与水库运用之前的1956～1968年相比,水、沙量分别减少19.8亿m³、0.26亿t,减少百分数分别为50.5%、70.7%,与刘家峡水库单库运用时期相比,水、沙量分别减少13.7亿m³、0.13亿t,减少百分数分别为41.3%和54.8%,从水沙减幅来看,沙量减幅明显大于水量减幅,并且平均历时有所缩短,由天然时期的平均26.9 d降低到单库运用时期的25.4 d,1987～1999年,场次洪水平均历时进一步缩短到23.1 d,而2000～2012年,平均历时又有所增加,平均历时增大到27.4 d。在场次洪水水量、沙量、历时均有所减少的条件下,进一步分析不同时期相同历时条件下水、沙量变化。图2-10、图2-11分别是头道拐站不同时期洪水期洪量、沙量与历时的关系,从图上可以明显看到,相同历时条件下水、沙量是明显减少的,对比分析头道拐站不同时期同样30 d条件下水沙量值,在龙刘水库联合运用时期1987～2012年平均洪量、沙量分别约为20亿m³、0.09亿t,与水库运用之前的1956～1968年的洪量、沙量分别为40亿m³、0.4亿t相比分别减少约50%、78%。由于近期较大洪水(洪峰流量>2 000 m³/s)的洪水场次减少,洪水期水量减少,因此洪水期的平均流量有所降低。头道拐站1956～1968年场次洪水平均流量为1 583 m³/s,刘家峡水库单库运用时期的平均流量降低到1 371 m³/s,龙羊峡水库运用之后场次洪水平均流量进一步减少,两个时期平均流量分别减少到1 032 m³/s和809 m³/s;头道拐洪水期平均含沙量有所降低,由1956～1968年的9.4 kg/m³降低到2000～2012年的4.4 kg/m³,头道拐站来沙系数由1956～1968年的0.005 9 kg·s/m⁶降低到2000～2012年的0.005 5 kg·s/m⁶,峰型系数由1956～1968年的1.37增大到2000～2012年的1.79。

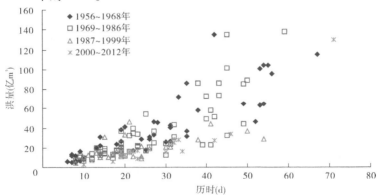

图2-10　头道拐站不同时期洪水期洪量与历时的关系

2.2.2.4　近期具有较强输沙能力的较大洪水减少

洪水是河道塑槽输沙的主要源动力,从洪水发生的频次统计表上来看(见表2-5),近期宁蒙河道典型水文站大于3 000 m³/s以上洪水发生频次明显减少,以下河沿站为例,在天然时期的1956～1968年,大于3 000 m³/s的洪水年均为1.80场,而在刘家峡水库单库运用时期的1969～1986年3 000 m³/s以上洪水年均减少到0.78场,龙羊峡水库运用之后的

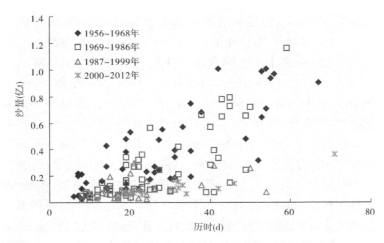

图 2-11　头道拐站不同时期洪水期沙量与历时的关系

1987～1999 年大于 3 000 m³/s 的洪水场次进一步减少到 0.15 场。而到 2000～2012 年进一步减少到 0.08 场。对比分析宁蒙河道各水文站 3 000 m³/s 以上场次洪水水沙特征变化可以看到,由于近期大于 3 000 m³/s 的洪水场次减少,该流量级洪水的水量也明显减少,沙量也随之减少,平均含沙量、来沙系数均有所降低,峰形系数(洪水期最大流量与平均流量比值)有所降低。以下河沿站为例,龙羊峡水库运用之后的 1987～1999 年,下河沿站水、沙量分别为 46.4 亿 m³ 和 0.15 亿 t,与天然情况 1956～1968 年相比,水沙量分别减少 32.1 亿 m³ 和 0.38 亿 t,分别减少 40.9% 和 71.7%;平均含沙量由天然情况下的 6.8 kg/m³ 减少到 3.2 kg/m³,减少 52.9%;平均来沙系数由 0.002 6 kg·s/m⁶ 减少到 0.001 1 kg·s/m⁶,峰型系数由 1.46 减少到 1.24,平均历时由 35.0 d 减少到 18.0 d。而 2000～2012 年宁蒙河道仅发生了 1 次大于 3 000 m³/s 洪水,即 2012 年洪水,该场洪水具有"历时长、洪量大、沙量少、含沙量低"等特点。

表 2-5　宁蒙河道典型站大于 3 000 m³/s 洪水特征值变化

水文站	时段	平均洪量(亿 m³)	平均沙量(亿 t)	平均流量(m³/s)	平均含沙量(kg/m³)	平均来沙系数(kg·s/m⁶)	峰型系数	平均历时(d)
下河沿	1956～1968 年	78.5	0.53	2 594	6.8	0.002 6	1.46	35.0
	1969～1986 年	87.3	0.52	2 595	6.0	0.002 3	1.47	38.1
	1987～1999 年	46.4	0.15	2 968	3.2	0.001 1	1.24	18.0
	2000～2012 年	138.6	0.52	2 259	3.8	0.001 7	1.54	71.0
青铜峡	1956～1968 年	72.3	0.76	2 326	10.5	0.004 5	1.57	35.9
	1969～1986 年	73.3	0.51	2 192	7.0	0.003 2	1.72	37.5
	1987～1999 年	30.0	0.14	2 312	4.8	0.002 1	1.47	15.0
	2000～2012 年	112.5	0.42	1 833	3.7	0.002 0	1.66	71.0

水文站	时段	平均洪量（亿 m³）	平均沙量（亿 t）	平均流量（m³/s）	平均含沙量（kg/m³）	平均来沙系数（kg·s/m⁶）	峰型系数	平均历时(d)
石嘴山	1956～1968 年	72.3	0.61	2 418	8.4	0.003 5	1.51	34.3
	1969～1986 年	83.6	0.45	2 536	5.4	0.002 1	1.48	37.1
	1987～1999 年	42.8	0.24	2 744	5.7	0.002 1	1.18	18.0
	2000～2012 年	143.9	0.38	2 346	2.7	0.001 1	1.44	71.0
巴彦高勒	1956～1968 年	69.0	0.63	2 165	9.2	0.004 2	1.81	35.5
	1969～1986 年	75.5	0.52	2 237	6.9	0.003 1	1.63	37.7
	1987～1999 年	0	0.00	0.00	0.00	0.00	0.00	0.00
	2000～2012 年	0.00	0.00	0.00	0.00	0.00	0.00	0.00
三湖河口	1956～1968 年	86.3	0.86	2 448	9.9	0.004 1	1.59	41.5
	1969～1986 年	79.7	0.59	2 398	7.3	0.003 1	1.56	37.5
	1987～1999 年	28.1	0.19	2 167	6.7	0.003 1	1.38	15.0
	2000～2012 年	0	0	0	0	0	0	0
头道拐	1956～1968 年	95.0	0.85	2 454	8.9	0.003 6	1.51	46.1
	1969～1986 年	84.9	0.66	2 508	7.8	0.003 1	1.46	38.4
	1987～1999 年	30.5	0.19	2 355	6.3	0.002 7	1.29	15.0
	2000～2012 年	129.8	0.36	2 115	2.8	0.001 3	1.43	71.0

2.3 宁蒙河道洪水期输沙规律研究

以宁蒙河道水文站的实测洪水资料为基础,利用洪水期输沙率和流量的关系来研究河道输沙特性的变化。点绘宁蒙河道典型水文站洪水期输沙率与流量的相关关系(见图 2-12～图 2-15),从图上可以看出,各水文站的输沙率随流量的增加而增大。进一步分析表明宁蒙河道的洪水期输沙能力与来沙条件关系密切,当来水条件相同时,来沙条件改变,河道的输沙率也发生变化。从图中反映出当上站含沙量(来沙条件)较高时,相应输沙率也较大。同样,在一定的含沙量条件下,输沙率也随流量的增大而增大。因此,输沙率与流量和上站含沙量都是成正相关关系的,这反映了冲积性河道"多来、多排、多淤"的特点。如头道拐站,在头道拐站流量约为 2 000 m³/s 条件下,当上站(三湖河口 + 三大孔兑)来沙量为 6 kg/m³ 时,河道输沙率约为 21 t/s;而上站来水含沙量为 17 kg/m³ 时,河道输沙率达到 25 t/s。

由以上分析可以看到,宁蒙河道洪水期的输沙率不仅是流量的函数,还与来水含沙量

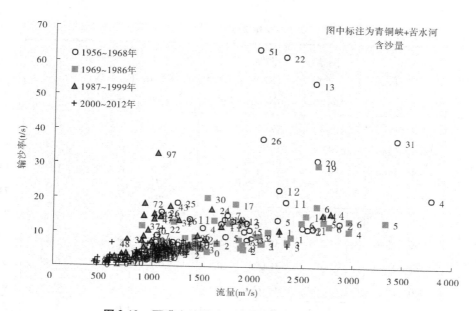

图 2-12　石嘴山站洪水期输沙率与流量的相关关系

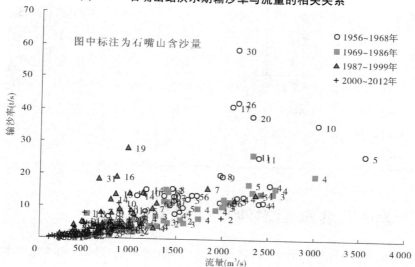

图 2-13　巴彦高勒站洪水期输沙率与流量的相关关系

有关。宁蒙河道各水文站输沙率与流量关系,按上站来水含沙量大小自然分带,写成函数形式为

$$Q_s = K Q^a S_{\text{上}}^b \qquad (2\text{-}1)$$

式中:Q_s 为输沙率,t/s;Q 为流量,m³/s;$S_{\text{上}}$ 为上站来水含沙量,kg/m³;K 为系数;a、b 为指数。

由于各河段特点不同,因此将河段划分较细,将宁蒙河道分成下河沿—青铜峡、青铜峡—石嘴山、石嘴山—巴彦高勒、巴彦高勒—三湖河口、三湖河口—头道拐五个河段,根据 1965 年以来各段进出口水文站实测资料,分别建立洪水期青铜峡站输沙率与流量及上站

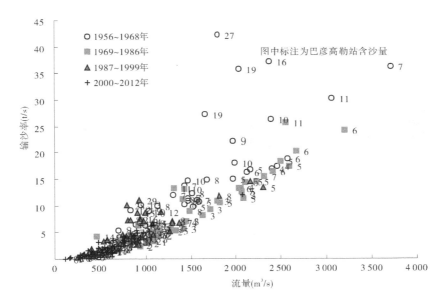

图 2-14　三湖河口站洪水期输沙率与流量的相关关系

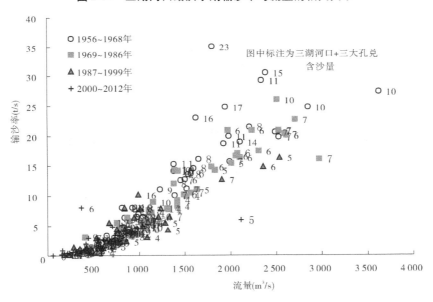

图 2-15　头道拐站洪水期输沙率与流量的相关关系

(下河沿 + 清水河)含沙量的关系式、石嘴山站输沙率与流量及上站(青铜峡 + 苦水河)含沙量的关系式、巴彦高勒站输沙率与流量及上站(石嘴山)含沙量的关系式、三湖河口站输沙率与流量及上站(巴彦高勒)含沙量的关系式、头道拐站输沙率与流量及上站(三湖河口 + 三大孔兑)含沙量的关系式见表 2-6,采用表 2-6 中公式将各站的计算输沙率与各站实测输沙率进行对比,计算值基本与实测值相吻合(见图 2-16 ~ 图 2-19)。

表 2-6 宁蒙河道不同河段输沙率与流量及上站含沙量的关系式

站名	公式	相关系数（R^2）
青铜峡	$Q_{s青} = 0.001\ 746Q_{青}^{0.972}S_{(下河沿+清水河)}^{0.794}$	0.73
石嘴山	$Q_{s石} = 0.000\ 24Q_{石}^{1.315}S_{(青铜峡+苦水河)}^{0.409}$	0.87
巴彦高勒	$Q_{s巴} = 0.000\ 209Q_{巴}^{1.217}S_{石嘴山}^{1.053}$	0.92
三湖河口	$Q_{s三} = 0.000\ 154Q_{三}^{1.397}S_{巴彦高勒}^{0.444}$	0.97
头道拐	$Q_{s头} = 0.000\ 047Q_{三湖河口}^{1.533}S_{(三湖河口+支流)}^{0.564}$	0.94

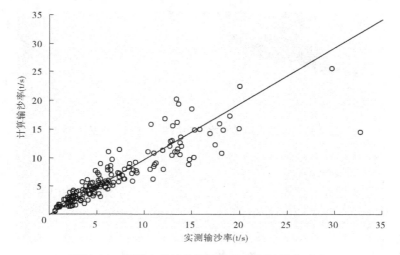

图 2-16 石嘴山站计算输沙率与实测输沙率对比

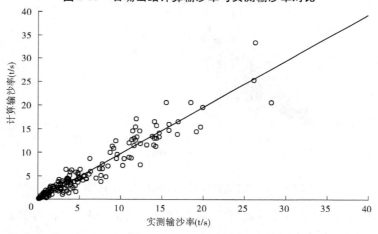

图 2-17 巴彦高勒站计算输沙率与实测输沙率对比

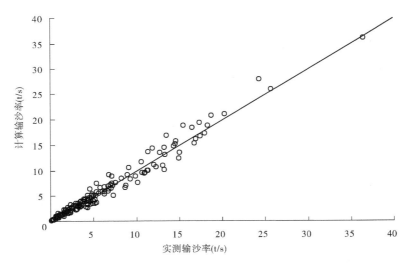

图 2-18　三湖河口站计算输沙率与实测输沙率对比

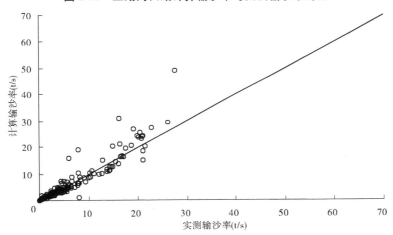

图 2-19　头道拐站计算输沙率与实测输沙率对比

2.4　宁蒙河道洪水期冲淤调整特性研究

2.4.1　洪水期河道输沙平衡计算及考虑因素

由于宁蒙河段洪水时段划分和特征值参数的统计是以天为单元进行统计的,因此宁蒙河段中的青铜峡水库、三盛公水库的拦沙以及没有实测资料的孔兑来沙等泥沙的输移很难分解到逐日过程中,因此本次研究只能用干、支流的各水文控制站实测资料为基础,利用输沙率法按已划分的洪峰时段计算出各河段的输沙和各河段的冲淤,计算冲淤过程中考虑了各河段的支流来沙及引沙(青铜峡水库及三盛公水库),水库拦沙则包含在河段的冲淤中。其中,计算冲淤中考虑的支流主要有清水河泉眼山站(下河沿下游48.9 km)、苦水河郭家桥站(青铜峡下游32.6 km),巴彦高勒—头道拐河段主要考虑的是有实测资料的三大孔兑,分别为三湖河口附近的毛不拉孔兑、昭君坟下游的西柳沟孔兑和罕台川孔兑。引沙主要考虑青铜峡水库的秦渠、汉渠、唐徕渠和三盛公水库的巴彦高勒总干渠、沈乌干渠及南干渠等引沙量的影响,洪水期各河段按输沙平衡(输沙率法)计算河段冲淤量,即河段冲淤量=河段上站来沙量+河段区间来沙量–河段渠系引出沙量–河段下站输出沙量,计算公式如下:

$$\Delta W_s = W_{s进} + W_{s区间} - W_{s引} - W_{s出} \tag{2-2}$$

式中:ΔW_s 为河段冲淤量,亿 t;$W_{s进}$ 为河段进口沙量即上站沙量,亿 t;$W_{s区间}$ 为河段区间加入沙量,主要是指区间支流及风沙加入沙量,亿 t;$W_{s引}$ 主要是指河段区间渠系引沙量,亿 t;$W_{s出}$ 为河段出口沙量即区间下站沙量,亿 t。

在洪水期的冲淤计算中,由于各河段的冲淤计算是按逐日过程统计的,而青铜峡站和巴彦高勒站的实测输沙中不仅包含了河道的冲淤调整,而且包含了青铜峡、三盛公库区的拦蓄调整,因此在青铜峡和巴彦高勒上游河段的冲淤量计算中,不仅包含了河道冲淤,而且包含了枢纽库区的淤沙量。主要反映在 20 世纪 60 年代、70 年代初期,水库淤沙较多的年份,河段的淤积量会比较大。另外,内蒙古河段的巴彦高勒—头道拐河段,在洪水时段冲淤的计算中,由于十大孔兑来沙量只能取用已有实测的三大孔兑资料,其值比实际来沙量偏小,尤其是孔兑产生洪水的年份,对内蒙古河段的来沙量统计少了,因此推算出相应洪水河段的淤积量也就会偏小。

2.4.2 洪水期河道冲淤调整时空分布特点

以宁蒙河道 1960～2012 年干支流水文、泥沙资料为基础,以洪峰流量大于 1 000 m³/s 的为场次洪水过程,统计出 6～10 月下河沿水文站 177 场场次洪水特征值,见表 2-7。从表 2-7 上可以看到,1987～2012 年场次洪水的水沙量分别为 22.5 亿 m³ 和 0.125 亿 t,占汛期水、沙量的比例分别为 21.7% 和 23.9%,其中 1987～1999 年水、沙量分别为 19.4 亿 m³ 和 0.169 亿 t,可见洪水期水量较少,洪水期洪量仅占汛期水量的 18.4%,而沙量占汛期总沙量的 24.4%。2000～2012 年,洪水期水、沙量分别为 25.8 亿 m³ 和 0.077 亿 t,洪水期水量与 1987～1999 年相比,水量相对较多,洪水期水量占汛期水量的比例为 23.3%,沙量占汛期沙量的 24.6%。水库运用之后的 1987～2012 年的洪水期水、沙量与天然时期的 1960～1968 年相比,水、沙量分别减少 43.2 亿 m³ 和 0.357 亿 t,减幅分别为 65.8% 和 74.1%;与刘家峡水库单库运用时期 1969～1986 年相比,水、沙量分别减少 25.6 亿 m³ 和 0.151 亿 t,减幅分别为 53.2% 和 54.7%。近期与前两个时段相比,洪水期平均流量与场次洪水平均历时及占汛期水沙比例均有所减少。

计算分析汛期 6～10 月下河沿水文站洪峰流量大于 1 000 m³/s 的场次洪水过程的冲淤量,河段中间有青铜峡、三盛公水库,由于缺少入库站资料,本次洪水期冲淤计算未排除水库的冲淤量,水库运用在初期拦沙年份对洪水期河道冲淤有一定影响,水库很快达到基本淤积平衡状态,其后对所在河道冲淤影响较小。同样由于缺少红柳沟等小支流资料,因此未计入这些支流的来水来沙。

表 2-7　宁蒙河道计算冲淤场次洪水特征统计

时段	平均历时（d）	下河沿洪水期水沙			下河沿洪水期占汛期的比例（%）	
		平均流量（m³/s）	平均洪量（亿 m³）	平均沙量（亿 t）	洪量	沙量
1960～1968 年	34.5	2 173	65.7	0.482	28.8	31.1
1969～1986 年	28.8	1 735	48.1	0.276	28.4	30.9
1987～1999 年	20.5	1 146	19.4	0.169	18.4	24.4
2000～2012 年	27.5	1 029	25.8	0.077	23.3	24.6
1987～2012 年	23.8	1 090	22.5	0.125	21.7	23.9
1960～2012 年	27.0	1 452	36.9	0.226	24.7	27.8

2.4.2.1　长河段洪水期河道冲淤特点

长时期(1960～2012 年)宁蒙河道洪水期总量呈淤积状态(见表 2-8)，河段淤积总量为 14.329 亿 t，场次洪水平均淤积 0.083 亿 t。主要淤积时期是 1987～1999 年，洪水期淤积总量为 9.762 亿 t，为长时期淤积量的 68.1%，场次洪水平均淤积量为 0.195 亿 t，是长时期平均值的 2.36 倍；其次是 1960～1968 年受青铜峡、三盛公水库初期拦沙库区淤积的影响，共淤积 2.355 亿 t，占长时期总淤积量的 16.4%；2000～2012 年洪水期淤积 2.131 亿 t，占长时期淤积量的 14.9%，平均场次洪水淤积量 0.046 亿 t；而 1969～1986 年由于刘家峡水库拦沙运用导致进入河道沙量大为减少而水量较大，因此洪水期淤积较少，总共仅 0.081 亿 t。

表 2-8　宁蒙河道洪水期冲淤量时间分布

时期	冲淤总量(亿 t)	占总量比例(%)	场次平均冲淤量(亿 t)
1960～1968 年	2.355	16.4	0.098
1969～1986 年	0.081	0.6	0.002
1987～1999 年	9.762	68.1	0.195
2000～2012 年	2.131	14.9	0.046
1960～2012 年	14.329	100.0	0.083

长时期宁蒙河道洪水期淤积的空间分布主要在内蒙古的三湖河口—头道拐河段和宁夏的青铜峡—石嘴山河段(见表 2-9)，洪水淤积量分别为 7.532 亿 t 和 5.784 亿 t，分别占长河道洪水期淤积总量的 52.6%和 40.4%，场次洪水平均淤积 0.044 亿 t 和 0.033 亿 t；受青铜峡水库库区淤积影响，下河沿—青铜峡河段也淤积了 2.910 亿 t，占长河段淤积总量的 20.3%，场次洪水淤积 0.017 亿 t；而石嘴山—巴彦高勒和巴彦高勒—三湖河口河段是冲刷的，冲刷总量分别为 0.447 亿 t 和 1.450 亿 t，场次洪水平均冲刷 0.003 亿 t 和 0.008 亿 t。

表 2-9　宁蒙河道洪水期冲淤量河段分布

河段	冲淤量(亿 t)	占长河段总量比例(%)	场次平均冲淤量(亿 t)
下河沿—青铜峡	2.910	20.3	0.017
青铜峡—石嘴山	5.784	40.4	0.033
石嘴山—巴彦高勒	-0.447	-3.1	-0.003
巴彦高勒—三湖河口	-1.450	-10.1	-0.008
三湖河口—头道拐	7.532	52.5	0.044
下河沿—石嘴山	8.694	60.7	0.050
石嘴山—头道拐	5.635	39.3	0.033
下河沿—头道拐	14.329	100.0	0.083

2.4.2.2　分河段洪水期河道冲淤特点

1. 下河沿—青铜峡河段

总体来看,下河沿—青铜峡河段洪水期是淤积的(见表 2-10),1960~2012 年共淤积 2.910 亿 t,场次洪水淤积 0.017 亿 t。该河段河道比降大、洪水期淤积并不严重,淤积量大主要是 20 世纪六七十年代青铜峡水库淤积造成的。1987~1999 年场次洪水仅淤积 0.006 亿 t,2000~2012 年洪水基本不淤。

表 2-10　下河沿—青铜峡河段洪水期冲淤量时间分布

时期	冲淤总量(亿 t)	占总量比例(%)	场次平均冲淤量(亿 t)
1960~1968 年	1.703	58.5	0.071
1969~1986 年	0.902	31.0	0.017
1987~1999 年	0.286	9.8	0.006
2000~2012 年	0.019	0.7	0
1960~2012 年	2.910	100.0	0.017

2. 青铜峡—石嘴山河段

青铜峡—石嘴山河段是宁蒙河段第一个泥沙调整河段,从洪水期总体来看淤积量较大(见表 2-11),达到 5.784 亿 t,场次洪水淤积 0.033 亿 t。水沙条件最不利的 1987~1999 年洪水淤积严重,共淤积 3.752 亿 t,占长时期淤积总量的 64.9%,场次洪水淤积达 0.075 亿 t。而 1960~1968 年受青铜峡水库拦沙影响,出库泥沙减少,河道发生冲刷。其他几个时段洪水期有所淤积,但淤积量不大,为 0.02 亿~0.03 亿 t。

表 2-11　青铜峡—石嘴山河道洪水期冲淤量时间分布

时期	冲淤总量（亿 t）	占总量比例（%）	场次平均冲淤量（亿 t）
1960～1968 年	−0.623	−10.8	−0.026
1969～1986 年	1.708	29.5	0.032
1987～1999 年	3.752	64.9	0.075
2000～2012 年	0.947	16.4	0.021
1960～2012 年	5.784	100.0	0.033

3. 石嘴山—巴彦高勒河段

石嘴山—巴彦高勒河段洪水期总体来看是冲刷的（见表 2-12），但量很小，仅 0.447 亿 t，场次洪水仅冲刷 0.003 亿 t。该河段泥沙可调整河道长度，同时受三盛公水库运用的一定影响，各时期洪水期有冲有淤，调整量都不大。

表 2-12　石嘴山—巴彦高勒河道洪水期冲淤量时间分布

时期	冲淤总量（亿 t）	占总量比例（%）	场次平均冲淤量（亿 t）
1960～1968 年	0.154	−34.5	0.006
1969～1986 年	−0.592	132.4	−0.011
1987～1999 年	−0.207	46.2	−0.004
2000～2012 年	0.197	−44.1	0.004
1960～2012 年	−0.448	100.0	−0.003

4. 巴彦高勒—三湖河口河段

巴彦高勒—三湖河口河段洪水期以冲刷为主（见表 2-13），1960～2012 年共冲刷 1.450 亿 t，场次平均冲刷 0.008 亿 t。除 1987～1999 年水沙条件最为恶劣，河段洪水期淤积 1.521 亿 t 外，其他各时期洪水期都是冲刷的。1960～1968 年受三盛公水库拦沙影响冲刷量较大，场次洪水冲刷量达到 0.049 亿 t；2000～2012 年虽然水量少但是来沙更少，洪水期也有少量冲刷。

表 2-13　巴彦高勒—三湖河口河道洪水期冲淤量时间分布

时期	冲淤总量（亿 t）	占总量比例（%）	场次平均冲淤量（亿 t）
1960～1968 年	−1.182	81.5	−0.049
1969～1986 年	−1.294	89.2	−0.024
1987～1999 年	1.521	−104.9	0.030
2000～2012 年	−0.496	34.2	−0.011
1960～2012 年	−1.451	100.0	−0.008

5. 三湖河口—头道拐河段

位于宁蒙河道尾端的三湖河口—头道拐河段除 1969～1986 年由于刘家峡水库拦沙

河道来沙少且洪水多发生冲刷外,其他时期洪水期都是淤积的(见表2-14)。1960~2012年洪水期共淤积7.532亿t,场次洪水平均淤积0.044亿t。时期淤积总量最大的是1987~1999年,共淤积4.410亿t,占长时期总淤积量的58.5%;其次是1960~1968年,共淤积2.303亿t,占长时期总量的30.6%。2000~2012年在来沙显著减少的条件下,洪水期仍然淤积了1.463亿t,占长时期淤积量的19.4%。

表2-14　三湖河口—头道拐河道洪水期冲淤量时间分布

时期	冲淤总量(亿t)	占总量比例(%)	场次平均冲淤量(亿t)
1960~1968年	2.303	30.6	0.096
1969~1986年	-0.643	-8.5	-0.012
1987~1999年	4.410	58.5	0.088
2000~2012年	1.463	19.4	0.032
1960~2012年	7.533	100.0	0.044

若比较场次洪水的冲淤量,1960~1968年达到0.096亿t,大于1987~1999年的0.088亿t,原因在于两个时期洪水历时的不同,前一个时期洪水历时长达35.8 d,而后一个时期历时仅20.5 d,因此场次洪水的冲淤量前一个时期大,若是按日均冲淤量来计算冲淤强度,1960~1968年为26.8万t/d,而1987~1999年则高达43.1万t/d。

2.4.3　不同水沙条件下洪水冲淤特点

2.4.3.1　长河段不同水沙条件洪水的冲淤特点

就洪水特点来说,可区别为漫滩洪水和非漫滩洪水,由于漫滩洪水冲淤特点与非漫滩洪水的差别较大,而洪水中绝大部分是非漫滩洪水,水库调控也以非漫滩洪水为主,因此本部分研究针对非漫滩洪水。宁蒙河道洪水期冲淤受水沙条件影响较大,只是由于各河段沿程有支流和风沙加入,又兼有青铜峡水库和三盛公水库运用的影响,反映在含沙量和流量组次上冲淤量有跳跃,但基本规律还是显著的,含沙量低时冲刷,含沙量稍高即发生淤积。

宁蒙河道不同水沙条件下洪水期冲淤情况见表2-15,可见宁蒙河道干流发生大流量洪水时含沙量也较高的场次不多,洪水总场次163场,其中洪水期平均流量大于2 000 m³/s的有27场,占总场次的17%;同时含沙量较高大于10 kg/m³仅有7场,仅占总场次的4%。说明干流发生较大洪水时与宁蒙河段区间支流(包括孔兑)很少遭遇。

由表2-15可见,当含沙量小于7 kg/m³时,除流量很小,洪水期平均流量小于1 000 m³/s的洪水长河段淤积外,其他流量级洪水都是冲刷的;而含沙量稍高,超过7 kg/m³从全河段来看就发生淤积。冲刷以河道的上段居多,尤其是下河沿—青铜峡河段处于河道的最上段、比降也大,更易于冲刷,低含沙条件、含沙量小于7 kg/m³时在流量1 000 m³/s以下也能发生冲刷,从表2-16可见,同样水沙条件下上段的场次洪水冲刷量大于下段;而河道的下段在流量较大时才发生冲刷,尤其是三湖河口—头道拐河段,在低含沙条件下洪水期平均流量大于1 500 m³/s才冲刷。在7~10 kg/m³时流量较大还有部分

表2-15　宁蒙河道不同水沙条件下洪水期冲淤情况表（去掉漫滩洪水）

下河沿 含沙量(kg/m³)	流量级(m³/s)	下河沿＋支流(清水河＋苦水河＋十大孔兑＋风沙)场次洪水特征值				各河段冲淤量(亿t)				
		总场次(次) 全河段	总场次(次)	平均流量(m³/s)	含沙量(kg/m³)	下河沿—青铜峡	青铜峡—石嘴山	石嘴山—巴彦高勒	巴彦高勒—三湖河口	三湖河口—头道拐
<7	<1 000	26	879	3.4	-0.512 0	0.227 3	0.011 1	0.085 5	0.258 3	0.070 2
	1 000~1 500	37	1 170	2.5	-0.886 4	-0.424 7	0.531 5	-0.677 5	0.114 8	-1.342 3
	1 500~2 000	9	1 776	2.8	-0.303 7	-0.706 6	0.266 6	-0.402 8	-0.184 5	-1.330 9
	2 000~2 500	11	2 196	3.7	-0.944 8	-0.313 0	-0.421 9	-0.274 2	-0.805 0	-2.758 8
	>2 500	5	2 761	3.5	-0.629 4	-0.095 2	-0.108 5	-0.214 5	-0.403 4	-1.451 1
7~10	<1 000	4	794	8.9	0.150 8	0.047 9	-0.025 3	0.033 0	0.030 2	0.236 7
	1 000~1 500	6	1 266	8.0	0.224 8	0.033 8	0.096 4	-0.028 7	0.021 6	0.347 8
	1 500~2 000	4	1 673	8.6	-0.054 2	0.156 0	-0.005 7	0.059 4	-0.022 4	0.133 1
	2 000~2 500	2	2 098	8.1	0.305 0	-0.094 4	-0.062 8	-0.109 7	0.104 2	0.142 3
	>2 500	2	2 870	8.6	0.562 0	-0.223 3	-0.153 0	-0.102 1	0.039 7	0.123 3
10~20	<1 000	8	863	12.9	0.222 8	0.242 8	0.041 0	0.044 4	0.128 0	0.679 0
	1 000~1 500	13	1 174	13.0	0.998 9	0.406 3	0.083 7	0.150 7	0.331 9	1.971 5
	1 500~2 000	2	1 904	15.2	-0.259 8	0.087 4	0.133 1	-0.104 1	0.943 0	0.799 6
	2 000~2 500	2	2 010	16.6	0.133 4	0.368 6	0.122 2	0.063 1	0.011 4	0.698 8
	>2 500	2	2 556	16.3	0.018 2	0.126 5	-0.016 9	0.053 4	0.557 8	0.738 9
>20	<1 000	8	864	36.4	0.381 4	1.315 7	-0.260 8	0.750 4	1.410 7	3.597 5
	1 000~1 500	15	1 182	33.5	1.348 9	3.456 4	0.239 1	0.874 6	1.515 6	7.434 6
	1 500~2 000	4	1 721	37.0	1.270 6	0.408 5	0.009 0	0.067 2	1.845 0	3.600 3
	2 000~2 500	1	2 352	26.2	0.172 2	-0.033 1	0.006 1	-0.027 0	0.184 6	0.302 7
	>2 500	2	2 676	25.4	0.128 3	0.559 1	0.293 3	0.026 1	0.186 9	1.193 7

表2-16　宁蒙河道不同水沙条件下场次洪水期冲淤情况表（去掉漫滩洪水）

下河沿含沙量(kg/m³)	下河沿+支流(清水河+苦水河+十大孔兑+风沙)场次洪水特征值				各河段冲淤量(亿t)					
	流量级(m³/s)	总场次(次)	平均流量(m³/s)	含沙量(kg/m³)	下河沿-青铜峡	青铜峡-石嘴山	石嘴山-巴彦高勒	巴彦高勒-三湖河口	三湖河口-头道拐	全河段
<7	<1 000	26	879	3.4	-0.019 7	0.008 7	0.000 4	0.003 3	0.009 9	0.002 6
	1 000~1 500	37	1 170	2.5	-0.024 0	-0.011 5	0.014 4	-0.018 3	0.003 1	-0.036 3
	1 500~2 000	9	1 776	2.8	-0.033 7	-0.078 5	0.029 6	-0.044 8	-0.020 5	-0.147 9
	2 000~2 500	11	2 196	3.7	-0.085 9	-0.028 5	-0.038 4	-0.024 9	-0.073 2	-0.250 8
	>2 500	5	2 761	3.5	-0.125 9	-0.019 0	-0.021 7	-0.042 9	-0.080 7	-0.290 2
7~10	<1 000	4	794	8.9	0.037 7	0.012 0	-0.006 3	0.008 3	0.007 6	0.059 2
	1 000~1 500	6	1 266	8.0	0.037 5	0.005 6	0.016 1	-0.004 8	0.003 6	0.058 0
	1 500~2 000	4	1 673	8.6	-0.013 5	0.039 0	-0.001 4	0.014 9	-0.005 6	0.033 3
	2 000~2 500	2	2 098	8.1	0.152 5	-0.047 2	-0.031 4	-0.054 8	0.052 1	0.071 2
	>2 500	2	2 870	8.6	0.281 0	-0.111 7	-0.076 5	-0.051 1	0.019 9	0.061 7
10~20	<1 000	8	863	12.9	0.027 9	0.030 4	0.005 1	0.005 5	0.016 0	0.084 9
	1 000~1 500	13	1 174	13.0	0.076 8	0.031 3	0.006 4	0.011 6	0.025 5	0.151 7
	1 500~2 000	2	1 904	15.2	-0.129 9	0.043 7	0.066 6	-0.052 1	0.471 5	0.399 8
	2 000~2 500	2	2 010	16.6	0.066 7	0.184 3	0.061 1	0.031 6	0.005 7	0.349 4
	>2 500	2	2 556	16.3	0.009 1	0.063 2	-0.008 5	0.026 7	0.278 9	0.369 5
>20	<1 000	8	864	36.4	0.047 7	0.164 5	-0.032 6	0.093 8	0.176 3	0.449 7
	1 000~1 500	15	1 182	33.5	0.089 9	0.230 4	0.015 9	0.058 3	0.101 0	0.495 6
	1 500~2 000	4	1 721	37.0	0.317 7	0.102 1	0.002 2	0.016 8	0.461 2	0.900 1
	2 000~2 500	1	2 352	26.2	0.172 2	-0.033 1	0.006 1	-0.027 0	0.184 6	0.302 7
	>2 500	2	2 676	25.4	0.064 2	0.279 6	0.146 7	0.013 0	0.093 5	0.596 9

河段发生冲刷,但场次洪水冲刷量都较小,仅在洪水期平均流量超过2 500 m³/s时冲刷量才较大。

含沙量大于7 kg/m³后,宁蒙长河段都是淤积的,且在相同含沙量条件下,洪水期平均流量越大,淤积量越小。含沙量超过10 kg/m³后,基本上各河段都是淤积的,很少冲刷。同时,由各段都淤积的场次洪水的场次冲淤量可见,淤积量大的主要是青铜峡—石嘴山、巴彦高勒—三湖河口和三湖河口—头道拐河段,尤其是含沙量较高的洪水,三湖河口—头道拐和青铜峡—石嘴山的淤积量很大。

2.4.3.2 分河段不同水沙条件洪水的冲淤特点

主要分析宁蒙河段泥沙的主要调整河段青铜峡—石嘴山、巴彦高勒—三湖河口和三湖河口—头道拐河段洪水期的冲淤特点。与长河段分析不同的是,分河段分析时水沙条件为各河段进口,而不是整个长河段的进口水沙条件。

1. 青铜峡—石嘴山河段

青铜峡—石嘴山河段进口(青铜峡+苦水河+风沙)含沙量较高的洪水相对来说还是比较多的,洪水期平均含沙量超过10 kg/m³的有49场,占总场次的30%;超过20 kg/m³的有21场,占总场次的13%。由图2-20可见,在进口含沙量低于7 kg/m³时各流量级洪水都发生冲刷,流量大于2 500 m³/s时冲刷效率最高,达到2.2 kg/m³;含沙量为7~10 kg/m³时,流量超过2 500 m³/s也发生少量冲刷。其他含沙量和流量级都是淤积的,淤积效率随流量增大减少、随含沙量增高而增大关系非常显著,因此最高淤积效率出现在含沙量超过20 kg/m³、流量小于1 000 m³/s的水沙组合洪水,淤积效率高达18.8 kg/m³。河段冲淤效率基本上随流量增大而减小。

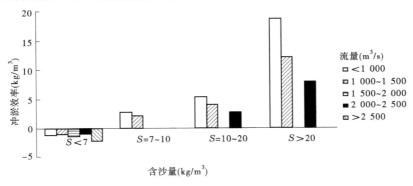

图2-20　青铜峡—石嘴山河段洪水期不同水沙条件河道冲淤情况

2. 巴彦高勒—三湖河口河段

巴彦高勒—三湖河口河段进口(巴彦高勒+风沙)含沙量高的洪水较少,洪水期平均含沙量超过10 kg/m³的只有22场,占总场次的13%;超过20 kg/m³的仅有3场,占总场次的2%。由图2-21可见,受三盛公水库排沙影响,洪水期冲淤效率与流量和含沙量的关系不太明显,仅在含沙量10~20 kg/m³组次表现出随洪水期流量增大,冲淤效率降低的特点。在进口含沙量小于7 kg/m³时河段各流量条件下都是冲刷的,冲刷效率最大的流量级为1 500～2 000 m³/s,冲刷效率为1.7 kg/m³;淤积效率最高是含沙量最大、流量最小的含沙量大于20 kg/m³、流量小于1 000 m³/s的洪水,淤积效率为15.1 kg/m³;最大冲刷效率和最大淤积效率都小于青铜峡—石嘴山河段。

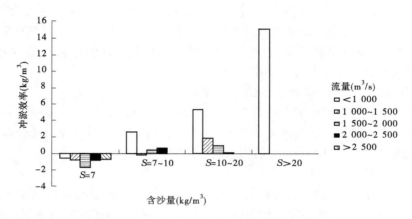

图2-21　巴彦高勒—三湖河口河段洪水期不同水沙条件河道冲淤情况

3.三湖河口—头道拐河段

三湖河口—头道拐河段洪水期冲淤在一定程度上受孔兑来沙的影响,进口(三湖河口+孔兑)含沙量较高的洪水一般均有孔兑加入。因此,该河段进口含沙量较高的洪水稍多,洪水期平均含沙量超过10 kg/m³的有26场,占到总场次的20%;超过20 kg/m³的有8场,占到总场次的5%。

该河段冲淤与水流大小关系密切,即使有孔兑的影响,也表现出随着流量增大冲淤效率规律性减小的特点。因此,从图2-22可见,在进口含沙量小于7 kg/m³时1 000 m³/s以上流量条件下河段才冲刷,流量小时淤积;流量越大冲刷效率越大,2 000 m³/s以上流量洪水冲刷效率最大,冲刷效率为1.7 kg/m³。含沙量7～10 kg/m³时除流量小于1 000 m³/s的小洪水淤积外,其他流量基本冲淤平衡。含沙量超过10 kg/m³后各流量级河段都是淤积的,而且淤积效率明显升高;含沙量超过20 kg/m³后淤积效率均超过10 kg/m³,最高的是流量在1 000～1 500 m³/s的洪水,淤积效率达到35.4 kg/m³,远高于其他河段。

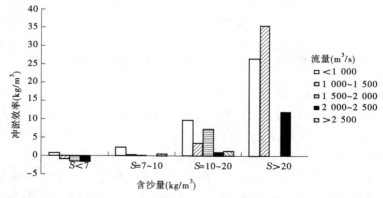

图2-22　三湖河口—头道拐河段洪水期不同水沙条件河道冲淤情况

2.5 宁蒙河道洪水期冲淤规律研究

2.5.1 宁蒙河段非漫滩洪水河段冲淤与水沙条件的关系

2.5.1.1 长河段河道冲淤与水沙条件的关系

洪水是河道冲淤演变和塑造河床的最主要动力,来水来沙条件是影响宁蒙河道洪水期冲淤演变的主要因素。洪水漫滩后发生滩槽水沙交换,与非漫滩洪水水沙演变机制及特点差异较大,本节仅分析非漫滩洪水冲淤临界水沙关系。

宁蒙河道的水沙主要集中在汛期,尤其是汛期的洪水期,河道的冲淤调整也主要发生在汛期的洪水期,用来沙系数 S/Q(洪水期平均含沙量 S 与平均流量 Q 的比值)反映河道来水来沙条件的一个参数,从宁蒙河道洪水期冲淤效率与来沙系数的关系图(见图2-23)上可以看到,洪水期河道冲淤调整与水沙关系十分密切,冲淤效率随来沙系数的增大而增大。来沙系数较小时,冲淤效率小,甚至冲刷。宁蒙河道冲淤效率与进口站来沙系数相关关系为

$$\frac{\Delta W_s}{W} = 790.2 \frac{S}{Q} - 2.884 \tag{2-3}$$

式中,冲淤效率与平均含沙量的 R^2 为 0.832 2。根据公式计算当宁蒙河道洪水期来沙系数 S/Q 约为 0.003 7 kg·s/m⁶时河道基本冲淤平衡,如洪水期平均流量 2 200 m³/s、含沙量约 8.14 kg/m³时长河段冲淤基本平衡。

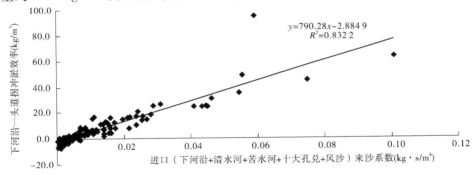

图2-23 宁蒙河道冲淤效率与进口水沙组合的关系

将宁蒙河道详细分成宁夏河段(下河沿—石嘴山)和内蒙古河段(石嘴山—头道拐河段)分析,可以看到,两个河段的河道冲淤调整也符合上述规律,见图2-24、图2-25。可建立各河段冲淤效率与进口站来沙系数相关关系:

下河沿—石嘴山 $\qquad \frac{\Delta ws}{w} = 510.3 \frac{S}{Q} - 1.718 \tag{2-4}$

石嘴山—头道拐 $\qquad \frac{\Delta ws}{w} = 856.2 \frac{S}{Q} - 3.396 \tag{2-5}$

式(2-4)、式(2-5)中冲淤效率与平均含沙量的 R^2 分别为 0.850 1 和 0.745 2。据公式计算出宁夏河段和内蒙古河段来沙系数分别约为 0.003 4 kg·s/m⁶ 和 0.003 9 kg·s/m⁶

时，河道基本保持冲淤平衡，大于此值发生淤积，反之则发生冲刷。

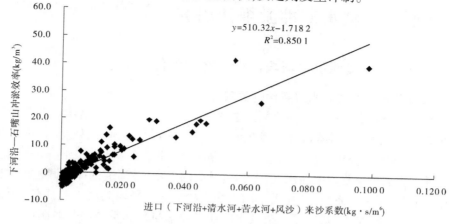

图 2-24　宁夏河道冲淤效率与进口水沙组合的关系

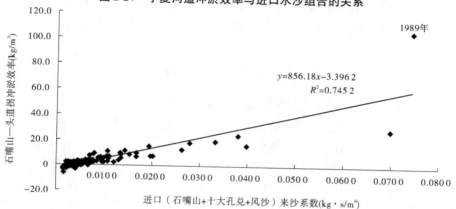

图 2-25　内蒙古河道冲淤效率与进口水沙组合的关系

2.5.1.2　分河段河道冲淤与水沙条件关系

由于宁蒙河段的冲淤调整主要发生在青铜峡—石嘴山、巴彦高勒—三湖河口和三湖河口—头道拐三个冲积性河段，三个河段有着相同的冲淤趋势，并且都与水沙条件关系密切。青铜峡—石嘴山河段的冲淤除受青铜峡以上干流来水来沙的影响外，还受支流祖厉河、清水河、苦水河来沙影响；巴彦高勒—三湖河口河段除受其上游干支流来沙影响外，还与上河段的冲淤调整有关；而三湖河口河段除与其上游来水来沙有关外，更多取决于孔兑来沙，因此详细分析这三个河段河道冲淤与水沙条件的关系。

点绘青铜峡—石嘴山、巴彦高勒—三湖河口和三湖河口—头道拐河段的冲淤效率与进口来沙系数之间的关系（见图 2-26～图 2-28），可以看到，这三个调整较大的河段也符合长河段冲淤规律，建立各河段冲淤效率与进口站来沙系数相关关系：

青铜峡—石嘴山

$$\frac{\Delta ws}{w} = 310.7\,\frac{S}{Q} - 1.625 \qquad\qquad (2\text{-}6)$$

巴彦高勒—三湖河口

$$\frac{\Delta ws}{w} = 329.1\,\frac{S}{Q} - 2.157 \qquad\qquad (2\text{-}7)$$

三湖河口—头道拐

$$\frac{\Delta ws}{w} = -845.3\frac{S}{Q} - 449.8\frac{S}{Q} - 1.892 \qquad (2\text{-}8)$$

式(2-6)～式(2-8)中冲淤效率与平均含沙量的 R^2 分别为 0.834、0.632 和 0.752。据公式可计算三河段来沙系数分别约为 0.005 2 kg·s/m⁶、0.006 6 kg·s/m⁶、0.004 0 kg·s/m⁶ 时河道基本冲淤平衡,如洪水期进口平均流量 2 200 m³/s,则含沙量分别为 11.44 kg/m³、14.52 kg/m³、8.8 kg/m³ 左右时长河段冲淤基本平衡。

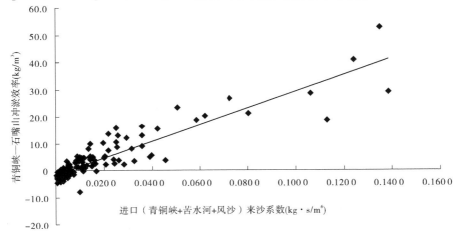

图 2-26　青铜峡—石嘴山河段冲淤效率与进口水沙组合的关系

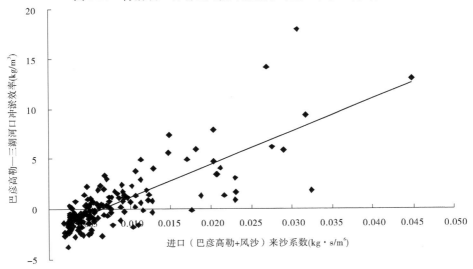

图 2-27　巴彦高勒—三湖河口河段冲淤效率与进口水沙组合的关系

2.5.2　宁蒙河道漫滩洪水冲淤特性研究

由于资料匮乏,宁蒙河道漫滩洪水滩槽冲淤分布难以划分,参考《黄河干流水库调水调沙关键技术研究与龙羊峡、刘家峡水库运用方式调整研究》项目的相关研究成果,取滩地淤积的 8 场漫滩洪水资料与 2012 年洪水一并分析(见表 2-17)。

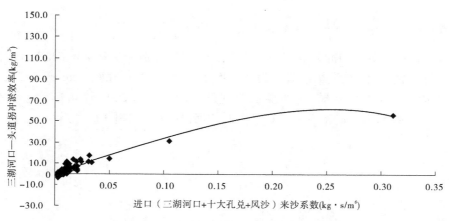

图 2-28　三湖河口—头道拐河段冲淤效率与进口水沙组合的关系

表 2-17　内蒙古河道漫滩洪水情况统计

| 年份 | 历时 (d) | 巴彦高勒 | | | 巴彦高勒—头道拐冲淤量 (亿 t) | | | 主槽冲淤效率 (kg/m³) |
		洪峰流量 (m³/s)	水量 (亿 m³)	沙量 (亿 t)	全断面	主槽	滩地	
1958	53	3 800	115.8	1.865	0.923	−0.224	1.147	−1.93
1959	48	3 570	97.2	2.354	1.058	0.359	0.699	3.69
1961	20	3 280	49.2	0.655	0.221	−0.135	0.356	−2.74
1964	49	5 100	124.1	1.677	0.467	−0.155	0.622	−1.25
1967	68	4 990	257.3	1.728	−0.317	−1.773	1.457	−6.89
1976	55	3 910	124.7	0.626	−0.429	−2.177	1.748	−17.46
1981	45	5 290	140.6	0.968	0.228	−2.132	2.360	−15.16
1984	30	3 200	77.7	0.522	−0.184	−0.404	0.221	−5.20
2012	70	2 710	122.0	0.390	0.020	−1.365	1.385	−11.19
总计			1 108.6	10.785	1.988	−8.006	9.995	−7.22

2.5.2.1　2012 年漫滩洪水淤滩刷槽效果显著原因分析

2012 年宁蒙河道发生的大漫滩洪水,对主槽起到了很好的塑造作用。巴彦高勒以下主槽冲刷 1.365 亿 t,滩地淤积 1.385 亿 t,虽然主槽全断面基本冲淤平衡,但主槽冲深、滩地淤高,河槽得到很好恢复,主槽过流能力大幅度提高。由表 2-17 可见,2012 年洪水是各场中洪峰流量最小的一场,沙量和平均含沙量也最小,分别只有 0.390 亿 t 和 3.2 kg/m³。本次洪水虽然来沙少,主槽冲刷量和滩地淤积量都不小,主槽冲刷效率更达到 11.19 kg/m³。可从泥沙输移和河床演变两方面分析本次洪水淤滩刷槽效果较好的原因。

从泥沙输移的角度来看,本次洪水一是历时长、进出滩水量大、滩槽水沙交换次数多、交换充分;二是洪水前期河道长期淤积萎缩,过流能力较小,涨水期小流量即发生大漫滩,小流量漫滩进滩水流含沙量相对较大,有利于滩地泥沙落淤,同时滩地过流时间长、范围大,也有利于滩槽充分交换;三是主槽长期淤积萎缩,内蒙古河道已形成"悬河",滩地横比降的存在导致洪水漫过嫩滩后水流易于挟带泥沙大量进入大滩区大量落淤。利用2012 年汛后的实测大断面资料,统计了本次洪水漫滩最为严重的三湖河口—昭君坟河段的滩地横比降(见图2-29),由图可见,该河段滩地平均横比降左滩为6.87,右滩为8.71,不比黄河下游小;四是经过20多年基本上为持续的小流量淤积,河道床沙组成偏细,有利于冲刷并带至滩地。

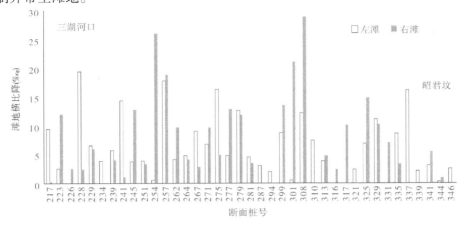

图2-29 三湖河口—昭君坟河段滩地横比降

从河床演变的角度来看,河道在长期小水作用下,流量小,水动力弱,形成断面萎缩,河道过分弯曲,流路增长,比降变缓的局面。当大流量到来时,水流不畅,洪水演进速度慢,并产生壅水,洪水位上涨,当水流漫过边滩,洪水淹没弯道凸岸边滩,河面变宽,河道变直,比降增大,冲刷作用增强,并产生切滩撇弯,重新冲出较为顺直和宽深的河槽。所以大洪水期间,是河流在原有小水形成的河床上塑造新河道的过程,此时由于流量大,河槽变直,比降增大,加大了河槽的冲刷,冲出新的河槽对后续行洪排凌极为有利。由此得出以下看法:一是河道保留滩地是必要的,其必要性在于河流在长期小水作用下,主河槽萎缩,过洪能力减小,涨洪初期,行洪不畅,洪水演进慢,洪水位抬升,滩地极易上水漫滩,此时滩地滞纳洪水,洪水位上升变缓;二是大洪水时河道的冲刷得益于漫过边滩河面变宽后,流程变直、变短、比降较大,冲刷作用增强,使大洪水重新发挥塑槽作用;三是大洪水形成的宽深河槽对后续行洪、排洪都是有利的。

经过本次淤滩刷槽后,河道的边界条件发生较大变化,在此基础上若发生相同的洪水,预估效果应该没有本次显著。

2.5.2.2 内蒙古河道漫滩洪水滩槽冲淤量关系

由表2-17可见,内蒙古河道漫滩洪水大部分是淤滩刷槽的,除1959年漫滩洪水河槽发生了淤积,这场洪水沙量最大,达到了2.354亿t,平均流量又较小仅2 344 m³/s,平均含沙量较高达到24.2 kg/m³,来沙系数为0.010 3 kg·s/m⁶。因此,说明如果来沙量很大,水沙搭配非常不好,内蒙古河道漫滩洪水也会发生滩槽同淤。统计的9场漫滩洪水合计主槽冲刷8亿t、滩地淤积近10亿t,对内蒙古河道的主槽维持起到了很大作用。将内蒙古河道漫滩洪水滩槽冲淤量关系与黄河下游的点绘在一起(见图2-30)可见,两个河道规律比较相近,滩地淤积量基本与主槽冲刷量成正比,只是黄河下游的量级较内蒙古河道大。比较两段河道滩槽关系,如果要达到主槽1亿t的冲刷量,黄河下游滩地要淤积2.3亿t左右,内蒙古河道淤积1.2亿t,考虑到黄河下游洪水期来沙量大于内蒙古河道,滩地淤积量中来自来沙而不是河道冲刷的量较大,因此滩地淤积量大于内蒙古河道的特点是合理的。内蒙古河道漫滩洪水的主槽冲刷效率在 1.25 ~ 17.46 kg/m³,平均为 7.22 kg/m³,明显高于非漫滩洪水的冲刷作用。

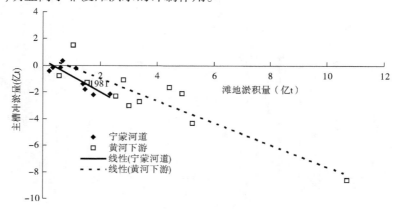

图 2-30　内蒙古河道和黄河滩槽冲淤量的关系

2.5.2.3　漫滩洪水滩槽冲淤影响因子分析

对于大漫滩洪水中滩地的淤积量来说,一般和洪水的漫滩程度、上滩水量和含沙量有关,首先分析单个因子对滩地淤积量的影响。各单因子与滩地淤积量的关系如图 2-31、图 2-32 所示。可以看出,漫滩系数(最大洪峰流量与洪水期平均流量比值),漫滩系数对滩地淤积量的影响较大,随着漫滩程度的增加,滩地淤积量不断增大。上滩水量与滩地淤积量也存在一定的关系,上滩水量越大,则滩地淤积量越大。内蒙古河段历次漫滩洪水平均含沙量为 3.2 ~ 24.2 kg/m³,而黄河下游 10 场漫滩洪水的平均含沙量在 32.6 ~ 126.4 kg/m³,因此与黄河下游相比宁蒙河段含沙量较小,含沙量在漫滩洪水的影响中体现较弱。

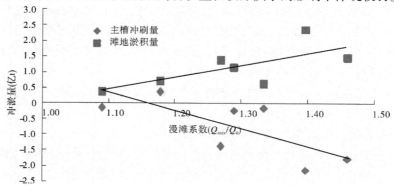

图 2-31　漫滩系数与滩地淤积量和主槽冲刷量关系

综合以上各项因子回归得到了内蒙古河道滩地淤积量的综合关系式:

$$C_{sn} = 0.23 W_0^{0.25} S^{0.01} \left(\frac{Q_{max}}{Q_0} \right)^{2.95} \tag{2-9}$$

式中:C_{sn} 为滩地淤积量,亿 t;W_0 为大于平滩流量的水量,亿 m³;Q_{max}/Q_0 为漫滩系数;Q_{max} 为洪峰流量,m³/s;Q_0 为平滩流量,m³/s。

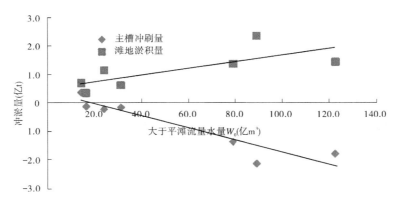

图 2-32　大于平滩流量水量与滩地淤积量和主槽冲刷量关系

洪水的主槽冲刷量主要与洪水期的水量和沙量有关,随着水量的增加,主槽的冲刷不断增大,当水量相近时,沙量越大则主槽冲刷量越小。对于大漫滩洪水,还有滩地淤积程度的影响,上滩水流经过在滩地的落淤后清水归槽,即淤滩刷槽的原因引起主槽的多冲。滩地淤积因子用式(2-9)中的 $W_0^{0.25}S^{0.01}\left(\dfrac{Q_{\max}}{Q_0}\right)^{2.95}$ 表示,为主槽冲刷量与滩地淤积因子的关系,如图 2-33 所示,可以看出,滩地淤积越多,则主槽冲刷越多。

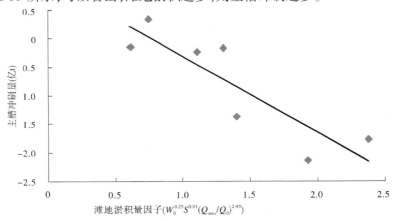

图 2-33　主槽冲刷量与滩地淤积的关系

综合洪水的水量、沙量和滩地淤积这三个因子,回归得到内蒙古河段主槽冲刷量的计算公式:

$$C_{sp} = 0.44 - 0.007W + 0.39W_s - 0.46W_0^{0.25}S^{0.01}\left(\frac{Q_{\max}}{Q_0}\right)^{2.95} \tag{2-10}$$

式中: C_{sp} 为主槽冲刷量,亿 t; W 为洪水期水量,亿 m³; S 为洪水期沙量,亿 t。

式(2-9)和式(2-10)的实测值与计算值对比如图 2-34 和图 2-35 所示。可以看出,此两个公式均能较好地计算主槽冲刷与滩地淤积,除 1967 年偏离较远外,其他年份计算值与实测值比较接近。

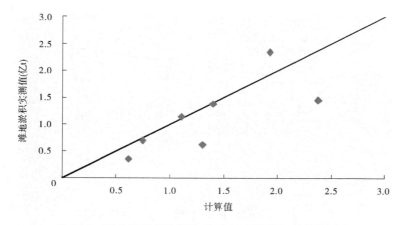

图 2-34 滩地淤积量计算公式(2-9)实测值与计算值对比

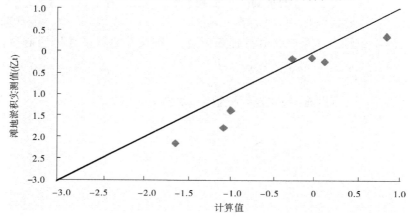

图 2-35 主槽冲刷量计算公式(2-10)实测值与计算值对比

下面以 2012 年洪水为例,假定漫滩系数不断增加,利用式(2-9)和式(2-10)计算出滩地淤积量和主槽冲刷量的变化,如图 2-36 所示。可以看出,随着漫滩系数的增大,滩地淤积量在不断地增大,当漫滩系数从 1.25 增大到 1.5 时,滩地淤积量增加了 1.05 亿 t,主槽冲刷量多冲了 2.06 亿 t。可见,当洪水水量、沙量和历时相差不大时,漫滩程度越高,淤滩刷槽效果越好。

2.6 认识与结论

(1)龙羊峡、刘家峡水库联合运用之后的 1987～2012 年,洪水期场次洪水年均发生场次明显减少,尤其是具有较强输沙能力的大洪水过程锐减;头道拐站大于 3 000 m³/s 洪水由 1956～1968 年年均 0.69 次减少到 1987～1999 年、2000～2012 年年均仅 0.08 次,减少了 88.9%。最大洪峰流量由 5 420 m³/s 降低到 3 350 m³/s,减少了 38.2%。近期相同历时条件下洪水期水沙量有所减少,平均流量、平均含沙量有所降低。几个时段中 1987～1999 年水沙搭配系数最为不利,因此对河道冲淤有一定的影响。

(2)宁蒙河道的洪水期输沙同样具有"多来多排"的特性,水文站输沙率不仅与流量

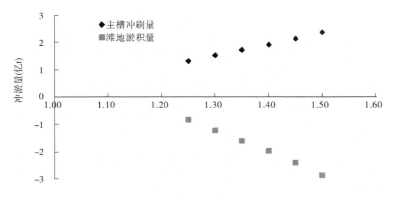

图 2-36　2012 年 7 月洪水不同漫滩程度下滩槽冲淤对比

而且与上站含沙量关系密切,在相同流量条件下含沙量高的水流输沙能力大于含沙量低的水流,研究中给出宁蒙河道洪水期的输沙率计算公式,由此说明水库运用后由于减少了大流量过程,宁蒙河道输沙能力降低。

(3)宁蒙河道洪水期长时期(1960~2012 年)呈淤积状态,主要淤积时期是 1987~1999 年,淤积部位主要集中在宁夏河段的青铜峡—石嘴山河段、内蒙古河段的三湖河口—头道拐河段。冲刷主要是在 1969~1986 年,冲刷集中的部位主要在石嘴山—巴彦高勒和巴彦高勒—三湖河口河段。

(4)宁蒙河道的冲淤演变与来水来沙条件密切相关,河道单位水量冲淤量与来沙系数关系较好,当非漫滩洪水洪水期来沙系数约为 0.003 7 kg·s/m⁶时宁蒙河段冲淤基本平衡,这可以作为宁蒙河道临界冲淤判别指标;如当洪水期平均流量为 2 000 m³/s 时,含沙量为 7.4 kg/m³左右的洪水过程长河段可保持基本不淤积。

(5)漫滩洪水主槽冲刷效率较高,多年平均冲刷效率为 7.22 kg/m³,且淤滩刷槽可对河道维持起到良好作用,并且当洪水水、沙量和历时相差不大时,漫滩程度越高,淤滩刷槽效果越好。

第3章 洪水期上游水库排沙特性及对其下游河道的影响研究

3.1 概　述

本章是水利部公益性行业科研专项经费项目"基于龙刘水库的上游库群调控方式优化研究"第三专题"洪水期上游水库排沙特性及对其下游河道的影响研究"的研究内容。

水利部公益性行业科研专项经费项目"基于龙刘水库的上游库群调控方式优化研究"的最终目标是,以减缓宁蒙河道淤积以及保障全河供水安全的水库调控指标为控制目标,以保证防洪防凌、保障宁蒙河段为主的上游省(区)供水、提高上游水库群发电效益为约束条件。通过多方案长系列模拟,模拟龙刘水库在一定范围内调整汛期下泄水量和流量过程,分析提出协调宁蒙河段冲淤要求和供水安全要求的水库群水沙优化调控方式。而青铜峡水库和三盛公水利枢纽是龙羊峡水库和刘家峡水库调节洪水至宁蒙河道的必经水库,洪水从青铜峡水库和三盛公水利枢纽(见图3-1)经过,水沙特性必然发生变化。

刘家峡水库运用40多年来,水库运用方式、泥沙冲淤、水库排沙情况如何,水库排沙形式主要是什么,是水利部公益性项目"基于龙刘水库的上游库群调控方式优化研究"的一部分研究内容。认识刘家峡水库排沙特性,是为了研究宁蒙河道冲淤演变机制和洪水期河道调整对水沙条件的响应。青铜峡水库和三盛公水利枢纽运行了半个世纪左右,水库的入库水沙条件、水库的运行方式、库区淤积状况、水库排沙特性必然发生很多新的变化。本章对水库运用特点和水库淤积形态发展进行了系统总结,提出了对水库运用、淤积和排沙的初步认识,对水库排沙特点进行了分析,重点对水库洪水期的排沙特性及排沙规律进行了分析,建立了定量计算洪水期出库输沙率的计算公式,并对计算效果进行了验证,利用该公式计算分析了水库排沙对其下游河道冲淤的定量影响。

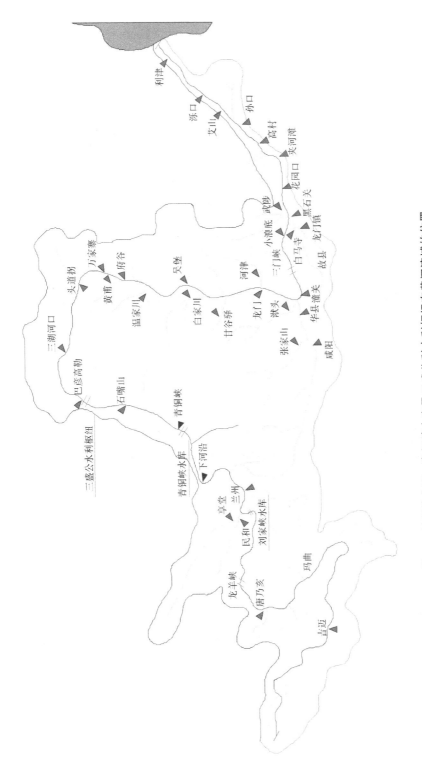

图3-1 刘家峡水库、青铜峡水库及三盛公利利枢纽在黄河流域的位置

3.2 刘家峡水库

3.2.1 水库概况

刘家峡水库是黄河干流上的一座大型水库,位于甘肃省永靖县境内黄河干流上,上距河源 2 019 km,下距兰州市 100 km,控制流域面积 181 766 km²,占黄河全流域面积的1/4。该水库是一座以发电为主,兼有防洪、灌溉、防凌、养殖等综合利用效益的大型水利水电枢纽工程,于 1958 年 9 月动工兴建,1961～1963 年停建,1964 年复工,1968 年 10 月正式蓄水,1969 年 4 月第 1 台机组发电,至 1974 年 12 月 5 台机组全部安装完毕,投产运用。

刘家峡水库库区由黄河干流、支流大夏河和洮河库区三部分组成。洮河和大夏河分别在坝址上游 1.5 km 和 26 km 处汇入,正常蓄水位 1 735 m 以下原始库容 57.4 亿 m³,其中黄河干流库区占 94%,洮河库区占 2%,大夏河库区占 4%。水库干流回水长度约60 km。

刘家峡水利枢纽的泄水建筑物有泄水道、排沙洞、泄洪洞、溢洪道和电站引水口。洮河异重流泥沙主要通过泄水道排泄。

黄河干流库区由刘家峡峡谷、永靖川地和寺沟峡峡谷组成。整个库区呈两端狭窄、中间宽阔的峡谷与川地相间的平面形状。洮河库区由茅笼峡谷和唐汪川地组成。大夏河库区在汇入黄河口处较开阔,向上游河谷变窄,距河口 10 km 处的野谷峡口为库区末端。干支流库区平面地形见图 3-2。库区布设淤积断面 77 个,其中黄河干流布设 43 个(黄 0 至黄 38),银川河布设 3 个(黄 39 至黄 41),大夏河布设 9 个(大 1 至大 9),洮河库段布设 22 个(洮 0 至洮 21)。

3.2.2 入出库水沙特点

刘家峡水库有黄河干流循化站(坝址上游 113 km)、支流洮河红旗站(坝址上游 28 km)和大夏河折桥站(坝址上游 48 km)三个进库控制水文站,据 1968～2010 年实测资料(见表 3-1)统计,循化站年平均水量 205 亿 m³,洮河红旗站和大夏河折桥站年平均水量分别为 42 亿 m³ 和 7.9 亿 m³,出库小川站年平均水量 253 亿 m³;循化站年平均输沙量 2 589万 t,洮河红旗站年平均输沙量 2 141 万 t,大夏河折桥站年平均输沙量 217 万 t,小川站年平均输沙量 1 718 万 t。

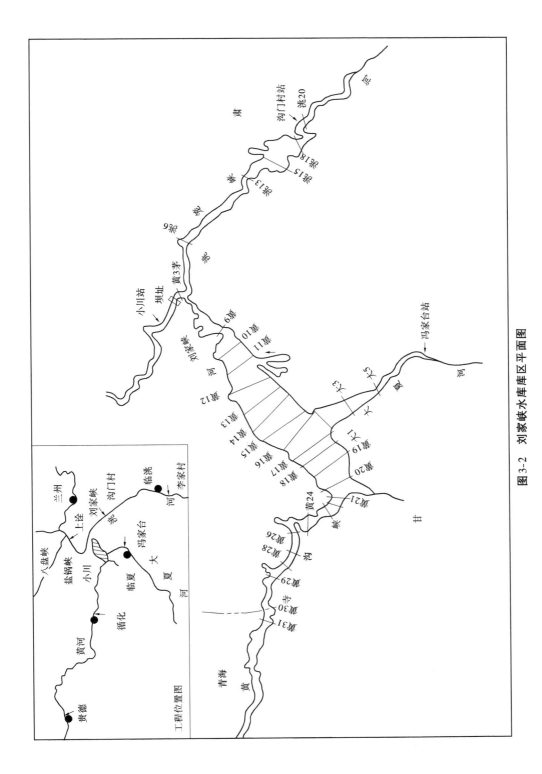

图 3-2 刘家峡水库库区平面图

表 3-1   刘家峡水库入库和出库四站 1968~2010 年水沙特征值

项目	黄河循化站	洮河红旗站	大夏河折桥站	黄河小川站
水量(亿 m³)	205	42	7.9	253
沙量(万 t)	2 589	2 141	217	1 718
含沙量(kg/m³)	1.3	5.1	2.8	0.68

注:红旗站和折桥站无 2005 年和 2010 年资料。

3.2.2.1   干流入库

黄河干流循化水文站控制流域面积 14.5 万 km²,1968~2010 年实测径流量 205 亿 m³,年实测输沙量 2 589 万 t,平均含沙量 1.3 kg/m³。循化站不同时期水沙特征见表 3-2,1968~1986 年年水量较大,为 231 亿 m³,汛期水量占年水量的 61%;1987~2010 年年水量为 184 亿 m³,汛期水量占年水量的 37%。与水量相比,循化站沙量大幅度减少,1968~1986 年年沙量为 4 294 万 t,1987~2010 年年沙量为 1 240 万 t,而 2000~2010 年年沙量只有 445 万 t。沙量减少幅度大于水量,使得含沙量减小,1968~1986 年年均含沙量为 1.9 kg/m³,2000~2010 年年均含沙量只有 0.27 kg/m³。

表 3-2   黄河循化站不同时期水沙特征值

项目		1968~1986 年	1987~2010 年	2000~2010 年	1968~2010 年
水量 (亿 m³)	汛期	140	69	66	100
	年	231	184	184	205
沙量 (万 t)	汛期	3 319	967	366	2 006
	年	4 294	1 240	445	2 589
含沙量 (kg/m³)	汛期	2.4	1.4	0.65	2.0
	年	1.9	0.67	0.27	1.3

循化站年最大洪峰流量变化过程见图 3-3。由图 3-3 可以看出,循化站最大洪峰流量是 1981 年的 4 850 m³/s,洪峰流量最小值为 1987 年的 988 m³/s;1986 年以来最大洪峰流量为 1989 年的 2 420 m³/s,2000~2010 年最大洪峰流量为 2010 年的 1 730 m³/s。年最大含沙量最大值为 1989 年的 401 kg/m³,最小为 2010 年的 7.2 kg/m³。从图 3-3 还可以看出,1987 年以后循化站洪峰流量明显比 1987 年以前减小,这主要是龙羊峡水库运用影响造成的。

1987 年以前,循化站洪水过程基本为天然径流过程,1987 年龙羊峡水库投入运用后,循化站的流量受龙羊峡水库调节影响,一是流量过程变化受到控制,二是洪峰被削减。

3.2.2.2   洮河入库

洮河是黄河的一级支流,在刘家峡大坝上游 1.5 km 右岸汇入黄河,全长 673 km,流域面积 25 527 km²。洮河水量较为丰富,上游河段谷宽势平,草原广布;中游为高山峡谷区,森林草原覆盖,植被良好;下游黄土丘陵区,植被差,水土流失严重。

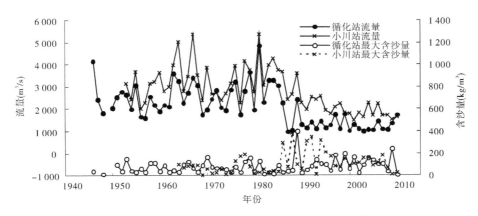

图 3-3 循化站、小川站历年洪峰流量与最大含沙量变化

1. 红旗站水沙特点

洮河把口站红旗站距刘家峡大坝 28.5 km,该站控制面积 24 973 km²。洮河水量、泥沙年内变化主要取决于年降雨量的大小、集中程度,降雨历时,暴雨笼罩面积和暴雨中心位置。红旗站年际间水量与沙量变幅较大,1954～2010 年最大径流量是 1967 年径流量的 95.09 亿 m³,最小年径流量是 2002 年的 23 亿 m³;最大年输沙量是 1979 年的 6 590 万 t,最小年输沙量是 2009 年的 137 万 t。

表 3-3 是红旗站不同时期水沙特征值。由表 3-3 可以看出,洮河红旗站 1968～2010 年年径流量 42 亿 m³,年输沙量为 2 141 万 t,平均含沙量为 5.1 kg/m³;汛期(7～10 月)水沙量分别为 24 亿 m³ 和 1 668 万 t,分别占年水沙量的 56% 和 78%。1987 年以后与前期相比,水沙量都有减少,沙量减少幅度大于水量。1987～2010 年年水沙量分别为 36 亿 m³ 和 1 657 万 t,分别占 1968～1986 年水沙量的 72% 和 61%,而 2000～2010 年年水沙量分别为 36 亿 m³ 和 943 万 t,分别占 1968～1986 年的 72% 和 35%。沙量减少幅度大于水量,使含沙量减小,2000～2010 年年平均含沙量为 3.2 kg/m³。

表 3-3 洮河红旗站不同时期水沙特征值

项目		1968～1986 年	1987～2010 年	2000～2010 年	1968～2010 年
水量 (亿 m³)	汛期	30	19	20	24
	年	50	36	36	42
沙量 (万 t)	汛期	2 192	1 215	768	1 668
	年	2 727	1 657	943	2 141
含沙量 (kg/m³)	汛期	6.7	6.7	4.6	7.0
	年	5.1	5.0	3.2	5.1

1968～2010 年红旗站年内 7 月、8 月、9 月和 10 月 4 个月水量较大,单月水量都在 5 亿 m³ 以上,其中 9 月水量最大,为 6.7 亿 m³;6 月、7 月、8 月和 9 月 4 个月沙量和含沙量较大,单月沙量在 300 万 t 以上,月均含沙量在 4 kg/m³ 以上,其中 8 月沙量最大,为 766 万 t,平均含沙量也最大,为 12.2 kg/m³。5 月与 10 月水量分别为 3.5 亿 m³ 和 5.5 亿 m³,

而沙量分别为 117 万 t 和 43 万 t，5 月含沙量为 3.4 kg/m³，大于 10 月的 0.79 kg/m³。

    2.红旗站洪水特点

    洮河不同来源区洪水具有不同的特点。洪水来自李家村以上时，洪水涨落缓慢，历时较长，洪量较大，沙量较少。来自李家村至红旗站之间的洪水洪峰流量较小，洪水历时较短，一般起涨历时 6~8 h，最短 2~3 h 即涨至峰顶，洪量较小，沙量较大，这部分洪水就是红旗站常发生的高含沙洪水。红旗站实测最大洪峰发生在 1964 年 7 月 23 日，洪峰流量为 2 370 m³/s。1992 年 6 月 11 日日均含沙量达到 338 kg/m³，为 1968~2010 年的最大值。

    每年都有几次甚至十多次日入库沙量大于 100 万 t 的情况出现。例如：1976 年 8 月 3 日、1979 年 8 月 11 日和 1986 年 6 月 26 日洮河日入库沙量分别高达 1 149 万 t、1 261 万 t 和 1 538 万 t。2000 年以来水沙发生变化，日沙量大于 100 万 t 的天数减少，有些年份没有出现。

    红旗站 1990~1999 年共发生 124 场洪水，洪水总水量 124.4 亿 m³，占同期年总水量 350.3 亿 m³ 的 35.3%；洪水总沙量 19 172 万 t，占同期年总沙量 20 899 万 t，占年总沙量的 91.7%。2000~2009 年共发生 72 场洪水，洪水总水量 55.4 亿 m³，占年总水量 363.9 亿 m³ 的 15.2%；洪水总沙量 6 810 万 t，占年总沙量 9 433 万 t，占年总沙量的 72.2%。由此可见，红旗站的沙量主要是由洪水输送的。

3.2.2.3　大夏河入库

    大夏河是黄河的一级支流，降水和雪山融水是河川径流的主要补给源。大夏河把口水文站是折桥站，折桥站最大年水量是 1967 年的 24.4 亿 m³，最小年水量是 1991 年的 3.9 亿 m³。实测最大年输沙量为 1979 年的 857 万 t，最小年输沙量为 1992 年的 48.0 万 t。

    折桥站 1968~2010 年平均流量为 25 m³/s，年径流量为 7.9 亿 m³，年输沙量为 217 万 t，平均含沙量为 2.8 kg/m³；汛期（7~10 月）水沙为 4.6 亿 m³ 和 178 万 t，分别占年水沙量的 58% 和 82%。1986 年以后与以前相比，水沙量都减少，沙量减少幅度大于水量。1987~2010 年年水沙量分别为 6.7 亿 m³ 和 139 万 t，分别占 1968~1986 年年水沙量的 72% 和 45%，而 2000~2010 年年水沙量为 6.4 亿 m³ 和 82 万 t，分别占 1968~1986 年的 69% 和 27%。沙量减少幅度大于水量，使含沙量减小，2000~2010 年平均含沙量为 1.1 kg/m³。

    大夏河洪水主要由暴雨形成，集中于汛期 7~9 月，洪峰为 200~400 m³/s，一次洪水过程少则 3~5 d，多则十几天。近年来，随着大夏河来水来沙的变化，场次洪水的洪峰降低、洪水历时缩短明显。

3.2.3　水库运用特点

    1968~1986 年刘家峡水库单库运行期间，水库 11 月至翌年 3 月防凌、发电运用，4~6 月灌溉、发电运用，7 月 1 日至 9 月 10 日主汛期防汛运用，库水位控制在防洪限制水位 1 726 m 以下，每年 9 月 10 日后，视水情逐步抬高水位蓄水，10 月底左右水库蓄满至正常高水位 1 735 m。在实际调度过程中，1986 年以前，为争取发电效益，多数年份都将水蓄至略高于正常高水位,1985 年汛末超蓄至 1 735.77 m。运行结果表明,6~10 月年均蓄水量 28.65 亿 m³,9 月蓄水量最大为 10.53 亿 m³,11 月至翌年 5 月泄水,年均泄水 26.5 亿 m³,1 月泄水量最大,为 6.37 亿 m³。从历年来看,6~10 月蓄水量以 1979 年最大,为 41.4 亿 m³,1977 年蓄水量最少,只有 5.66 亿 m³。水库调节使得水库下游的年内水量分配发生变化,汛期 7~10 月水量较刘家峡水库运用前明显减少,非汛期 11 月至翌年 6 月各月水量则有所增加。

随着 1987 年龙羊峡水库运用,刘家峡水库改变了原来的运用方式,配合龙羊峡水库对调节后的来水过程进行补偿调节,蓄水过程分为两个阶段,即 7~9 月汛期蓄水,12 月至翌年 3 月在龙羊峡水库泄流量大时进行蓄水调节;而 10 月、11 月和 4 月、5 月主要为补水运用,10 月及 3 月末在来水量允许时蓄满,6~9 月水库控制在 1 728 m 水位以下运行。

刘家峡水库防凌期:黄河宁夏、内蒙古河段,一般从 11 月中旬开始结冰封冻,到翌年的 3 月底以前解冻开河。防凌水量调度主要是在预报石嘴山站开河前 7 d 左右,控制兰州站流量不大于 500 m³/s,控制时间 15 d 左右。刘家峡水库的防凌调度大大减轻了宁蒙河段的凌汛灾害。

刘家峡水库灌溉期:灌溉期为每年的 4~11 月,黄河上中游地区都有农业灌溉用水要求,其中春灌及冬灌期,要求流量较大,需要刘家峡水库给予补充。4 月下旬,甘肃、宁夏、内蒙古的引黄灌区相继开始引水,到 5、6 月引用水量达到高峰。

刘家峡水库防汛、蓄水期:黄河上游 7~9 月为主汛期。汛期在确保水库自身安全的前提下,其出库流量主要受到兰州市的防洪标准控制。

刘家峡水库全年最小流量的要求:最小流量最初定为 150 m³/s,现已提高至不小于 250 m³/s。

3.2.3.1 水库不同运用期水位变化特点

1. 水库运用初期(1968~1974 年)

刘家峡水库于 1968 年 10 月 15 日正式蓄水,初期运行时期,水库基本于每年的 10 月底蓄至正常蓄水位 1 735 m,11 月开始泄水,至翌年 6 月底泄水至死水位。图 3-4 是刘家峡水库 1971~1974 年坝前水位变化过程线,水库一个运用年之内,坝前水位形成一个波峰,一个波谷,即一个蓄水时段,一个补水时段。

2. 低水位运用期(1974~1988 年)

刘家峡水库在 1974~1988 年间,与初期运行时期基本相同,水库于每年的 10 月底蓄至正常蓄水位 1 735 m,11 月开始泄水,至翌年 5 月、6 月泄水至死水位。同时,为了缓解库区泥沙淤积问题,水库在汛期的运行方式也有调整。

为降低坝前淤积高程,减缓洮河库区淤积速度,于 1981 年、1984 年、1985 年、1988 年进行了几次低水位拉沙运用过程。1986 年 10 月 15 日至 1987 年 2 月 15 日龙羊峡水库蓄水期间,刘家峡水库入库断面断流 124 d,库水位从 1 735.55 m(1986 年 10 月 16 日)降低至 1 699.30(1987 年 2 月 18 日),水位下降了 36.25 m。1987 年 2 月至 1988 年 5 月,上游来水较枯,刘家峡平均水位 1 713.34 m。图 3-5 为刘家峡水库 1980~1983 年坝前水位变化过程线。

图 3-4　刘家峡水库 1971～1974 年坝前水位变化过程

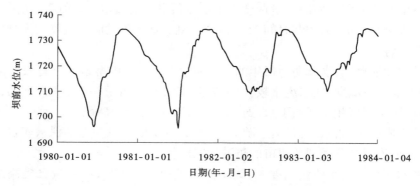

图 3-5　刘家峡水库 1980～1983 年坝前水位变化过程

3. 高水位运用期(1989～2011 年)

龙羊峡水库 1987 年投入运用后,刘家峡水库汛期防洪限制水位为 1 728 m,刘家峡水库由过去的每年汛后一次蓄满,变为汛后和防凌期后两次蓄满或接近蓄满。图 3-6 是刘家峡水库 2007～2010 年坝前水位变化过程线。从图 3-6 可以看出,运用年内有两个蓄水时段和两个补水时段,同时水库的最低水位基本在 1 720 m 以上。

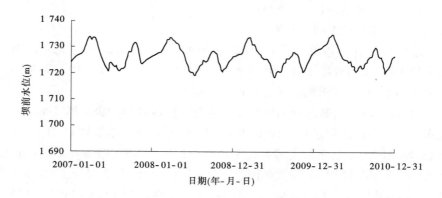

图 3-6　坝前水位 2007～2010 年变化过程

3.2.3.2　水库运用限制条件

由于坝前段严重的泥沙淤积,将对刘家峡电站的安全运行产生一系列不利影响,一是坝前泥沙淤积不断抬高直接影响闸门的正常运行,从而影响大坝安全度汛;二是洮河口沙坎淤积发展造成明显的阻水现象同时造成水库调节能力下降;三是洮河泥沙大量过机造成机组磨损严重等。

洮河口沙坎是洮河来水来沙在洮河及坝前地形、水库运用条件下形成的一种特殊淤积形态,是洮河异重流由洮河河道进入黄河干流后,向干流上游倒灌逐步形成了沙坎,沙坎顶部高于上游干流库区的淤积高程。

拦门沙坎对水库运用水位的影响:由于洮河口沙坎高程经常在 1 695 m 以上,在电站低水位运行下调且峰负荷增加时,出现坝前水位骤降,沙坎过水能力不足的阻水现象。因此,受拦门沙坎高程的限制,水库运用水位不能低于沙坎高程,且水位应高于沙坎高程数米。

3.2.4　水库淤积形态发展

刘家峡水库自 1968 年蓄水运用至 2011 年汛后,全库区淤积泥沙 16.59 亿 m^3,其中黄河干流淤积 15.20 亿 m^3,洮河淤积 0.96 亿 m^3,大夏河淤积 0.45 亿 m^3,分别占总淤积量的 91.5%、5.8% 和 2.7%。刘家峡库区的淤积量主要是黄河干流的淤积,1986 年以前淤积速率较快,1989~2004 年淤积速率有所下降,2005~2011 年淤积速率进一步下降,这种变化的主要原因是入库沙量的大幅度减小。

1968~2000 年各库段的淤积比例与 2001~2011 年不同,黄河干流淤积量的比例从 91.8% 下降至 87.8%,洮河淤积量的比例也从 5.9% 下降至 4.3%,大夏河淤积量比例从 2.3% 上升至 7.9%。

自 1968 年刘家峡水库蓄水运行以来,库区泥沙累计淤积量不断增加;1994 年以后,黄河干流黄 21 断面以上库区泥沙淤积已趋于平衡,洮河库区和干流坝前段(黄 0 断面至黄 9-1 断面之间)处于微淤状态,年平均淤积量为 46 万 m^3 和 76 万 m^3,洮河库区平均淤积量仅占洮河来沙量的 3%,干流坝前段淤积沙量占洮河来沙量的 5%,入库泥沙主要淤积在黄 9-1 断面至黄 21 断面之间。由于受上游大型水库蓄水运用影响,黄河干流库区淤积在不断减少,龙羊峡水库蓄水前,刘家峡水库干流库区多年平均淤积沙量 5 778 万 m^3,龙羊峡水库蓄水后至李家峡水库蓄水时段,多年平均淤积沙量减少为 3 850 万 m^3,李家峡水库蓄水后,多年平均淤积沙量减少为 2 703 万 m^3。2004 年公伯峡水库、2010 年积石峡水库建成蓄水运用后,干流库区年淤积沙量将分别减少至 2 000 万 m^3 和 1 000 万 m^3 以下。

刘家峡水库的淤积形态,受水库运用方式、来水来沙及库区地形等因素的影响,黄河库区的淤积形态为典型的三角洲淤积,其前坡逐年向下游发展。洮河库区在蓄水初期基本上也属于三角洲淤积,1978 年汛末死容淤满后,呈带状淤积,洮河泥沙入黄倒灌,在坝前黄河库段洮河口附近淤积形成沙坎。

3.2.4.1　干流库段淤积形态

1.库区上段三角洲淤积形态

刘家峡水库自 1968 年 10 月蓄水运用以来,受水库蓄水运用和入库水沙条件的影响,黄河干流库区形成了三角洲淤积形态。干流库区淤积纵剖面由三角洲顶坡段、前坡段、过渡段及坝前段组成。其中,坝前段由于洮河库段泥沙淤积发展形成了拦门沙坎。

图3-7是水库运用以来黄河干流淤积形态发展变化过程。黄9－2以下是拦门沙坎段,黄14断面以上是淤积三角洲段;黄14至黄9－2是三角洲与拦门沙坎之间的过渡段,基本水平,是干流异重流淤积与倒灌淤积段。

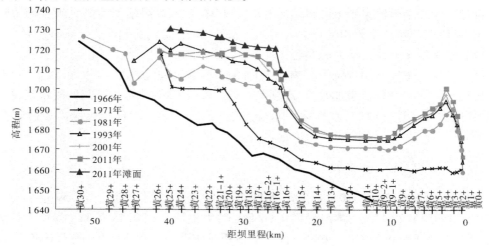

图3-7　刘家峡水库黄河干流深泓点淤积纵剖面

随库区泥沙淤积发展,三角洲逐渐向坝前推进,表现为三角洲前坡段逐渐向坝前方向移动。1971~1987年三角洲逐渐向坝前移动,受汛期水库运用水位运行影响,顶点高程变化不大。1987~2011年,龙刘水库联合调度运行,刘家峡水库在汛期保持较高水位运用,一般库水位都在1 720 m以上,使得三角洲顶坡段上产生三角洲叠加。受入库泥沙减少的影响,2001~2011年三角洲前坡段向坝前方向推进的速度放缓。三角洲顶坡段的淤积随着汛期库水位的抬高逐步向上游发展,形成了重叠式的三角洲外形。随着汛期水位的降低,三角洲顶坡段脱离水库回水影响,顶坡段断面产生冲刷,从淤积横断面上看,形成了滩槽高差5 m左右的主槽。

黄淤9－2至黄淤14断面之间是干流异重流与洮河异重流倒灌淤积河段。图3-8是黄淤10断面和黄淤12断面从1966年以来河底高程变化过程,从图中可以看出,水库运用初期,河底高程上升速度较快,近年来淤积上升速度较慢。

2.坝前段(洮河口拦门沙坎)淤积形态

洮河口黄河干流处沙坎是洮河来水来沙在洮河及坝前地形条件、水库运用条件下形成的一种特殊淤积形态,其位置在洮河与干流汇合处上下游干流河段上,沙坎顶部高于上游干流库区的淤积高程。洮河异重流倒灌是形成沙坎的原因之一,同时洮河库区内三角洲淤积形态的发展,即三角洲的前坡推进伸出洮河口,进入干流,对沙坎的发展也起着重大作用。

水库蓄水初期,洮河与坝前淤积面较低,洮河入库沙量基本淤在洮河及坝前段。洮河库区库容相对较小,淤积速度较干流库区快,水库运行至1973年汛后已有沙坎的雏形,随着淤积的不断发展,沙坎形态日趋明显。龙、刘两库联合运用后,刘家峡水库汛期运用水

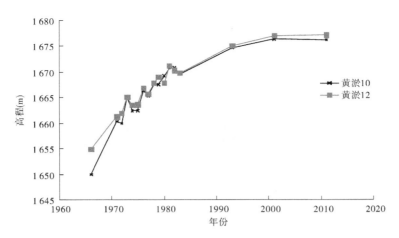

图 3-8　黄淤 10 断面、黄淤 12 断面平均河底高程变化过程

位有所抬高,洮河库区泥沙淤积非常严重,洮河库区主要淤积部位不断下移,1998 年汛后三角洲顶点已推至洮 3 断面附近,距洮河口仅 2.6 km,2002 年三角洲顶点接近洮 2 断面。2011 年三角洲顶点位于洮 3 断面。

近几年来,不仅沙坎淤积高程在增加,而且沙坎范围也在增大,淤积量增加,沙坎顶点向上游延伸发展。异重流时段,洮河口淤积严重,沙坎最高点在洮河口,异重流向上游倒灌,床面淤积抬高,异重流过后,洮河口冲刷,上游冲刷很少,表现为沙坎顶点上移。2009 年汛后黄 3 断面深泓高程 1 694.2 m,黄 4 断面深泓高程 1 700.6 m,1 705 m 等高线在黄 3 断面与黄 4 断面之间穿过,表明沙坎高程已增至 1 705 m。沙坎高程演变过程及沙坎形状见图 3-9。1973 年形成明显的沙坎,以后沙坎顶部高程逐年不断升高,沙坎的底面纵向长度不断扩大。1973 年沙坎底部纵向长度范围在黄 6 断面至黄 0 断面之间,即坝前 4.1 km 范围,到 2011 年沙坎底部纵向长度范围在黄 9 - 2 断面与黄 0 断面之间,即坝前 10 km 范围。1981 年以来沙坎迎上游水坡基本平行淤积抬升,坡降约 2.1‰。

1972～1980 年沙坎顶部高程从 1 661.2 m 增至 1 690.7 m,增高幅度达到 29.5 m,1993 年高程在 1 694.1 m,之后沙坎高程升高至 1 695 m 以上。2011 年高程达到 1 700.6 m,沙坎上游迎水坡高差达到 24.3 m。

3.2.4.2　洮河库区段泥沙淤积发展

刘家峡水库运用以来到 2011 年汛后,洮河库段累计淤积 0.96 亿 m³。图 3-10 是洮河库段累计淤积和年际冲淤量过程线。从图 3-10 可以看出,据不完全年统计,1990 年淤积量最大,达到 819 万 m³;1984 年冲刷量最大,冲刷 767 万 m³。1990 年以前累计淤积 5 358 万 m³,2001～2011 年累计淤积量只有 441 万 m³,年均淤积 44.1 万 m³。

来水来沙条件与水库汛期运用水位是影响洮河库区泥沙淤积的两个重要因素。洮河来沙量较大时,若水库运用水位较低,对洮河排沙有利,洮河库区淤积量就较少。如 1973 年、1979 年、1992 年洮河来沙较大的年份,洮河库区的淤积量反而较少沙年份少,主要原因是这几年汛期平均库水位较低;而 1972 年、1976 年、1989 年、1990 年、1993 年洮河来沙量较少,洮河库区产生了大量淤积,原因是汛期平均和最低库水位较其他年份高。

刘家峡水库于 1968 年 10 月蓄水运用以来,6 月前水库泄空,汛期 7～10 月水库蓄水,

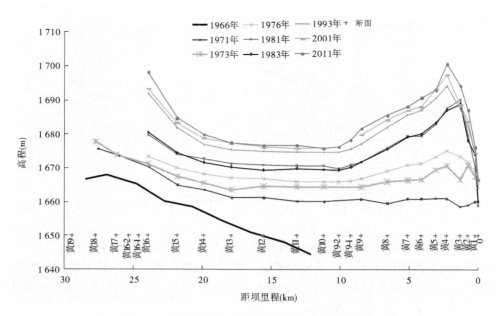

图 3-9　黄河干流坝前段拦门沙坎纵剖面(深泓)

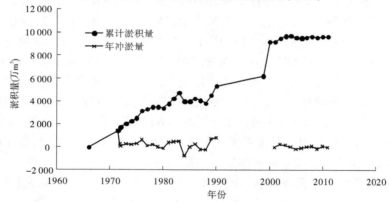

图 3-10　洮河库段累计淤积量和年际冲淤量过程线

到 10 月底蓄至正常蓄水位 1 735 m。汛期蓄水运用和洮河来水来沙条件造成洮河库区泥沙淤积形成淤积三角洲。随着泥沙淤积逐渐发展,三角洲顶点位置逐渐向坝前推进(见图 3-11)。1971 年三角洲顶点位于洮 6 断面,距洮河口 8.4 km(距坝 9.9 km),1981 年三角洲顶点位于洮 4 断面,距洮河口 3.7 km(距坝 5.2 km),1983 年位于洮 3 断面,距洮河口 2.6 km(距坝 4.1 km)。

　　洮河淤积三角洲顶点高程取决于水库运用水位。

　　洮河横向断面淤积表现为初期逐步累积抬升,中期有冲有淤,冲淤交替的变化特点。2011 年洮河库段过流断面形成了复式断面,即有主槽和滩地(见图 3-12)。洮 0 断面至洮 2 断面生成高滩深槽,主槽深度 13~20 m。洮 3 断面至洮 10 断面在淤积的全断面内冲刷塑造形成了主槽,主槽断面宽度为 100~170 m(见表 3-4),深度 3.5~5 m。可见断面非常窄深,这是异重流顺利输沙的重要条件。

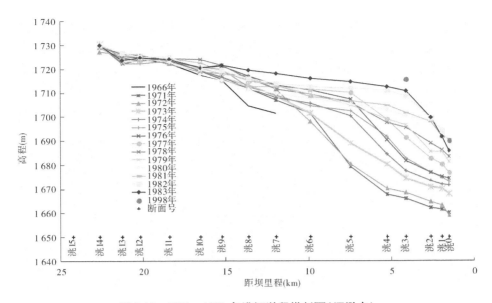

图 3-11   1971~1983 年洮河淤积纵剖面(深泓点)

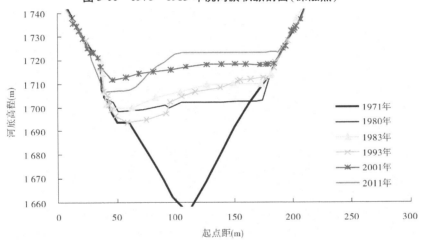

图 3-12   洮 2 断面形态变化

表 3-4   洮河横断面主槽宽

（单位:m）

高程	洮 0	洮 1	洮 2	洮 3	洮 4	洮 5	洮 6	洮 7	洮 8	洮 9	洮 10
1 970	213	117	61								
1 730	233	200	180	128	155	154	166	269	150	160	120

3.2.5   水库排沙特点分析

刘家峡水库主要是洮河异重流排沙,也有水库低水位排沙。

3.2.5.1   小川站水沙特征

刘家峡水库出库小川站 1968~2010 年实测径流量 253 亿 m³,年实测输沙量 1 718 万 t,年平均含沙量 0.68 kg/m³。小川站不同时期水沙特征值见表 3-5。由表 3-5 可知,黄河小川站 1968～1986 年年均水量较大,为 289 亿 m³,汛期水量占年水量的 51%;1987～2010 年年水量为 225 亿 m³,汛期水量占年水量的 38%。小川站 1968～1986 年年沙量为 1 885 万 t,1987～2010 年年沙量为 1 586 万 t,而 2000～2010 年年沙量只有 965 万 t。小川站沙量随上游入库站沙量的减小也大幅度减少,沙量减少幅度大于水量,使含沙量减小,1968～1986 年年均含沙量为 1.9 kg/m³,2000～2010 年年均含沙量只有 0.45 kg/m³。

表 3-5 黄河小川站不同时期水沙特征值

项目		1968～1986 年	1987～2010 年	2000～2010 年	1968～2010 年
水量	汛期	147	85	84	113
(亿 m³)	年	289	225	224	253
沙量	汛期	1 198	1 108	750	1 148
(万 t)	年	1 885	1 586	965	1 718
含沙量	汛期	2.4	1.4	0.93	1.0
(kg/m³)	年	1.9	0.67	0.45	0.68

1968～2010 年小川站最大洪峰流量为 1981 年的 5 360 m³/s,洪峰流量最小值为 2001 年的 1 490 m³/s;1986 年以来最大洪峰流量为 1989 年的 3 600 m³/s,2000～2010 年最大洪峰流量为 2004 年的 2 260 m³/s。含沙量最大值为 1988 年的 386 kg/m³,最小值为 1969 年的 1.0 kg/m³。

1968～2010 年小川站 5～10 月月均水量都在 25 亿 m³ 以上,11 月至翌年 4 月月均水量在 10 亿～20 亿 m³。6～8 月输沙量最大,11 月至翌年 3 月沙量较小。5 月、9 月和 10 月月均沙量也较多。5～10 月月均含沙量较大。

1. 月出库水沙关系

小川站非汛期 11 月至翌年 6 月各月平均出库流量在 380～1 067 m³/s;5 月平均流量最大,1989～1999 年为 1 067 m³/s;2000～2010 年为 1 013 m³/s。2 月受防凌影响,下泄流量较小。

小川站 2000～2010 年与 1989～1999 年两个时段相比,非汛期 11 月至翌年 5 月各月平均含沙量变化不大,都在 0.3 kg/m³ 以下;1989～1999 年 6 月平均含沙量为 1.9 kg/m³;而 2000～2010 年平均含沙量为 0.5 kg/m³,约为上一时段的 1/4。

2000～2010 年与 1989～1999 年相比,两个时段小川站汛期 7～10 月各月平均出库流量在 700～950 m³/s,流量变化不大;各月含沙量有变化,含沙量 7 月和 8 月较大,1989～1999 年分别为 3.1 kg/m³ 和 2.6 kg/m³;2000～2010 年分别为 1.5 kg/m³ 和 1.6 kg/m³。9 月平均含沙量都有所减小,10 月含沙量增大。小川站出库流量变化过程平缓。

2. 洪水出库水沙关系

图 3-13 是小川站 1989～2010 年日均含沙量大于 5 kg/m³ 时流量与含沙量关系。从图 3-13 可以看出,小川站最大日均含沙量为 90 kg/m³,含沙量在 20～90 kg/m³ 范围内对应流量为 350～1 650 m³/s。1989～2010 年小川站最大日均含沙量出现在 1991 年 6 月 12 日,含沙量为 90 kg/m³,对应流量为 622 m³/s。2000～2010 年小川站最大日均含沙量出现在 2003 年 7 月 30 日,含沙量为 71 kg/m³,对应流量为 353 m³/s。

不同时段小川站不同含沙量天数见表 3-6。从表 3-6 可以看出,小川站含沙量 5～10 kg/m³、10～20 kg/m³ 和大于 20 kg/m³ 的天数,1989～1999 年年均分别为 5.0 d、2.4 d 和 2.0 d;2000～2010 年年均分别为 3.4 d、2.2 d 和 1.2 d。各级含沙量的天数都有所减小。

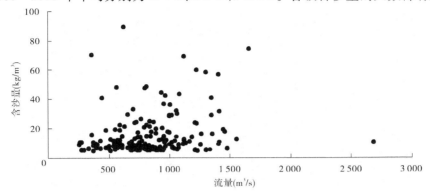

图 3-13　小川站 1989～2010 年日均流量与含沙量关系

表 3-6　小川站不同含沙量平均天数

时段	不同含沙量(kg/m³)平均天数(d)		
	5～10	10～20	>20
1989～1999 年	5.0	2.5	2.4
2001～2010 年	3.4	2.2	1.2

图 3-14 是小川站场次洪水的平均流量与平均含沙量关系。从图中可以看出,1989～1999 年场次洪水平均流量最大为 2 600 m³/s,平均含沙量最大为 33 kg/m³。2000～2010 年平均流量最大为 1 400 m³/s,平均含沙量最大为 20 kg/m³。虽然场次平均含沙量不算太高,但是洪水过程中最大瞬时含沙量较大。如 2007 年 8 月 26 日洪水,小川站含沙量最大值接近 200 kg/m³(见图 3-15)。

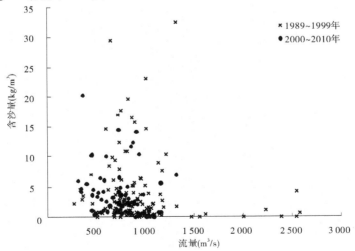

图 3-14　小川站场次洪水平均流量与平均含沙量关系

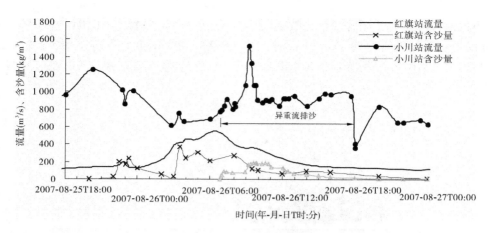

图 3-15 2007 年 8 月 26 日洪水洮河红旗站和黄河小川站流量与含沙量过程

3.2.5.2 黄河干流排沙

1. 干流壅水明流排沙

1989 年以来刘家峡水库高水位运用,坝前水位一般都在 1 714 m 以上,水库蓄水量在 17 亿 m³ 以上。

分析循化站 2001～2010 年 25 场洪水,这些洪水包括了不同情况,如坝前水位最低、循化站入库流量最大等。25 场洪水入库滞留时间(即洪水入库时水库蓄水量 V 与循化站入库平均流量 Q 之比 V/Q,也称为壅水指标)与坝前水位关系见图 3-16。从图 3-16 可以看出,V/Q 值一般大于 200,最小值是 187。最小值是 2010 年 7 月 19～28 日洪水,坝前水位为 1 722.43 m,循化站平均流量为 1 220 m³/s,期间循化站最大日均流量 1 470 m³/s,是循化站 2001～2010 年日均流量最大值。

根据文献[12]水库排沙比与滞留时间关系,滞留时间大于或等于 100 万 s 时,排沙比接近 0。由此可以看出,刘家峡水库干流入库壅水明流基本无排沙,循化站入库泥沙基本淤积在水库内。

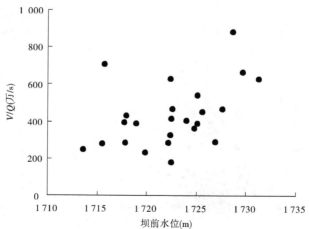

图 3-16 干流入库洪水滞留时间与坝前水位关系

2. 干流异重流排沙

前文分析表明,洮河口拦门沙坎高程达 1 700.6 m,黄淤 9 – 2 断面高程 1 676.3 m,拦门沙坎高达 24.3 m,循化站入库的较高含沙量洪水形成的异重流也难以排出库外。

循化站发生较高含沙量洪水且洮河无高含沙洪水时,循化站洪水平均含沙量在 9.2 ~ 50.1 kg/m³,对应红旗站含沙量在 0.16 ~ 5.64 kg/m³,小川站出库含沙量很小,在 0.05 ~ 0.74 kg/m³。这表明循化站洪水期泥沙基本无出库。

3.2.5.3 洮河异重流排沙特性

为了解决刘家峡水电站泥沙问题,枢纽现设有高程较低的 1 孔排沙洞(右岸)和 2 孔泄水道,从实际运用情况来看,右岸排沙洞进水口虽位于异重流主流线附近,但进水口方向与水流方向约成 90°夹角,不利于水流输沙,进水口前基岩平台限制了漏斗充分形成且排沙泄流规模太小,排沙作用有限;泄水道由于进水口高程较低、泄量较大,排沙作用比较显著。

1969 年开始,已经发现每当启闸泄流时,下游小川站的沙峰与洮河红旗站的沙峰是相应的。1969 ~ 1972 年没有进行库区异重流测验,1973 年汛期开始对洮河异重流的流速、含沙量、颗粒级配等水沙因子进行测验。为掌握洮河异重流运动规律,在距坝 31 km 的红旗站建立了固定报汛站,红旗站测到洪峰时通过电台及时报送到刘家峡发电厂厂部,为异重流测验准备工作争取到了充足时间。同时,在异重流潜入点、沿程、出口设立了流动检测断面。通过连续几年的异重流测验工作,初步掌握了洮河异重流运动规律。实测资料表明,洮河入库含沙量达 20 kg/m³ 左右时,即可产生异重流并能运行到坝前。异重流潜入点的流速一般在 0.6 ~ 1.0 m/s,最大流速达 1.65 m/s。运行至坝前时异重流的流速一般在 0.4 ~ 0.6 m/s,个别测点流速大于 1.0 m/s。

洮河库段水面狭窄,低水位时宽仅 100 ~ 150 m,库底比降大,回水长度短(约 10 km);含沙水流在运动过程中能量损失不大;这些条件都使洮河易于形成异重流并向坝前运动。

随着异重流排沙经验的不断积累和分析总结,基本掌握了不同流量、不同含沙量情况下的异重流从红旗站运动至坝前的时间,于 1976 年制定出了较完整的异重流排沙标准:

(1)当洮河含沙量达 30 kg/m³,相应的洪峰流量达 200 m³/s 以上时开启泄水道排沙;当洪峰流量达 300 m³/s 时,开启泄水道和排沙洞进行排沙;当泄水道含沙量小于 5 kg/m³ 时,关闭泄水道及排沙洞停止排沙。

(2)为了让水调部门有一定的准备时间,规定当洮河含沙量达 20 kg/m³ 时开始向水调部门逐次报告含沙量、流量过程,在排沙过程中及时监测泄水建筑物含沙量并报告水调部门,以决定关闭排沙闸门的时间。

自 1976 年应用排沙标准后,排沙效果有了明显提高。1974 年排沙比为 17.3%,到 1976 年排沙比提高到 40.9%,排沙效果十分显著。

1976 年制定的异重流排沙标准实施一段时间后,发现红旗站洪峰流量在 200 m³/s 以下时产生的异重流占洮河异重流的大部分,致使这一部分异重流未能排除出库。这说明 1976 年制定的异重流排沙"当洮河含沙量达 30 kg/m³,相应洪峰流量达 200 m³/s 以上时开启泄水道排沙"标准偏高。同时,由于红旗站沙情漏报和晚报,采用的异重流运动传播时间与实际情况有差别,异重流的调度不尽如人意。

到 1995 年,1976 年实施的排沙标准已经实行了 20 年,洮河库区淤积状况及边界条件与 20 世纪 70 年代相比已发生了很大变化,异重流传播条件和时间也相应发生了较大变化,在异重流排沙调度时对洮河异重流传播时间的掌握往往产生较大偏差,导致开启闸门排沙不及时而造成坝前浑水水库,影响了排沙效果;随着洮河库区淤积面的逐年抬高,洪水流量对传播时间的影响已和含沙量一样,处于主要地位,甚至超过后者;库水位、库底比降等因子对传播时间的影响也不能忽略。同时,实际调度中也发现排沙标准中洮河入库洪峰流量标准太高,会使一定量的沙峰因流量达不到标准而不能及时开启闸门排沙,使泥沙淤积到水库中;其次是关门含沙量标准过高,原定 5 kg/m³ 关门标准会使一部分泥沙拦截在水库库内,形成坝前浑水水库;其三因库水位和蓄水量限制,应该按标准排的异重流未排出库外。

为了适应新的库区地形条件,进一步扩大洮河异重流的排沙效果,1995 年初对异重流排沙标准进行了修订,在 1995 年的排沙工作中试行,1996 年正式修订实施。补充修订的主要内容如下:

(1)开门标准:当洮河产生 30 kg/m³ 含沙量的沙峰,相应的洪峰流量在 100 m³/s 以上。

(2)开门顺序:未达开启泄水道 1 孔门标准时开启排沙洞,超过泄水道 1 孔门标准时先开泄水道 1 孔门,依次再开启排沙洞及泄水道另 1 孔门。

(3)关门标准:当泄水道含沙量在 4 kg/m³ 左右时可关门停止排沙。

(4)明确了将异重流排沙列入水库调度正常工作,规定沙峰期发电调度服从排沙调度(不受发电、库水位的约束)。

(5)启用新的经验公式及预报曲线图。

该标准在洮河异重流排沙调度中应用至今,发挥了重要作用,1997~2010 年异重流排沙比提高。

1974~1995 年刘家峡水库异重流年平均排沙 5.7 次,年均排沙量 0.106 8 亿 t,占同期出库年沙量的 50.4%,占红旗站年沙量的 38.7%;1996~2010 年,水库运用水位有所提高,期间加强了异重流排沙,异重流年均排沙 7.6 次,年均排沙 0.076 0 亿 t,占刘家峡出库年沙量的 69.9%,占红旗站年沙量的 75.4%。

2000 年以来,洮河来沙量明显减少,异重流时段开启泄水道的机会减少,2009 年未进行异重流排沙。2000~2010 年异重流年均排沙 6 次,年均排沙量 0.066 5 亿 t,占刘家峡出库年沙量的 68.9%,占红旗站年沙量的 74.7%。

1. 异重流运动时间

刘家峡水库洮河异重流从红旗站至坝前的运动时间,决定了水库排沙设施闸门的开启时间,排沙设施闸门开启时间比异重流运动到坝前的时间早,会泄出清水,无泥沙排出;若开启时间比异重流运动到坝前的时间晚,会造成一部分泥沙难以排泄出库。同时,洮河库区地形对异重流运动时间也有较大的影响。

当异重流进入坝前段后,及时打开泄水道、排沙洞可以有效提高排沙效率。1995 年以前,有约 70% 没有及时提门排沙,使排沙效果较正常情况降低约 30%,坝前段产生泥沙淤积。

依据 1995 年洮河库段淤积形态,分库水位在 1 718 m 以上和 1 718 m 以下两种情况,选取 1991～1995 年实测较完整的异重流排沙资料,对传播时间与库水位、洮河入库沙峰含沙量及相应流量之间关系进行了分析,用多元非线性回归分析的方法得出经验式。

库水位在 1 718 m 以下时,只考虑含沙量、流量因素,经验关系式如下:

$$T = \frac{52.5}{S_{红旗}^{0.18} Q^{0.23}} \tag{3-1}$$

式中:Q 为洮河红旗站沙峰相应流量,资料范围 92～528 m³/s;$S_{红旗}$ 为洮河红旗站沙峰含沙量,资料范围 48～378 kg/m³。

公式利用了 10 次异重流资料,复相关系数 $R = 0.96$。

库水位在 1 718 m 以上时,考虑库水位、含沙量、流量因素,经验关系式如下:

$$T = \frac{31.88 (H - 1\ 700)^{0.282}}{S_{红旗}^{0.203} Q^{0.26}} \tag{3-2}$$

式中:H 为库水位,1 718～1 730 m;Q 为洮河红旗站沙峰相应流量,资料范围 105～1 100 m³/s;$S_{红旗}$ 为洮河红旗站沙峰含沙量,资料范围 20～498 kg/m³。

公式利用了 34 次异重流资料,复相关系数 $R = 0.92$。

以上两式在 1995 年以来异重流排沙调度中得到了应用。

2. 异重流排沙效果分析

经过多年实践和总结,刘家峡水库洮河异重流排沙在水库调度中日趋成熟,洮河异重流泥沙基本通过水库排出库外。根据 2000～2009 年刘家峡水库场次异重流排沙时间,统计了场次洪水洮河红旗站入库沙量和小川站出库沙量,点绘两者的关系,存在如下关系式:

$$W_{s小川} = 0.96 W_{s红旗} \tag{3-3}$$

式中:$W_{s小川}$ 为小川站的场次洪水出库沙量,万 t;$W_{s红旗}$ 为红旗站场次洪水沙量,万 t。

相关系数为 0.83。

分析 2001～2009 年场次洪水洮河异重流排沙比与水库的水位、洮河入库流量及含沙量等关系密切,水库排沙比:

$$\eta = -14.59(H - 1\ 712) + Q_{红旗}^{0.4} S_{红旗}^{0.45} + 290.63 \tag{3-4}$$

式中:η 为排沙比(%);H 为水库坝前水位,m;$Q_{红旗}$ 为红旗站流量,m³/s;$S_{红旗}$ 为红旗站含沙量,kg/m³。

复相关系数为 0.73。

3.2.5.4 汛期降低水位冲刷

洮河异重流排沙是解决刘家峡水库洮河泥沙淤积的有效手段,但是异重流不能解决坝前黄河段的泥沙淤积问题。除异重流排沙外,刘家峡水库另一种行之有效的排沙方法是汛期降低水位冲刷。当坝前段淤积严重,影响机组正常发电时,采用降低水位冲刷方式降低拦门沙坎的高程。

汛期降低水位冲刷是汛初将库水位降至接近 1 700 m 时,选择有利时机,开启泄洪洞,泄水道与排沙洞闸门加大泄量,出库流量保持 2 000 m³/s 左右,使坝前水位迅速下降,将坝前段的淤积泥沙排出库外。刘家峡水库在 1981 年、1984 年、1985 年和 1988 年曾进行过 4 次降低水位冲刷,共排出淤积沙量 3 240 万 t。每次拉沙后坝前段冲出长 1.5 km、宽约 120 m、深约 5 m 的深槽。4 次汛期降低水位冲刷使黄 3 断面的拦门沙坎分别降低了5.4 m、3.5 m、5.9 m 和 1.9 m。4 次汛期降低水位冲刷特征值见表 3-7。

表 3-7 刘家峡水库汛期降低水位冲刷特征值

时间		年份	1981	1984	1985	1988
		日期(月-日)	06-26 ~ 07-03	06-21 ~ 06-29	06-29 ~ 07-05	07-08 ~ 07-12
坝前水位 (m)		起始	1 702.52	1 700.12	1 699.40	1 703.00
		终止	1 695.42	1 709.23	1 695.04	1 696.17
平均出库流量(m³/s)			2 090	1 700	1 660	2 050
洮河入库沙量(万 t)			216	697	38	120
排沙量(万 t)			920	1 050	857	825
平均出库含沙量(kg/m³)			6.4	7.9	8.5	9.3
黄 3 断面 沙坎高程 (m)		冲刷前	1 690.5	1 691.8	1 691.5	1 694.3
		冲刷后	1 685.1	1 688.3	1 685.6	1 692.9
		变化值	-5.4	-3.5	-5.9	-1.4

1980 年沙坎高程上升到 1 690.5 m,6 月 20 日 20 点当坝前水位运行至 1 696.5 m(沙坎水深 5.5 m),负荷增加 18×10^4 kW 时,坝前水位骤降 0.96 m,首次发生了沙坎阻水现象。为降低沙坎淤积面高程,进行了降低水位冲刷。

汛期降低水位冲刷,使坝前段泥沙冲刷且降低沙坎高程产生明显效果的同时,存在降水冲刷期间大量的粗沙过机,对机组造成了较大强度磨损。

为了减少降低水位冲刷时的过机泥沙,减轻机组磨损,通过对前三次降低水位冲刷的经验总结,1988 年制订了降水冲刷期间机组、排沙建筑物闸门优化组合方案,使过机沙量只占总排沙量的 10.4%,为 84.9×10^4 t,其中大于 0.05 mm 的粗沙 18×10^4 t,占相应总排沙量的 7%。与前三次降低水位冲刷相比,1988 年在减轻机组磨损、保证机组安全运行方面有了较大的提高,为今后的降低水位冲刷提供了借鉴。

汛期降低水位冲刷,虽然对降低沙坎高程,排除坝前泥沙淤积是行之有效的,但低水位拉沙给电力系统带来许多困难(刘家峡电厂在供电系统中是调峰作用)。因此,在坝前段淤积不十分严重时,一般不宜采用低水位拉沙方式,搞好水库调度和异重流排沙,尽量使坝前段不产生大量泥沙淤积,保持冲淤平衡,才是解决水库泥沙问题的上策。

3.2.6 小结

(1)2000 年以来,黄河干流和支流进入刘家峡水库的泥沙大幅度减少,径流减小幅度小于泥沙减少幅度。

1968 ~ 1986 年循化站年均实测径流量 231 亿 m³,输沙量 4 294 万 t。1987 年龙羊峡水库投入运用,进入循化站的水沙过程是经过龙羊峡水库调节后的。1987～2010 年年均径流量 184 亿 m³,输沙量 1 240 万 t;2000～2010 年年均径流量 184 亿 m³,输沙量 445 万 t。2000 年以来,循化站输沙量大幅度减少。

洮河红旗站 1968～1986 年实测年均径流量 50 亿 m³,输沙量 2 727 万 t;1987～2010 年年均径流量 36 亿 m³,输沙量 1 657 万 t;2000～2010 年年均径流量 36 亿 m³,输沙量 943 万 t。2000 年以来,红旗站输沙量也大幅度减少。

大夏河折桥站 1968～1986 年年均实测径流量 9.3 亿 m³,输沙量 307 万 t;1987～2010 年年均径流量 6.7 亿 m³,输沙量 139 万 t;2000～2010 年年均径流量 6.4 亿 m³,输沙量 82 万 t。2000 年以来,折桥站输沙量也有所减少。

(2)近年来,刘家峡水库在较高水位运行,年平均运用水位在 1 725 m 以上。

1968～1974 年刘家峡水库运用初期,水库基本于每年的 10 月底蓄至正常蓄水位 1 735 m,11 月开始泄水,至翌年 6 月底放空至死水位。

1974～1988 年低水位运用期,水位于 1981 年、1984 年、1985 年和 1988 年进行了 4 次降低水位冲刷坝前泥沙与拦门沙坎的运行,库水位下降较多。

1989～2011 年是水库高水位运用期。1987 年龙羊峡水库投入运用后,刘家峡水库汛限水位从 1 726 m 上升为 1 728 m,同时由过去的每年汛后一次蓄满,变为汛后和防凌期两次蓄满或接近蓄满。在这一时段,水库最低水位一般都在 1 720 m 以上。

(3)刘家峡水库干流是三角洲淤积形态,洮河库段是不断发展后的三角洲淤积形态。

1968～2011 年汛后,全库区淤积泥沙 16.59 亿 m³,黄河干流、洮河和大夏河淤积量分别占总淤积量的 91.5%、5.8% 和 2.7%。随入库沙量的大幅度减小,2000 年以来水库淤积速率下降。

黄河 14 断面以上是干流淤积三角洲库段,黄淤 14 断面至黄淤 9－2 断面 9.8 km 库段淤积面基本水平,是干流异重流淤积和洮河倒灌淤积段;黄淤 9－2 断面至坝前 10.1 km 库段淤积形态是拦门沙坎。

洮河库段淤积形态是经过多年冲刷、淤积形成的叠加的三角洲淤积形态。

(4)刘家峡水库排沙主要是洮河异重流排沙。

由于干流库容较大,干流无壅水明流排沙,干流异重流也未排出库外,即干流基本无排沙。

经过多年的实践与总结,掌握了洮河异重流从红旗站大坝前的运用时间及红旗站的流量、含沙量特点,及时开启泄水道和排沙洞的闸门,洮河异重流被及时排出库外。2000 年以来,洮河来沙明显减少,异重流时段开启泄水道的机会减少,2009 年未进行异重流排沙。2000～2010 年异重流年均排沙 6 次,年均排沙量 0.066 5 亿 t,占刘家峡出库泥沙的 68.9%,占红旗站同期沙量的 96%。

在当前异重流调度条件下,通过对 2000～2010 年水库异重流场次排沙的分析,发现出库站小川站的沙量与红旗站入库沙量呈线性关系,小川站沙量为红旗站沙量的 0.89 倍;异重流场次排沙比与水库水位、红旗站流量、红旗站含沙量密切相关。

3.3 青铜峡水库

3.3.1 水库概况

青铜峡水电站位于黄河上游宁夏境内青铜峡峡谷出口处,是黄河上游龙羊峡—青铜峡段水电梯级的最后一级。坝址以上 8 km 内为峡谷,控制流域面积 28.5 万 km²,占黄河流域面积的 35.9%。青铜峡水库是一座日调节型水库,以灌溉与发电为主,兼有防洪、防凌、城市供水等综合利用为一体的低水头水利枢纽工程。青铜峡水利枢纽工程于 1960 年 2 月主河道截流,1967 年 4 月开始下闸蓄水,特殊的地理位置决定其在灌溉、防凌中发挥重要的作用。

青铜峡水库距上游的沙坡头水库 124.5 km。青铜峡水库含沙量预报的水文站黄河干流安宁渡站距坝址 315 km,黄河干流入库站下河沿站距坝址 122.5 km,支流入库站及来沙预报水文站为清水河泉眼山站,清水河入口距坝 73.6 km,坝下 0.9 km 为水库出库水文站青铜峡水文(三)站(见图 3-17)。

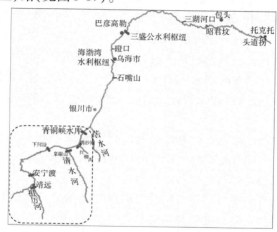

图 3-17 青铜峡水库及其相关水文站相对位置示意图

青铜峡水库坝长 687.3 m,坝高 42.7 m,坝宽 46.7 m,设计正常高水位 1 156.0 m,最高洪水位 1 156.9 m,水库正常蓄水位 1 156 m,在正常蓄水位 1 156 m 以下总库容为 6.06 亿 m³,水库面积为 113 km²,最大回水长度 45 km。工程泄洪排沙设施有 3 孔泄洪闸、7 孔溢流坝、15 孔泄水管。

河西总干渠(唐徕渠),为 1#、2#机组出水,最大引水流量 450 m³/s;河东总干渠(秦汉渠),为 9#机组出水,最大引水流量 115 m³/s;东高干渠,直接从库区坝上右岸引水,最大引水流量 75 m³/s(见图 3-18)。

水库工程于 1967 年 4 月初建成蓄水运用以来,由于泥沙淤积严重,到 1979 年汛后,总库容只剩 0.44 亿 m³,库容损失达 92.1%。根据最新断面资料,2008 年汛后总库容 0.37 亿 m³,占原始库容的 6.1%,库容损失 93.9%。

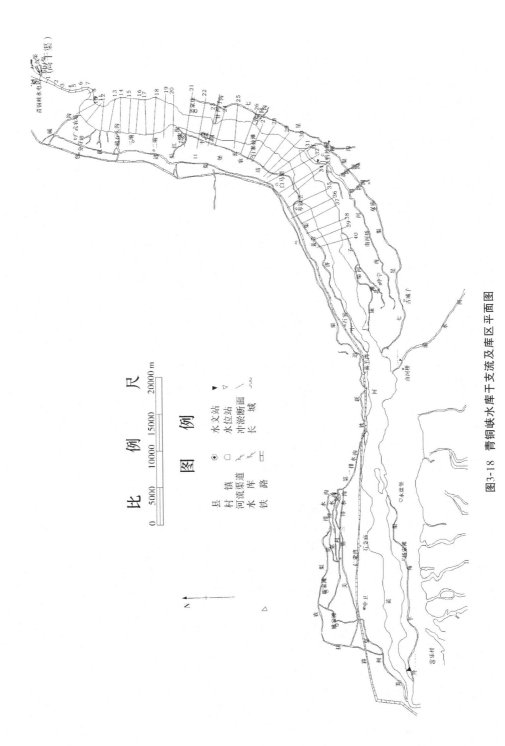

图3-18 青铜峡水库干支流及库区平面图

3.3.2 水库来水来沙特点及引水引沙

3.3.2.1 来水来沙概况

根据1967～2009年资料统计,青铜峡水库入库(干流下河沿水文站和支流清水河泉眼山水文站二站之和)年均水量287.4亿 m^3,年均沙量1.20亿t,其中下河沿站和泉眼山站分别为286.3亿 m^3 和1.1亿 m^3,分别占总入库水量的99.6%和0.4%;下河沿站和泉眼山站年均沙量,分别为0.93亿t和0.27亿t,分别占入库总沙量的77.5%和22.5%。汛期(7～9月)水量139亿 m^3,沙量0.99亿t;年均流量911 m^3/s,含沙量4.2 kg/m^3,汛期含沙量7.1 kg/m^3,最大平均流量1 614 m^3/s(1967年),最小平均流量598 m^3/s(1997年)。在刘家峡、龙羊峡水库蓄水之前,年际水量分配很不均匀,年平均流量为1 030 m^3/s,而7～10月水量约占全年水量的60%,平均流量达1 890 m^3/s。龙、刘两库联调后,青铜峡水库水量年内分配逐步趋向均匀,对青铜峡水库年内径流的分配起到了明显的调节作用。

随着上游刘家峡(1968年)、盐锅峡(1961年)、八盘峡水库(1975年)的修建,干流来沙显著减少,干流年均来沙为1.28亿t,1967～1975年年均为0.82亿t,减少了36%。

3.3.2.2 干流来水来沙特点

干流入库水文站下河沿站距坝址122.5 km,根据逐日平均资料统计,在龙羊峡水库运用前的1967～1986年,下河沿断面的年均水沙量分别为333亿 m^3 和1.22亿t,汛期水沙量占年沙量的比例分别为54%和83%。根据1987～2009年资料统计,龙羊峡水库投入运用后,年水量减少为246.9亿 m^3,减少了26%;年沙量减少0.67亿t,减少了45%。汛期水量占年水量的比例降低到42%,汛期沙量占年沙量的比例降低到79%,汛期水量占年水量的比例降低得比沙量显著,年内的流量过程变得相对均匀。如果把1987～2009年分为1987～2000年和2001～2009年两个时期,则两个时期的年均水量分别为247.4亿 m^3 和243.1亿 m^3,沙量分别为0.85亿t和0.41亿t,这两个时期的年均水量变化不大,但年均沙量减少显著。下河沿站的日均最大流量减少比水量减小更为显著。例如1967～1986年,日均最大流量为5 840 m^3/s,1987～2000年减小到3 550 m^3/s,2001～2008年则减小到1 650 m^3/s。从年均含沙量看,1967～1986年为3.7 kg/m^3,1987～2000年为3.4 kg/m^3,略有降低,2001～2009年则显著降低到1.7 kg/m^3。从日均最大含沙量看,也是逐渐降低的,1967～1986年为201 kg/m^3,1987～2000年为160 kg/m^3,2001～2009年则显著降低到72 kg/m^3。以上表明,近年来干流来水减少不明显,但最大流量和最大含沙量均明显减小了(见表3-8)。

3.3.2.3 支流清水河来水来沙特点

支流清水河把口水文站为泉眼山站,清水河入口距坝73.6 km。清水河流域特点是水少沙多。据1967～2009年资料,清水河年水量为1.1亿 m^3,仅占干支流来水总量的0.4%,但来沙量为0.27亿t,占干支流来沙总量的22.5%。1987～2009年,支流年均来水量1.2亿 m^3,占干支流来水总量的0.48%,来沙量0.33亿t,占干支流来沙总量的32.8%(见表3-9)。清水河的流量很小,年均只有3～4 m^3/s。

表 3-8 下河沿断面来水来沙特征值统计

时段	水量			沙量			含沙量（kg/m³）		日均最大流量（m³/s）	日均最大含沙量（kg/m³）
	年（亿m³）	汛期（亿m³）	汛期所占比例（%）	年（亿t）	汛期（亿t）	汛期所占比例（%）	年均	汛期平均		
1967~1986 年	333.0	179.2	54	1.22	1.01	83	3.7	5.6	5 840	201
1987~2000 年	247.4	104.2	42	0.85	0.66	79	3.4	6.4	3 550	160
2001~2009 年	243.1	101.9	42	0.41	0.31	75	1.7	3.0	1 650	72
1987~2009 年	245.7	103.3	42	0.67	0.53	78	2.7	5.1	3 550	160
1967~2009 年	286.3	138.6	48	0.93	0.75	81	3.2	5.4	5 840	201

表 3-9 泉眼山断面来水来沙特征值统计

时段	水量			沙量			含沙量（kg/m³）		日均最大流量（m³/s）	日均最大含沙量（kg/m³）
	年（亿m³）	汛期（亿m³）	汛期所占比例（%）	年（亿t）	汛期（亿t）	汛期所占比例（%）	年均	汛期平均		
1967~1986 年	0.9	0.6	66	0.19	0.17	87	213.3	278.1	200	908
1987~2000 年	1.3	0.9	71	0.40	0.35	89	313.2	393.6	124	871
2001~2009 年	1.1	0.6	55	0.22	0.20	90	207.5	342.8	110	818
1987~2009 年	1.2	0.8	67	0.33	0.29	89	275.7	378.5	124	871
1967~2009 年	1.1	0.7	64	0.27	0.24	88	251.0	338.3	200	908

清水河的含沙量很高,几乎每年都要发生多场高含沙洪水。例如,2006 年就出现 9 次含沙量大于 500 kg/m³ 的洪水;经常发生日均含沙量大于 800 kg/m³ 的高含沙洪水,1969 年曾发生日均含沙量 908.5 kg/m³ 的高含沙洪水。清水河的来沙非常集中,88% ~ 90% 的泥沙集中在汛期,尤其是 7 ~ 9 月。

自 1958 年以来,清水河流域内修建了 108 座中、小型水库。建库后有 63% 的泥沙淤在各水库内,减轻了青铜峡水库的泥沙淤积。但从近几年的来沙量看,由于各库相继淤满,清水河沙量有增大的趋势。1995 年发生百年一遇以上的洪水,输沙量达 0.819 亿 t,入库沙量占青铜峡水库全年入库总量的 39%。1996 年输沙量占青铜峡水库总沙量的 54%。2006 年和 2007 年分别出现含沙量 804.9 kg/m³ 和 818.2 kg/m³ 的高含沙洪水。

清水河洪水与干流洪峰遭遇的机会甚少。例如,干流发生 1967 年、1981 年、1984 年、1989 年洪水时,支流泉眼山站均未有相应洪水出现。

另外,青铜峡水库坝址以上 40 km 有一级支流红柳沟入黄口,把口水文站为鸣沙洲站。鸣沙洲站多年平均流量不到 1 m³/s。红柳沟水沙在青铜峡入库水沙中所占比例很低,基本上可以忽略。

3.3.2.4 入库泥沙组成

入库泥沙以悬沙为主,推移质输沙只占总输沙量的 0.5%。悬移质泥沙中值粒径在刘家峡水库建成前为 0.03 mm,刘家峡水库建成后减小为 0.015 ~ 0.018 mm。

3.3.2.5 引水引沙

青铜峡枢纽布置的三大灌溉渠道为唐徕渠、秦汉渠、东高干渠。据不完全资料统计,引水渠的年均引水量在 60 亿 ~ 70 亿 m³,引水量占下河沿来水量的 21% ~ 26%,引沙量为 0.126 6 亿 ~ 0.249 5 亿 t,占下河沿来沙量的 17% ~ 30%。三大引水渠中,左岸的唐徕渠引水量占总引水量的 82% 以上。

根据 2001 年以来场次洪水的实测资料分析,青铜峡库区引沙量与来水含沙量及引水量有如下关系(相关系数 0.958 7):

$$W_{s引} = 0.603\ 6\ \frac{S_{来}}{1\ 000}W_{引} \tag{3-5}$$

在有引水资料,但缺少引水含沙量资料时,式(3-5)可用来估算引水渠的引沙量,或者用于数学模型方案计算时的引沙量计算。

3.3.3 水库淤积特点

3.3.3.1 库容淤损过程

青铜峡水库自运用以来,水库库容变化经历了快速淤积、缓慢淤积和基本稳定三个阶段。第一阶段自水库运用至 1971 年为快速淤积阶段,库区淤积了 6.56 亿 m³,89.3% 的库容被淤掉,库容(正常运用水位 1 156 m 以下,下同)仅剩 0.79 亿 m³,占原始库容的 10.7%。其中,1966 ~ 1971 年年均淤积 1.056 亿 m³;1972 ~ 1987 年为缓慢淤积阶段,水库又淤积了 0.35 亿 m³,库容减少到 0.44 亿 m³,年均淤积 0.02 亿 m³;1988 ~ 2008 年,水库库容一般在 0.23 亿 ~ 0.59 亿 m³ 变化,年际间库容变化不大。截至 2008 年汛后库容为 0.372 1 亿 m³,相当于原始库容的 5.1%,有 94.9% 的库容被淤掉。图 3-19 为青铜峡水库库容变化过程。

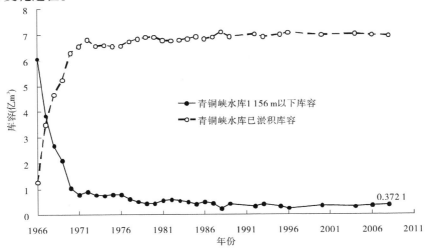

图 3-19　青铜峡水库库容变化过程

3.3.3.2　纵剖面淤积形态

根据库区地质、地貌以及原始的河流形态,青铜峡水库可分为坝前段、峡谷段、开阔段及库区末端4个库段;而水库的淤积形态可分为坝前段、三角洲前坡段、三角洲顶坡段和三角洲尾部段。青铜峡水库淤积纵剖面形态见图3-20。

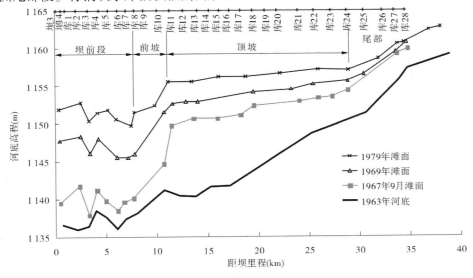

图 3-20　青铜峡水库淤积纵剖面形态

（1）坝前段。处于水库坝址以上 8.2 km 的峡谷段。峡谷两岸陡峻,地形及河宽变幅小,河宽在 300 ~ 500 m,淤积形态近似为原河床的平行抬升。

（2）三角洲前坡段。处于库 8 断面至库 10 断面。形成机制主要受地形变化的影响。一方面,青铜峡库区呈葫芦形,前坡段处于开阔库段,具有湖泊型水库的特征;另一方面,泥沙在库 10 断面以上发生淤积,库 10 断面宽度 1 500 m,库 8 断面缩至 300 m。河宽缩窄起到卡水壅高作用,使得单宽流量增大,泥沙淤积受到一定的限制,淤积坡度增大,前坡段比降约为24.5‰。从以上两方面分析,青铜峡水库的前坡段淤积形态,不能按照湖泊型水库的前坡段淤积形态来理解。水库正常蓄水后,坝前水位抬高10 m多,回水超过25 km,破坏了天然情况下的水流输沙平衡,挟沙水流进入回水区以后,因挟沙能力减弱,细沙部分几乎全部通过三角洲顶坡,一部分细沙落淤在前坡段,成为淤积三角洲的主体,一部分细沙以异重流的形式排出库外。

(3)三角洲顶坡段。处于库10断面至库24断面,长度约20 km。本库段断面宽浅,有利于泥沙沉积;再者,水库正常蓄水后,回水中的细沙部分在顶坡段会有一定落淤;前坡段河宽突然缩窄引起的壅水作用也对本库段淤积有促进作用。以上因素联合作用,使得大量泥沙淤积在本库段内。由于河道断面宽浅,淤积坡度较小,顶坡段比降仅约为1.5‰。

(4)三角洲尾部段。处于库24断面至库30断面,也是库区淤积的尾部段。水库蓄水以后,回水的粗沙部分首先在回水末端附近沉积,构成三角洲淤积的尾部段主体。本库段淤积比降约为5.3‰。

青铜峡水库库区淤积形态虽然表现为三角洲,但实际为二级锥体淤积。这是由其库区兼有湖泊型和峡谷型两种地形条件所决定的。目前的库区淤积形态基本为终极淤积形态。

3.3.3.3 横断面淤积形态

库内泥沙输移自回水末端直到坝前,基本上有两次明显的拣选,库24断面为转折点,其上属第一次拣选,到库24断面基本完毕,泥沙通过库24断面至库10断面库段,处在与河床相互调整过程,冲淤相当或微冲微淤,在淤积形态上到1967年9月已经发展成较为典型的三角洲淤积体。

坝前段处于峡谷段,河道形态及地形变化小,长期处于淤积状态;前坡段淤积形成机制主要为地形变化。因此,坝前段和前坡段上断面形态形成之后,基本上无大的变化;而在顶坡段上的断面,由于受库水位升降的作用,主槽左右摆动无常,类似游荡型河道的河床形态;坝前水位变幅小,在接近库区淤积尾部段,横断面淤积形态由汊道众多、沙洲林立的游荡型河型逐渐向顺直、窄深方向发展。选取青铜峡水库处在坝前段和前坡段的库1断面(坝上0.99 km)、库8断面(距坝7.82 km),以及处在淤积顶坡段的库15断面(距坝16.21 km)和库22断面(距坝25.55 km)作为典型断面,分析演变特点。2006年汛后库1断面、库8断面、库15断面和库22断面的主槽宽分别为151 m、355 m、460 m和694 m,河相系数分别为1.2、1.2、7.2和9.4,距坝8 km以下的断面窄深,距坝8 km以上的断面相对宽浅,见表3-10和图3-21。经过长年淤积,青铜峡库区"死滩活槽"特点明显。

表3-10 青铜峡水库2006年汛后典型断面特征值

断面号	主槽宽(m)	平均水深(m)	最大水深(m)	河相系数
1	151	10.5	10.9	1.2
8	355	15.1	16.9	1.2
15	460	3.0	3.3	7.2
22	694	2.8	3.0	9.4

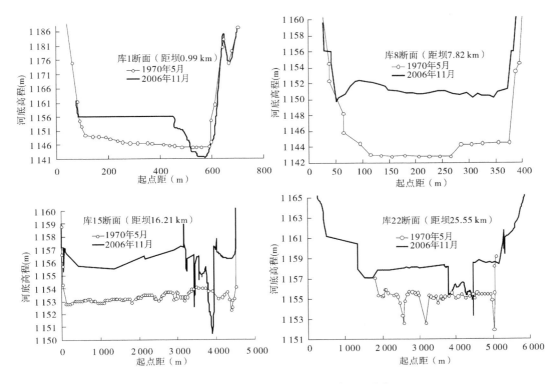

图 3-21　青铜峡水库各段典型横断面演变

3.3.4　水库运用方式

3.3.4.1　水库运用方式变化

青铜峡水库自 1967 年蓄水运用以来大致经历了三个运用阶段：第一阶段为初期蓄水运用，第二阶段为汛期降低水位蓄清排浑运用，第三阶段为蓄水运用结合沙峰期及汛末排沙运用。从 20 世纪 80 年代初即开始采用了"汛期洪前预泄排沙，洪水末期蓄水发电，汛末水库集中冲沙"的水库综合调度，效果显著。

第一阶段为 1967~1971 年。1967 年 4 月开始蓄水，虽然汛期水位控制在 1 151 m 左右，但由于当年来沙 3.449 亿 t，大大超过多年平均值，水库库容当年损失高达 36.5%。1968 年继续抬升库水位，汛期平均运行水位为 1 152.85 m，水库继续淤积。到 1969 年以后，水库运行水位进一步抬升至 1 154 m 以上，甚至个别月份出现汛期水位较非汛期为高的情况。如 1969 年 9 月平均水位为 1 155.76 m，接近正常高水位。由于初期缺乏运行经验，对泥沙淤积的认识不够，加之追求发电效益而抬升汛期运行水位，仅 5 年时间（到 1971 年汛末），水库大部分库容已被淤掉，库容已由设计的 6.06 亿 m³ 减至 0.79 亿 m³，损失了 87%。

第二阶段为 1972~1976 年。在"兴利排沙保库"并重方针指导下，采用非汛期正常蓄水，汛期降低水位排沙的蓄清排浑的运行方式。利用汛期来沙大、坝前水位低、库区比降小、洪水挟沙能力强等特性，将汛期水位降低至 1 154 m。以排沙为主，充分发挥排沙建筑物的作用，不仅把上游来沙全部排出库外，还冲刷 0.05 亿 m³，有效降低了滩库容的淤积速度。库区泥沙在冲淤数量上趋于平衡,保持了一定的槽库容与长期效益。

第三阶段自 1977 年开始持续至今。采用蓄水运行与沙峰期排沙、汛末低水位集中冲沙相结合的运行方式,秉持高蓄水多发电原则。运用方式的改进是总结了前两个阶段的经验,并结合宁夏电力系统负荷增长和用电需要而获得的。鉴于第二阶段运行期间,汛期降低水位虽然库容能达到年内冲淤平衡,但损失了部分电能,仍需抬高水位运行。在保证电力系统负荷的前提下,发生大洪水和大沙峰时,应降低水位运行排沙。尽管规定"沙峰进库时开闸泄水排沙",但实际上 1977 ~ 1979 年 3 年淤积量很大,1 156 m 以下库容由 0.84 亿 m³ 减少到 0.44 亿 m³。这期间坝前水位上升 1.2 m,河床也相应淤高 1.0 m 左右。到 1980 年 10 月,总库容仅剩 0.415 亿 m³,库容损失 93.2%。库容的大量损失,对电站安全运行以及下游灌溉、防凌不利。为了控制淤积进一步发展,又重新拟定运行方式,根据水文预报,除在洪水期降低水位排沙减淤外,还不失时机地在汛末集中放空水库进行排沙,扩大库容。该阶段总的趋势是库容进一步损失,但短期的低水位拉沙对扩大槽库容效果还是比较明显的。

3.3.4.2　目前的水库运用细则

青铜峡水电站自 1991 年开始,实施汛期沙峰"穿堂过"结合汛末冲库拉沙的调度方式,即制定相应的排沙标准,汛期根据预报,提前降低水库水位,泥沙入库后,根据含沙量大小,选择机组全停或部分停机,开启排沙底孔排沙,尽可能多地将泥沙排出库外;汛末选择有利时机,进行一次机组全停、放空水库的拉沙运用,在机组和闸门前形成一个冲刷漏斗,保证冬季及来年机组、闸门的正常运行。通过这些年的运行实践,证明这种运行方式是有效可行的,是保证青铜峡水利枢纽正常发挥灌溉、发电及防洪功能的有力措施。

水库调度的总原则是采用汛期沙峰"穿堂过"结合汛末冲库拉沙的水库运行方式。图 3-22 为 2006 年青铜峡水库进出库水沙及库水位过程。

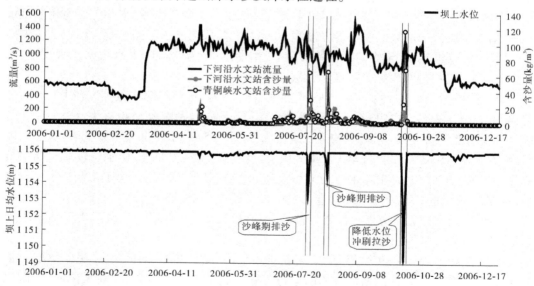

图 3-22　2006 年青铜峡水库进出库水沙及库水位过程

1.汛期沙峰"穿堂过"排沙方案

1)汛期排沙标准

(1)黄河干流安宁渡断面含沙量大于 120 kg/m³,且沙峰历时不低于 8 h。

(2)黄河干流下河沿断面含沙量大于 80 kg/m³,且沙峰历时不低于 8 h。

(3)支流祖厉河靖远站出现单点输沙率大于 120 t/s 的沙峰。

(4)库区内支流清水河泉眼山站、红柳沟鸣沙洲站出现单点输沙率大于 50 t/s 的沙峰。

2)排沙方式

(1)汛期针对入库沙峰采用低水位排沙运用方式。

(2)根据预报进行水库水量预泄,降低库水位。

(3)当过机含沙量大于 40 kg/m³ 时,机组停机。

(4)当尾水含沙量小于 40 kg/m³ 时,机组逐渐开机;当过机含沙量低于 20 kg/m³ 时,回升库水位至 1 155.50 m 以上运行。

3)水位控制

(1)为尽可能多地排出水库来沙及淤沙,同时能满足灌溉需要和电力系统负荷要求,排沙库水位按 1 151.00 ~ 1 155.00 m 控制。

(2)当过机含沙量大于 40 kg/m³ 时,机组不带负荷,水库水位调整至接近 1 151.00 m 运行。

(3)当过机含沙量小于 40 kg/m³ 时,机组尽量小负荷运行,库水位调整至 1 154.00 ~ 1 155.00 m 运行。

4)排沙泄流方式

(1)以泄水管运用为主,泄洪闸辅助调节水位。

(2)保证河西、河东灌溉用水。

(3)具体泄流方式视当时具体情况制定。

汛期沙峰"穿堂过"排沙方案由青铜峡水库方面制订执行。

2.汛末全厂停机冲库拉沙运用方案

(1)选择条件:汛末停灌或 9 月中旬至 10 月中旬期间出现大流量入库过程时,应进行停机冲库拉沙运用。

(2)水位:为确保坝前护坦不被冲刷,水库水位原则上按不低于 1 146.00 m 运行,即控制范围为 1 146.00 ~ 1 156.00 m。但考虑到低水位时的控制难度,可短时间低于 1 146.00 m 运行,历时不得超过 4 h。

(3)拉沙历时:应大于 72 h 或视系统允许情况及来水条件临时决定。

(4)出库控制:水库降水位过程,出库流量每小时变幅不大于 700 m³/s,水库回升水位时出库流量每小时变幅不大于 500 m³/s。

(5)具体泄流方式视情况制定。

2010 年黄河上游小峡—青铜峡梯级水库汛末联合拉沙方案简介:综合考虑不同流量水流的冲沙能力、水库发电下泄能力等,为避免水库电能损失及考虑电网的电力电量平衡承受能力等,最后确定此次拉沙稳定流量等级为 1 500 m³/s,即刘家峡出库流量为 1 200

m³/s,区间流量 200 m³/s,加上盐锅峡、八盘峡适当水量补偿,以及小峡、大峡库存水量,提供 1 500 m³/s 拉沙流量过程。

汛末停机冲库拉沙运用方案由黄河上中游水量调度委员会办公室协调刘家峡、盐锅峡、八盘峡、小峡、大峡、乌金峡、沙坡头、青铜峡等水库,制订统一的拉沙方案,并上报黄河防总批准后实施。

3.3.5 水库排沙特性分析

3.3.5.1 出库水沙特点

1. 不同时期年水沙量变化

青铜峡水库出库青铜峡站,1968~2011 年年均实测径流量 212.2 亿 m³,年均实测输沙量 0.742 亿 t,平均含沙量 3.5 kg/m³。青铜峡站不同时期水沙特征见表 3-11。1968~1986 年年均水量较大,为 251.9 亿 m³,汛期水量占年水量的 54%;1986 年以后,年水量显著减少,1987~2000 年和 2001~2011 年的年水量分别为 180.3 亿 m³ 和 184.4 亿 m³,汛期水量均占年水量的 42%。青铜峡站 1968~2000 年的年沙量较大。其中,1968~1986 年和 1987~2000 年年均沙量分别为 0.807 亿 t 和 0.883 亿 t,而 2001~2011 年年沙量为 0.450 亿 t,沙量显著减少。青铜峡站 1968~1986 年年均含沙量为 3.2 kg/m³,1987~2000 年,由于来水减少较多,而来沙不减反增,平均含沙量增大到 4.9 kg/m³,2001~2011 年,来沙显著减少,平均含沙量降低到 2.4 kg/m³,是 1968 年以来含沙量最低的时期。

表 3-11 不同时期青铜峡水库出库青铜峡站水沙量统计

项目		1968~1986 年	1987~2000 年	2001~2011 年	1968~2011 年
水量 (亿 m³)	汛期	136.1	75.0	77.4	102.0
	年	251.9	180.3	184.4	212.2
沙量 (亿 t)	汛期	0.731	0.773	0.397	0.661
	年	0.807	0.883	0.450	0.742
含沙量 (kg/m³)	汛期	5.4	10.3	5.1	6.5
	年	3.2	4.9	2.4	3.5

青铜峡站 1990 年之前,日均流量较大,1990 年之后较小。青铜峡站最大日均洪峰流量是 1981 年的 5 540 m³/s,其次是 1967 年的 5 020 m³/s,洪峰最小值为 1987 年的 943 m³/s;1986 年以来最大日均流量为 1989 年的 2 900 m³/s,2000~2011 年最大洪峰流量为 2004 年的 1 550 m³/s。含沙量最大值为 1995 年的 189.7 kg/m³,最小为 1969 年的 7.6 kg/m³。

2. 不同时期月出库水沙特点

1968~1986 年青铜峡站非汛期(11 月至翌年 6 月)的平均流量较小,为 500~660 m³/s,汛期(7~10 月)的平均流量为 1 160~1 490 m³/s,明显大于非汛期的,其中 9 月最大,为 1 490 m³/s。1987~2000 年和 1968~1986 年相比,非汛期的流量差别不明显,但汛期流量显著减小为 550~810 m³/s。2001~2011 年 7~8 月的平均流量进一步减小,接近非汛期的情况,9～10月的流量相比1987～2000年有所增加,其中10月最大,为970 m³/s,见图3-23。

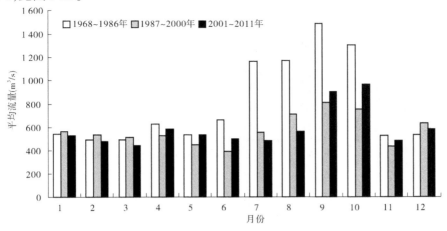

图3-23　不同时期青铜峡站月平均流量

1968～1986年7～9月的含沙量最大,为5.7～8.4 kg/m³;1987～2000年是三个时期含沙量最高的时段,7～8月的含沙量最大,为16.7～18.1 kg/m³;2001～2011年,除10月的含沙量为4.2 kg/m³,较1968～1986年的1.7 kg/m³大外,总地来看,含沙量降低到与1968～1986年大体一致的程度,见图3-24。

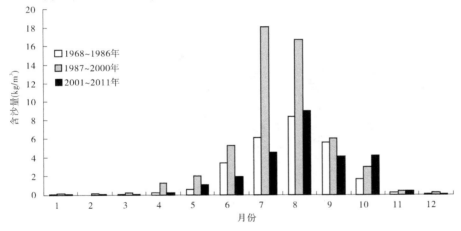

图3-24　不同时期青铜峡站月平均含沙量

3. 不同时期各流量级水沙搭配

以500 m³/s为级差,统计各流量级的水量、出现的天数及相应的沙量。从图3-25可以看到,各时期1 500 m³/s以下的流量级的水量差别不大,但1 500 m³/s以上流量级的水量差别较大。1968～1986年,大于1 500 m³/s的流量级的水量为14亿～22亿 m³,1987～2000年则减少到不足4亿 m³,2001～2011年1 500～2 000 m³/s流量之间的水量为0.24亿 m³,大于2 000 m³/s流量的水量为0。

从各流量级出现的天数看(见图3-26),各时期1 500 m³/s以下的差别不大,大于

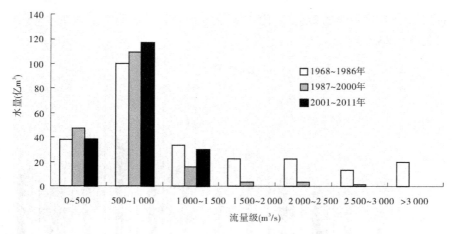

图 3-25　不同时期青铜峡站各流量级的水量

1 500 m³/s的差别较大。1 500~2 000 m³/s、2 000~2 500 m³/s、2 500~3 000 m³/s 和大于 3 000 m³/s 的流量级出现的天数,1968~1986 年分别为 15.1 d、11.6 d、6.0 d 和 6.6 d,1987~2000 年则减少为 2.4 d、1.7 d、0.6 d 和 0 d,2001~2011 年,1 500~2 000 m³/s 流量级出现的天数为 0.18 d,没有大于 2 000 m³/s 的流量级出现。

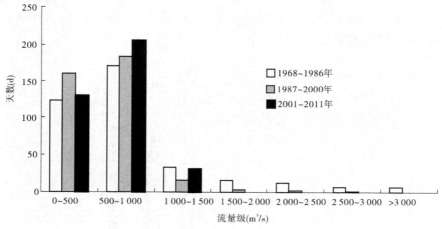

图 3-26　不同时期青铜峡站各流量级出现的天数

从各流量级相应的沙量看(见图 3-27),1987~2000 年小于 1 500 m³/s 的流量级相应的沙量明显多于前后其他两个时期的;1968~1986 年,大于 1 500 m³/s 的流量级的沙量远大于 1986 年以后的两个时期;2001~2011 年,沙量主要由 500~1 500 m³/s 流量级的水量挟带,大于 2 000 m³/s 的流量级,由于没有出现相应的水量而没有相应的沙量。

3.3.5.2　洪水排沙特性及规律分析

自 1991 年以来,青铜峡水库采取汛期沙峰"穿堂过"排沙(沙峰期排沙)和汛末冲库拉沙(降低水位排沙)运用,力争使水库保持冲淤平衡甚至冲刷,这方面已有不少统计分析成果。本次利用 2002~2010 年资料,结合库水位变化,分析水库"穿堂过"排沙和汛末冲库拉沙对水沙条件的影响。

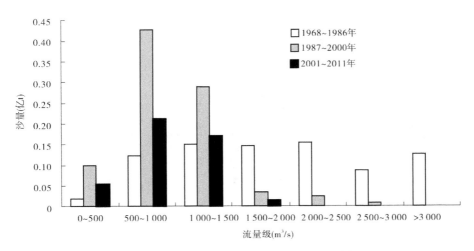

图 3-27　不同时期青铜峡站的各流量级的沙量

1. 沙峰期排沙

2002 年以来汛期沙峰"穿堂过"排沙洪水场次共 13 场,统计排沙期间的库水位、进出库的流量及含沙量,列于表 3-12。其中,平均水位变幅为排沙期间的坝前平均水位与水库正常运用水位 1 156 m 之差,净入库流量和沙量按下式计算:下河沿与泉眼山之和,减去引水渠的。由于坝前水位降幅不大,多数场次洪水的库区冲淤变化不大。流量—含沙量关系可反映水沙搭配关系,出库和入库相比,水沙关系变化不明显。

2. 降低水位排沙

表 3-13 为降低水位排沙进出库水沙统计表。从表 3-13 与表 3-12 的比较可以看出,与沙峰期排沙相比,降低水位排沙期间的库水位下降的幅度大得多,平均水位降幅在 1.54 ~ 2.78 m,由于水位降幅大,加上汛末入库的含沙量很低,库区冲刷明显,出库含沙量显著增大。从表 3-13 可以看出,入库平均含沙量只有 0.2 ~ 7.5 kg/m^3,出库含沙量则增大到 13.0 ~ 57.8 kg/m^3,从而使来沙系数显著增大到 0.010 ~ 0.061 kg·s/m^6。

3. 已有相关研究成果

影响水库排沙和冲刷强度的因素有来水来沙条件、库区比降、库区的壅水程度及库区的前期冲淤状况等,水库的泄流规模是影响壅水程度的因素之一。因此,排沙和冲刷强度也受水库的泄流规模大小影响。

关于青铜峡水库的泥沙冲淤规律的研究,有不少成果。焦恩泽等在研究青铜峡水库泥沙运动规律时,根据青铜峡水库 1980 ~ 1983 年的实测资料,得到如下公式:

$$q_s = N \frac{q^{1.6} J^{1.2}}{n^{0.4} \omega_0} e^{6.72 S_V} \tag{3-6}$$

式中:q_s 为单宽输沙率;q 为单宽流量;J 为比降;ω_0 为单颗粒泥沙沉速;n 为曼宁系数;S_V 为体积比含沙量;N 为系数。

根据青铜峡水库 1967 ~ 1975 年共 55 个时段的沿程冲刷资料,得如下经验关系式。

蓄水运用时:

表3-12 沙峰期排沙时进出库水沙统计

序号	开始时间（年-月-日）	历时（d）	平均水位变幅（m）	平均流量（亿 m³）		平均含沙量（kg/m³）		沙量（亿 t）		排沙比（%）	水库冲淤量（亿 t）	来沙系数（kg·s/m⁶）	
				净入库	出库	净入库	出库	净入库	出库			净入库	出库
1	2002-07-04	5	-0.73	359	362	3.3	32.2	0.005 1	0.050 3	986	-0.045 2	0.009	0.089
2	2002-08-13	6	-0.98	536	600	23.6	71.8	0.065 6	0.223 5	341	-0.157 9	0.044	0.120
3	2003-07-22	6	-0.77	265	258	0.2	47.9	0.000 3	0.064 0	21 333	-0.063 7	0.001	0.186
4	2003-08-26	15	-0.50	986	1 039	10.8	27.0	0.137 9	0.363 9	264	-0.226 0	0.011	0.026
5	2004-07-28	11	-0.13	382	353	6.8	10.5	0.024 7	0.035 1	142	-0.010 4	0.018	0.030
6	2004-08-17	11	-0.20	486	485	8.6	15.1	0.039 6	0.069 5	176	-0.029 9	0.018	0.031
7	2005-05-29	8	-0.34	517	455	17.2	11.5	0.061 5	0.036 0	59	0.025 5	0.033	0.025
8	2005-06-27	10	-0.09	586	518	16.2	13.3	0.082 1	0.059 7	73	0.022 4	0.028	0.026
9	2006-07-30	6	-0.61	600	573	36.3	25.8	0.113 1	0.076 7	68	0.036 4	0.061	0.045
10	2006-08-13	6	-0.45	797	682	22.5	20.5	0.093 1	0.072 4	78	0.020 7	0.028	0.030
11	2007-07-27	6	-0.72	848	794	33.8	20.8	0.148 6	0.085 6	58	0.063 0	0.040	0.026
12	2009-08-17	8	-0.12	749	748	23.7	15.4	0.122 8	0.079 5	65	0.043 3	0.032	0.021
13	2010-08-10	7	-0.16	1 200	948	6.9	10.3	0.050 4	0.059 2	117	-0.008 8	0.006	0.011

注:1. 平均水位变幅为排沙期间的坝前平均水位与水库正常运用水位 1 156 m 之差；

2. 净入库流量和沙量按下式计算：净入库＝下河沿＋泉眼山－引水渠。

表 3-13　降低水位排沙进出库水沙统计

| 序号 | 开始时间（年-月-日） | 历时（d） | 平均水位变幅（m） | 平均流量（亿 m³） | | 平均含沙量（kg/m³） | | 沙量（亿 t） | | 水库冲淤量（亿 t） | 来沙系数（kg·s/m⁶） | |
				净入库	出库	净入库	出库	净入库	出库		净入库	出库
1	2001-10-08	3		749	778	1.0	47.1	0.001 9	0.095 0	-0.093 1	0.001	0.061
2	2002-09-24	3	-1.54	943	898	2.4	44.2	0.006 0	0.103 0	-0.097 0	0.003	0.049
3	2004-09-25	6	-2.17	904	887	4.5	34.1	0.021 2	0.157 0	-0.135 8	0.005	0.038
4	2005-10-10	7	-1.93	1 297	1 320	0.6	13.0	0.004 7	0.104 1	-0.099 4	0	0.010
5	2006-10-14	5	-2.78	883	1 009	7.5	57.8	0.028 5	0.252 1	-0.223 6	0.008	0.057
6	2008-10-09	5	-1.91	888	1 057	1.0	20.0	0.003 7	0.091 3	-0.087 6	0.001	0.019
7	2009-10-15	5	-2.72	1 049	1 139	0.2	23.2	0.000 9	0.114 0	-0.113 1	0	0.020
8	2010-10-11	6	-2.02	1 115	1 111	3.7	14.3	0.021 5	0.082 3	-0.060 8	0.003	0.013

注:1. 平均水位变幅为排沙期间的坝前平均水位与水库正常运用水位 1 156 m 之差;

2. 净入库流量和沙量按下式计算:净入库 = 下河沿 + 泉眼山 - 引水渠。

$$Q_{s出} = 255\,000(Q_入 J)^{1.65}\left(\frac{S_入}{Q_入} \times 10^8\right)^{0.66} \tag{3-7}$$

蓄清排浑运用时:

$$Q_{s出} = 55\,000(Q_入 J)^{1.6}\left(\frac{S_入}{Q_入} \times 10^8\right)^{0.64} \tag{3-8}$$

分析了青铜峡水库运用以来的溯源冲刷资料,得如下经验关系式:

$$Q_{s出} = 150\,000(Q_出 J)^{1.95}\left(\frac{S_入}{Q_入} \times 10^8\right)^{0.78} \tag{3-9}$$

式中:$Q_{s出}$ 为出库输沙率,kg/s;$Q_出$ 为出库流量,m³/s;$S_入$ 为入库含沙量,kg/m³;J 为比降。

清华大学和陕西水科所在研究水库敞泄排沙时,得到如下公式

$$Q_s = k\frac{Q^{1.6}J^{1.2}}{B^{0.6}} \tag{3-10}$$

式中:Q_s 为出库输沙率;B 为河槽宽度。

水利电力部第十一工程局设计研究院在研究三门峡水库冲淤规律时,得到如下溯源冲刷出库输沙率计算公式:

$$Q_s = 250 \times (QJ)^2 \tag{3-11}$$

关于水库冲淤规律方面,还有许多利用实测资料所做的分析研究成果,但其均是实测资料的分析或定性描述,没有建立定量关系,也没有理论分析。

刘月兰、潘贤娣、赵业安等在研究河道输沙规律时,通过大量的黄河实测资料分析,得出黄河河道具有多来多排的特点,即对于一定时期,一站的输沙能力取决于本站的流量和上站的含沙量,有

$$Q_s = kQ^a S_u^b \tag{3-12}$$

式中:Q_s 为本站输沙率;Q 为本站流量;S_u 为上站含沙量。

式(3-12)的流量反映了输沙的力学成因,含沙量反映了河道多来多排的特点。式(3-12)中流量的方次 a 和比降有关。

综上所述,影响冲刷的主要因素有水沙条件、库区比降、库区的壅水程度等。比较以上关于河道、库区的输沙和冲刷计算公式的形式,会发现其影响输沙或冲刷的主要因素为流量、含沙量及比降。可以用出库流量代表冲刷或输沙的流量,可以用水位差来反映库区比降和壅水的影响。无论是河道还是水库库区,也无论是输沙还是冲刷,其泥沙输移的主要影响因素应该是一样的。

4. 青铜峡水库洪水排沙关系

考虑到青铜峡水库经过长期淤积,水库库容处于一个相对稳定的状况,库容调整变化的幅度很小,在纵向上调整的范围不大,很大程度上具有河道输沙的特点,水库在排沙时其库区输沙在某一阶段也具有河道输沙的特点,同时为简化计算,拟采用如下形式计算出库输沙率:

$$Q_{s出} = kQ_出^a S_入^b \Delta H^c \tag{3-13}$$

式中:$Q_{s出}$ 为出库输沙率,t/s;$Q_出$ 为出库流量(即青铜峡水文站的流量),m³/s;$S_入$ 为入库

含沙量，kg/m³，按 $S_\text{入} = \dfrac{W_\text{s下河沿} + W_\text{s泉眼山} - W_\text{s引水渠}}{W_\text{下河沿} + W_\text{泉眼山} - W_\text{引水渠}} \times 1\,000$ 计算得到，其中 $W_\text{s下河沿}$、$W_\text{s泉眼山}$ 和 $W_\text{s引水渠}$ 分别为干流下河沿水文站、支流清水河泉眼山水文站，以及库区三大引水渠的引沙量，单位为亿 t，$W_\text{下河沿}$、$W_\text{泉眼山}$ 和 $W_\text{引水渠}$ 分别为干流水文站下河沿、支流清水河泉眼山水文站，以及库区三大引水渠的引水量，亿 m³；ΔH 为正常运用水位 1 156 m 和时段平均水位的差值，它反映了比降对输沙或冲刷的影响。

利用 2001～2012 年青铜峡水库的洪水场次，所用资料范围如下：下河沿站日平均最小流量 609 m³/s，最大流量 1 650 m³/s；日平均最小含沙量 1.08 kg/m³，最大含沙量 72.2 kg/m³；泉眼山站日平均最小流量 0，最大流量 110 m³/s；日平均最小含沙量 0，最大含沙量 818.8 kg/m³；青铜峡站日平均最小流量 418 m³/s，最大流量 1 550 m³/s（洪水水文要素摘录表最大流量 1 920 m³/s，2004 年 9 月 27 日）；日平均最小含沙量 16.0 kg/m³，最大含沙量 166.9 kg/m³（洪水水文要素摘录表最大含沙量 308 kg/m³，2004 年 9 月 26 日）。经回归分析，得到 $k = 0.035$，$a = 0.872$，$b = 0.277$，$c = 0.821$。相关系数为 0.878，相关程度为高度相关。式中，流量和水位变幅的指数分别为 0.872 和 0.821，远大于含沙量的指数 0.277，说明增大出库流量和降低坝前水位冲刷效果最好。图 3-28 为采用式（3-13）计算输沙率和实测输沙率关系图。由图 3-28 可以看到，点据分布在 45°线周围，说明计算值与实测值相近。

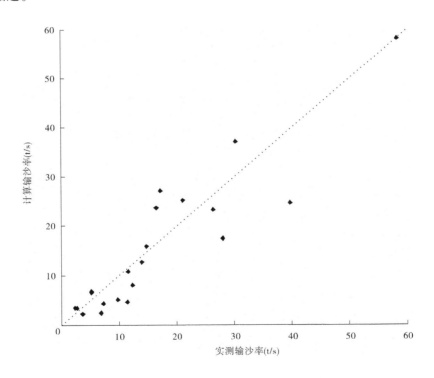

图 3-28　青铜峡出库输沙率计算值与实测值对比

图 3-29 为根据 $Q_{s\text{出}} = 0.035 Q_{\text{出}}^{0.872} S_{\text{入}}^{0.277} \Delta H^{0.821}$ 计算的出库输沙率与实测出库输沙率的对比。可以看出,多数场次的计算过程和实测过程吻合较好,个别场次计算与实测有一定差距。分析造成误差的原因,主要与青铜峡水库不同场次洪水时开启的排沙设施不同有关。青铜峡水库泄洪排沙设施有 3 孔泄洪闸、7 孔溢流坝和 15 孔泄水管,这些设施由于所处的高程和位置不同,其排沙能力也不同,在分析青铜峡水库的排沙规律时,理应考虑不同洪水不同设施的启闭情况,但限于我们所掌握的资料,没有进行这方面的研究,这是以后需要继续研究的地方。

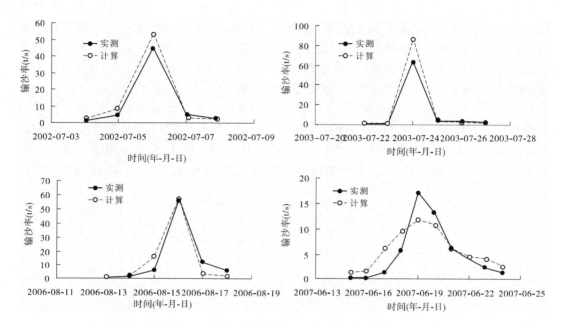

图 3-29　洪水期计算输沙率与实测输沙率过程的对比

3.3.6　小结

（1）青铜峡水库 1967 年开始蓄水,水库兼有湖泊型和峡谷型水库的特点,经过 40 多年的运用,2008 年汛后总库容 0.372 1 亿 m³,占原始库容的 6.1%。

（2）青铜峡水库水量几乎全部来自黄河干流,年均约为 245.7 亿 m³（1987～2009年）,干支流分别占 99.5% 和 0.5%;年均入库沙量 0.67 亿 t,干支流分别占 2/3 和 1/3。

（3）青铜峡水库运用经历了"高水位运用""蓄清排浑"及"沙峰期""穿堂过"排沙、汛末降低库水位冲刷排沙"三个运用阶段。

沙峰期"穿堂过"排沙:当预报干流发生较高含沙量洪水(安宁渡站含沙量大于 120 kg/m³ 或下河沿站含沙量大于 80 kg/m³)时,或支流有较大输沙率洪水(靖远站出现单点输沙率大于 120 t/s 的沙峰,清水河泉眼山站、红柳沟鸣沙洲站出现单点输沙率大于50 t/s 的沙峰)时,水库将水位降低至 1 151～1 155 m,以"穿堂过"方式排沙。

汛末降低库水位冲刷排沙:9 月中旬至 10 月中旬期间出现大流量入库过程时,库水位可降低到 1 146 m,青铜峡水库与其上游的水库实行联合拉沙。拉沙流量一般为 1 500

m^3/s。2010 年的调度为刘家峡出库流量 1 200 m^3/s，区间流量 200 m^3/s，加上盐锅峡、八盘峡适当水量补偿，以及小峡、大峡库存水量，提供 1 500 m^3/s 拉沙流量过程。

（4）利用 2002～2010 年资料，结合库水位变化，分析水库"穿堂过"排沙和汛末冲库拉沙对水沙条件的影响。结论如下：其一，沙峰期排沙，出库和入库相比，水沙关系变化不明显；其二，水库降低水位排沙，使出库的同流量的含沙量明显增大，来沙系数增大到 0.010～0.061 $kg \cdot s/m^6$。

（5）总结了已有关于河道和库区冲淤规律方面的研究成果，无论是河道还是水库库区，其泥沙输移的主要影响因素是一样的，计算公式的形式是相似的，主要因素大体相同，均为流量、含沙量和比降。利用 2001～2012 年青铜峡水库 24 场洪水资料，分析建立了青铜峡水库排沙经验关系式，可以在已知入库水沙过程和库水位降幅的条件下，用来计算出库的水沙过程。

3.4 三盛公水利枢纽

3.4.1 枢纽概况

黄河三盛公水利枢纽位于黄河上游内蒙古自治区河套平原的入口处，磴口县境内巴彦高勒镇东南 3 km 处的黄河干流上，位处包兰线三盛公桥下 2.8 km 处，临近乌兰布和沙漠的边缘，距河口 2 524 km。枢纽兴建于 1959 年，1961 年 5 月竣工投入运用，枢纽由拦河土坝、拦河闸、总干进水闸、南岸进水闸、沈乌进水闸、库区围堤及总干渠电站等组成。枢纽设计洪水标准 $P=1\%$，设计洪水百年一遇为 6 820 m^3/s，校核洪水千年一遇为 8 670 m^3/s。设计库容 0.80 亿 m^3，现有库容约为 0.36 亿 m^3（2012 年汛前实测）。

三盛公水利枢纽控制流域面积 31.441 0 万 km^2，是一个以灌溉为主，兼有供水、发电、防洪防凌、交通等功能的拦河闸式大型取水枢纽，根据枢纽上、下游河段河势的变化，采取相应的闸门调度方式。作为黄河三盛公引黄工程的首部枢纽，承担着河套灌区 865 万亩的农田灌溉任务，设计灌溉面积（远景）为 1 513.5 万亩。年引水量近 60 亿 m^3，三盛公水电站总装机容量 2 000 kW，年发电量 700 万 kWh，已作为西北电网的调峰电站；同时承担引水和发电任务，并保证包头钢铁工业和城市供水调节；还有调水调沙、防洪防凌等综合效益，三盛公水利枢纽是当前黄河干流上唯一运行良好的低水头引黄灌溉工程，是发挥灌溉效益，减少泥沙入渠，保持有效沉沙库容，消除水沙之害的工程之一。对保护黄河两岸灌区及包兰铁路干线、公路和光缆信息干线安全等人民生命财产安全都至关重要。

三盛公水利枢纽拦河闸距上游在建的海勃湾水库 87 km。三盛公水利枢纽含沙量预报的水文站为石嘴山水文站，距拦河闸 145 km，枢纽的入库控制站为磴口水文站，距拦河闸 53.8 km，磴口至拦河闸之间没有大支流汇入。枢纽的出库控制站为巴彦高勒水文站，在拦河闸下游 800 m 处。

三盛公水利枢纽及其相关水文站相对位置如图 3-30 所示；库区平面图如图 3-31 所示。

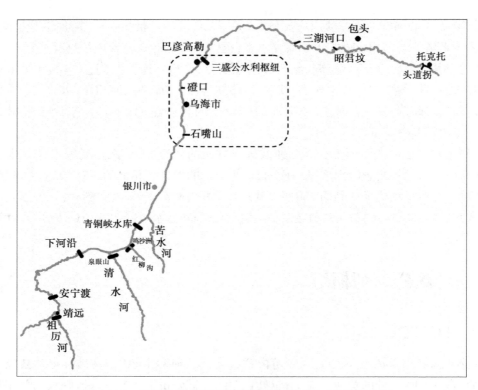

图 3-30　三盛公水利枢纽及其相关水文站相对位置示意图

3.4.2　来水来沙、引水引沙与风沙

三盛公水利枢纽以上黄河干流来水来沙的一个显著特点是水沙异源,水量 99% 来自兰州以上,而沙量的 44% 则来自兰州以下的区间支流,水沙异源的特点导致三盛公水利枢纽库内的水沙关系极不匹配:即大水带小沙,中、小水带大沙。大水带小沙,水流挟沙能力强,有利于枢纽库区的冲刷;中、小水带大沙,再加上枢纽的壅水运用造成枢纽库段的淤积加剧。此外,库区左岸的乌兰布和入库风沙也是造成水库淤积的一个原因。

3.4.2.1　干流来水特点

黄河磴口站是三盛公水利枢纽的进库站,距闸 53.8 km。根据 1962~1999 年磴口站的实测资料,多年平均径流量 284.1 亿 m³,在龙羊峡水库投入运用以前的 1962~1986 年为 303.4 亿 m³,龙羊峡水库投入运用以后的 1987~2000 年为 228.5 亿 m³,来水量减少了 25%。年最大径流量为 504.4 亿 m³(1967 年),最小年径流量为 164 亿 m³(1997 年)。刘家峡水库投入运用也改变了水量的年内分配,磴口站汛期水量占全年比例由 1951~1968 年的 62.7% 降为 51.3%。龙羊峡水库投入运行后,汛期水量所占的百分比进一步减少为 43.9%。

3.4.2.2　干流来沙特点

1962~1999 年三盛公水库年均入库输沙量 1.09 亿 t,其中约 85% 集中在汛期,年平均含沙量 3.85 kg/m³,从入库沙量看,刘家峡水库运用前,含沙量均值大于 4.0 kg/m³(见表 3-14),2000 年以后,绝大多数年份含沙量均值小于 4.0 kg/m³(见表 3-15)。

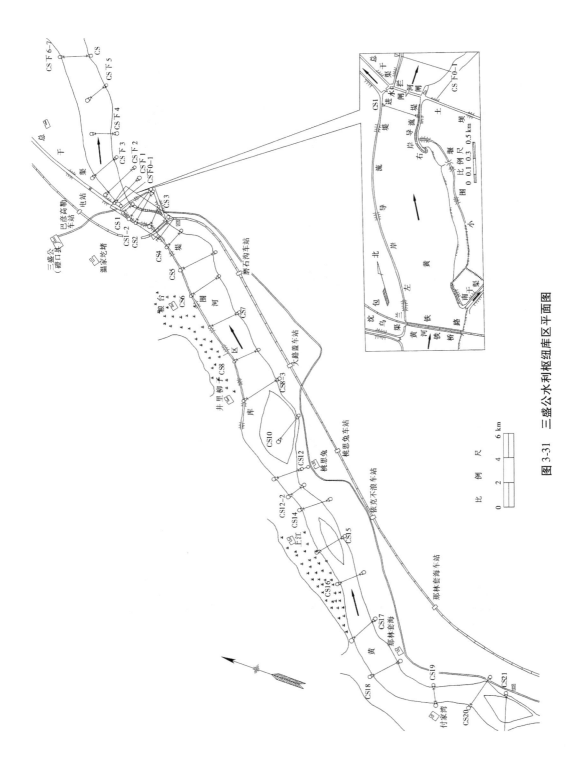

图 3-31 三盛公水利枢纽库区平面图

表 3-14　碛口站多年平均水沙特征值统计表

时段	多年平均径流量 （亿 m³）	最大流量 （m³/s）	多年平均沙量 （亿 t）	最大含沙量 （kg/m³）	多年平均含沙量 （kg/m³）
1962~1970 年	329.5	5 710	1.55	61.6	4.69
1971~1980 年	288.6	4 220	0.90	69.7	3.12
1981~1990 年	300.9	5 740	0.99	79.4	3.28
1991~2000 年	215.0	2 010	0.98	76.4	4.54
2001~2011 年	197.6	1 760	0.50	27.3	2.53

注：缺少 2000 年资料。

表 3-15　2001 年以来碛口站历年水沙特征值统计（运用年）

年份	水量 （亿 m³）	沙量 （亿 t）	平均流量 （m³/s）	最大流量 （m³/s）	平均含沙量 （kg/m³）	最大含沙量 （kg/m³）
2001	142.1	0.53	450	1 330	3.8	21.1
2002	182.9	0.69	580	1 760	3.8	27.3
2003	157.2	0.64	499	1 570	4.0	22.7
2004	164.3	0.46	520	1 230	2.8	17.6
2005	210.8	0.58	669	1 550	2.7	10.3
2006	235.1	0.61	745	1 390	2.6	15.9
2007	224.3	0.71	711	1 480	3.2	13.6
2008	202.2	0.33	640	1 230	1.6	5.2
2009	213.9	0.36	678	1 340	1.7	10.8
2010	233.1	0.32	739	1 390	1.4	8.5
2011	207.8	0.24	659	1 470	1.1	6.2
年均	197.6	0.50	626	1 431	2.6	14.5

根据碛口水文站悬移质泥沙颗粒分析资料统计，龙羊峡水库投入运用前，泥沙平均粒径为 0.041 mm，龙羊峡水库投入运用后泥沙平均粒径为 0.026 mm。20 世纪 80 年代以前，泥沙中值粒径为 0.035~0.020 mm，90 年代泥沙中值粒径为 0.022~0.006 mm，悬移质泥沙颗粒有细化的趋势，而且呈汛期泥沙较细，非汛期泥沙颗粒较粗的状况，见表 3-16。

表 3-16　碛口站悬移质泥沙平均粒径　　　　　　　　　　（单位：mm）

时期	1965~1970 年	1971~1980 年	1981~1990 年	1991~1999 年
非汛期	0.056	0.067	0.051	0.029
汛期	0.04	0.039	0.034	0.026

3.4.2.3 入库洪水特点

一是水沙同步,洪水历时长,一般洪峰和沙峰同时到来,或沙峰滞后洪峰几个小时,洪水过程线为矮胖型;二是来水来沙集中在汛期,尤其是来沙,往往集中在几场大洪水期。

3.4.2.4 引水引沙特点

1961~1999年,三盛公库区三大引水渠引水量在46.8亿~64.5亿 m^3,引水含沙量受大河含沙量影响,多年平均不到3 kg/m^3,小于大河含沙量;年引沙量最小的时期是1971~1980年的0.095 5亿t,最大的时期是1991~1999年的0.170 3亿t。多年平均引水量占来水量的28%,引沙量占来沙量的27%(见表3-17)。

表3-17 三盛公库区引水渠引水量、引沙量统计

时段	多年平均年引水量(亿 m^3)	多年平均年引沙量(亿t)	多年平均引水含沙量(kg/m^3)
1961~1970年	46.8	0.136 2	2.91
1971~1980年	50.5	0.095 5	1.89
1981~1990年	64.5	0.137 5	2.13
1991~1999年	64.0	0.170 3	2.66
1961~1999年	56.0	0.133 9	2.38

2001年以来每年的引水量稳定在50.7亿~69.3亿 m^3,引沙量受大河含沙量影响,变幅较大,为0.014亿~0.231亿t(见表3-18)。

表3-18 2001年以来引水渠引水量、引沙量统计(日历年)

年份	引水量(亿 m^3)	引沙量(亿t)	含沙量(kg/m^3)
2001	59.4	0.154	2.59
2002	62.6	0.231	3.69
2003	50.7	0.026	0.52
2004	59.5	0.133	2.24
2005	61.3	0.177	2.89
2006	62.9	0.145	2.31
2007	62.4	0.175	2.80
2008	62.0	0.093	1.50
2009	63.9	0.077	1.20
2010	69.3	0.014	0.21
2011	62.7	0.057	0.91
最小	50.7	0.014	0.21
最大	69.3	0.231	3.69
合计	676.7	1.282	
平均	61.5	0.117	1.89

入渠的泥沙组成很细。根据 1963～1986 年入渠沙峰的统计资料,入渠泥沙中,粒径小于 0.01 mm 的占 69%～94%。

根据场次洪水的实测资料分析结果,三盛公水利枢纽库区引沙量与来水含沙量及引水量有如下关系(相关系数 0.986 9):

$$W_{s引} = 0.739 \times \frac{S_{磴口}}{1\,000} W_{引} \tag{3-14}$$

3.4.2.5 入黄风沙量

三盛公水库库区左岸为乌兰布和沙漠。乌兰布和沙漠总面积约 1 万 km^2,横跨阿拉善盟和巴彦淖尔盟,由沙丘、沙荒地、耕地和小片草原组成,沙丘形态有堆状沙丘、垄岗沙丘、格状新月形沙丘和新月形沙丘等。乌兰布和沙漠靠近黄河河道的长度 53.8 km,三盛公库区左岸是乌兰布和沙漠的风沙入黄的主要风口之一,每年有大量风沙入黄。风沙入黄通常是沙漠的沙被风挟带到河流,或通过沙漠中流入黄河干流的支流或沟道输入黄河。乌兰布和沙漠泥沙较粗,其中值粒径为 0.10～0.24 mm,对黄河河道和水库的危害较重。

关于风沙入黄数量的多少,不同研究成果其量值不同。中国科学院兰州沙漠所研究得出,黄河沙坡头至河曲段风成沙年入黄沙量估算结果为 0.532 亿 t,方学敏计算得出沙坡头至河口镇段风成沙年入黄沙量约 0.219 亿 t。中国科学院黄土高原考察队分析计算得出,下河沿—头道拐 1971～1980 年年均入黄风沙量为 0.455 5 亿 t,其中磴口—三盛公河段为 0.036 1 亿 t,根据逐月气象资料,可计算磴口—三盛公河段月平均入黄风沙量(见表 3-19)。

表 3-19　1971～1980 年磴口—三盛公河段月平均入黄风沙量统计

月份	1	2	3	4	5	6	7	8	9	10	11	12	全年
大风日(d)	0.8	1.3	1.6	3.3	2.2	1.4	1.9	0.8	0.6	0.8	0.9	1	16.6
沙尘暴日(d)	0.9	1.7	3.1	4.3	3.3	1.4	1.4	0.6	0.3	0.3	0.8	1.3	19.4
扬沙日(d)	5.1	4.7	6.4	7.7	8.1	5.5	4.3	2.4	2.6	2.7	4.8	5.3	59.6
风沙日总和(d)	6.8	7.7	11.1	15.3	13.6	8.3	7.6	3.8	3.5	3.8	6.5	7.6	95.6
占全年百分数(%)	7.1	8.1	11.6	16	14.2	8.7	7.9	4	3.7	4	6.8	7.9	100
各月入黄(万 t)	26	29	42	58	51	31	29	14	13	14	25	29	361

3.4.3　库区淤积特点

3.4.3.1 库容淤损过程

三盛公水利枢纽库区横向冲淤的特点为滩面只淤不冲,逐渐抬高,主槽冲淤交替相对稳定中略有淤积。枢纽运用的前 5 年(1961 年 5 月至 1966 年 5 月),滩库容和槽库容均是减小的,1966 年 5 月以后,槽库容在冲淤交替,基本维持在 0.35 亿～0.4 亿 m^3,滩库容虽然是淤积的,但淤积的速率很小;槽库容冲淤交替的过程中略有淤积。到 2012 年汛前,三盛公水利枢纽 1 055 m 以下库容为 0.360 3 亿 m^3。图 3-32 为三盛公水利枢纽设计正常运用水位 1 055 m 以下库容及淤积库容变化过程。

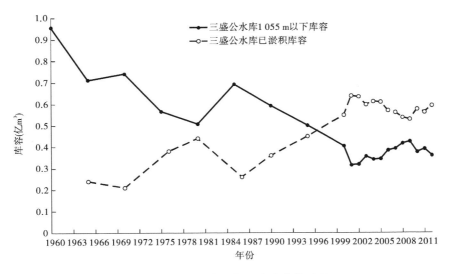

图 3-32 三盛公水利枢纽库容变化过程

3.4.3.2 纵剖面变化

三盛公水利枢纽库区纵剖面淤积形态基本为锥体淤积,根据近年的实测大断面资料计算,纵比降为 1.8‰(见图 3-33)。库区水面宽平均约为 2 000 m,主槽平均宽约为 1 000 m。壅水期滩槽同时淹没于水下,泄空冲刷时水位低于滩面,只有主槽发生冲刷,因此形成所谓"死滩活槽"现象。

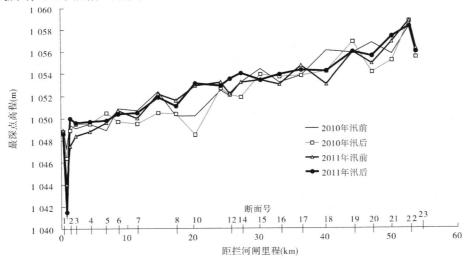

图 3-33 近年三盛公库区纵剖面(深泓点高程)

3.4.3.3 横断面变化

三盛公水库库区 53.8 km 长的库段共布设 0～23 号 24 个断面,套绘 1983 年、2001 年和 2011 年的库区断面,6 号断面(距坝 6.87 km)以下的库段断面横向变化相对稳定;7 号断面(距坝 8.62 km)至 21 号断面(距坝 50.13 km)长 41.51 km 的库段,断面不稳定,常发生横向摆动;居于库尾的 21 号以上的库段,断面横向变化相对稳定。计算三盛公库区

2011 年汛后 1 号、5 号、12 号、18 号和 19 号断面的主槽宽度和深度,相对稳定的断面(如 1 号和 19 号),槽宽不到 400 m,河相系数不到 5,断面窄深;断面横向不稳定的库段(如 5 号、12 号和 18 号),断面的槽宽在 564~705 m,河相系数较大,断面相对宽浅,见图 3-34、表 3-20。

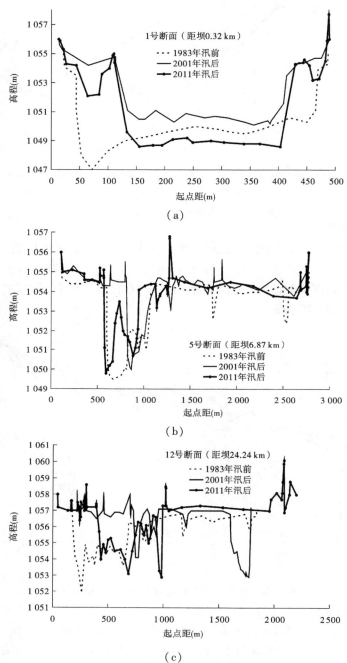

图 3-34　三盛公库区典型断面变化

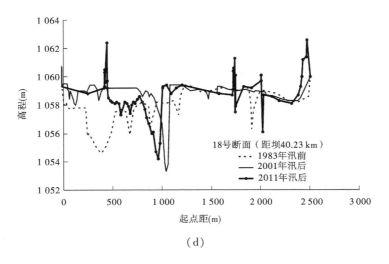

（d）

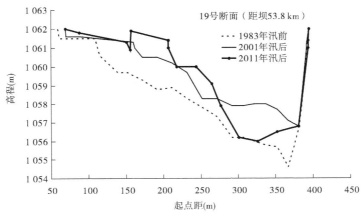

（e）

续图 3-34

表 3-20 三盛公库区 2011 年汛后典型断面特征值

断面号	主槽宽（m）	平均槽深（m）	最大水深（m）	河相系数
1	335	5.3	6.5	3.5
5	705	3.0	5.5	8.8
12	601	1.7	3.4	14.7
18	564	1.6	3.7	15.0
19	326	3.7	7.4	4.9

3.4.4 运用方式

3.4.4.1 运用总原则

三盛公水利枢纽运用总原则是,必须在保证工程安全的前提下充分发挥工程效益,当供水与安全发生矛盾时,供水服从安全,绝对保证包钢工业用水(保证下泄流量不小于100 m³/s,除非干流来水流量不到100 m³/s);优先满足农业灌溉用水,并以粮食作物浇青为主,林木地用水安排在丰水期;在不影响灌溉用水的情况下,尽量照顾发电用水;在满足用水的前提下,尽量降低闸上水位,以减少库区淤积。

3.4.4.2 汛期和凌汛期运用

汛期:灌溉服从防汛;根据洪水预报,洪峰到来之前,提前泄水降低闸前水位,以增加调洪库容;洪水到来时,在超过设计流量、水位时,利用各引黄水闸进行分洪,削减洪峰。

凌汛期:凌汛期包括封河期(11月下旬至12月)和开河期(2月下旬至3月上旬),一般在封河期兰州断面流量不超过700 m³/s,开河期流量不超过500 m³/s,控制时间为15 d。凌汛期三盛公水利枢纽按进库等于出库原则,以配合上游水库进行防凌运用。

3.4.4.3 减淤、排沙与冲刷运用

1. 减淤运用

枢纽的正常运用水位为1 055 m,在5~10月的灌溉期,为了减少无效壅水造成的滩地淤积,灌溉期的闸前水位一般控制为1 054.2 m左右。

2. 排沙运用

三盛公水利枢纽的来沙在年内分配极不均匀,85%集中在汛期,尤其是洪水期的几场洪水,如1964年8月21~25日5 d的输沙量就达到0.471亿t。三盛公水利枢纽槽库容在0.35亿~0.40亿m³,如果沙峰期不排沙,那么几场洪水甚至一场洪水的来沙就会将库区淤满。因此,制定了"错峰排沙"的运行方式:当石嘴山水文站的含沙量达到23 kg/m³或25 kg/m³时,即使农作物需水,也要停止灌溉,敞泄或降低闸前水位进行排沙。"错峰排沙"运行方式的具体做法是,在保证供水和发电的前提条件下,提前蓄高闸前水位,增大库内蓄水量,然后泄空水库,在排放入库泥沙的同时,利用溯源冲刷的冲刷力,冲刷淤积物,达到恢复库容的目的。

3. 冲刷运用

冲刷运用包括灌溉期停灌冲刷(错峰排沙)和非灌期敞泄冲刷(凌汛前后冲刷)。其中,灌溉期停灌冲刷,即利用灌溉间歇,在较短时间内将水库泄空,增大比降,冲刷掉前期淤积物。一般在每年的8月中旬进行,历时10~15 d。过去规定每年与灌区用水配合1~2次,5~7 d停灌敞泄冲刷排沙。灌溉期停灌冲刷的有利条件是流量较大。非灌期敞泄冲刷,一般在每年的11月至翌年4月,敞开闸门,降低闸前水位冲沙。非灌期敞泄冲刷的优点是来水的含沙量低。根据以往的观测分析成果,灌溉期停灌冲刷的排沙比可以达到130%以上,非灌期敞泄冲刷的排沙比可达250%。

图3-35为2010年三盛公水利枢纽进出库流量、含沙量及闸上水位运用年变化过程,图中标出了错峰排沙、凌前泄空冲刷和凌后泄空冲刷。

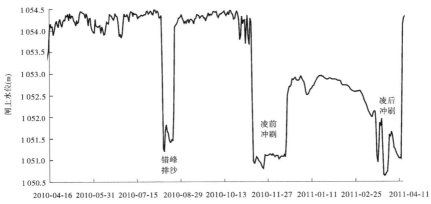

(a)

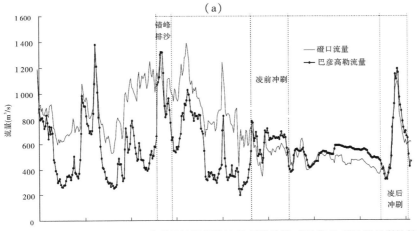

(b)

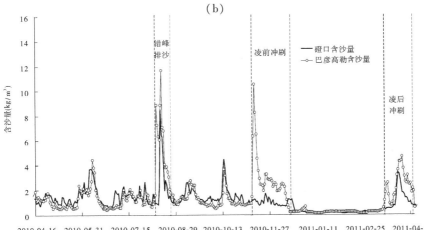

图 3-35　三盛公水利枢纽闸上水位及进出库水沙运用年变化过程(2010 年)

3.4.5 水库排沙特性分析

枢纽工程自1961年5月投入运行以来,采用灌溉期(5～10月)壅水灌溉,非灌溉期(11月至翌年4月)敞泄冲刷,以及灌溉期短期停灌冲刷、错峰排沙等措施。本次利用2006～2011年的最新资料,分析水库排沙对出库水沙条件的影响。

3.4.5.1 错峰排沙

洪水期利用灌溉间歇,在较短时间内将水库泄空,水力坡降迅速增大,从而加大了水流的挟沙能力,将前期淤积物冲起,排出库外,这种沙峰期错开沙峰,停止灌溉引水,降低闸上水位集中排沙的方式,称为错峰排沙。2006～2011年的6年间,每年均在8月降低水位,进行一次排沙,共实施错峰排沙6次,见表3-21。由表3-21可以看出,排沙时长一般在15 d左右,排沙期间的闸上平均水位在1 051.7 m左右,比灌溉期的运用水位降低了2.7 m左右,排沙量在0.042亿～0.129亿t,排沙比在168%～300%(根据进出库的含沙量计算)。通过错峰排沙,不但将入库泥沙全部排出,还使库区发生净冲刷,平均每次冲刷量在0.047亿t。

和入库相比,出库流量(或水量)增加了11%,出库沙量增加了110%。由于沙量的增幅远大于流量的增幅,从而不但使出库含沙量增加90%,也使来沙系数显著增大,平均从0.005 kg·s/m⁶增加到0.009 kg·s/m⁶。

3.4.5.2 凌汛前后的泄空冲刷

凌前泄空冲刷一般在11月、12月,历时23～56 d(见表3-22)。凌后泄空冲刷一般在2月、3月,历时22～79 d(见表3-23)。凌前排沙时的闸上水位平均在1 051.3 m,凌后泄空冲刷时在1 051.9 m,后者的水位稍高于前者。凌汛前后的入库含沙量很低,一般在0.8～2.9 kg/m³,因此虽然入库流量小,仍能发生明显冲刷。尤其是凌前泄空冲刷的含沙量更低,平均只有1.0～1.4 kg/m³,水库排沙比高达254%～342%;凌后泄空冲刷,入库含沙量高于凌前,但也低于汛期错峰排沙期间的入库含沙量。因此,凌后泄空冲刷的水库排沙比仍达到162%～276%。

比较凌汛前后泄空冲刷进出库含沙量与流量间的关系,同流量的含沙量,出库的一般大于入库的。与错峰排沙类似,凌汛前后的排沙,使出库洪水的来沙系数增大了。

比较三种排沙情况的水库出库排沙效率(见表3-24),以错峰排沙的效率最高,为0.006 1亿t/d,是其他两种排沙效率的3倍,这显然和来沙集中有关。2006～2011年的6年间,三盛公出库泥沙总量为2.696亿t,错峰排沙和凌汛前后共排沙1.525亿t,在28%的时间排沙56%,说明出库泥沙一般集中在每年的三场排沙中。

错峰排沙不但排沙效率最高,冲刷效率也最高,无论是以单位时间的库区冲刷量,还是以单位水量的冲淤量来衡量,均是如此。例如错峰排沙的日均冲刷量为0.000 54亿t/d,是凌前排沙的2.4倍,凌后排沙的3.2倍;错峰排沙单位水量的冲刷量为0.76 kg/m³,是凌前排沙的1.6倍,凌后排沙的2.2倍,详见表3-25。

表 3-21　三盛公水利枢纽错峰排沙统计

序号	开始时间（年-月-日）	历时（d）	闸上平均水位（m）	平均流量（m³/s）		含沙量（kg/m³）		沙量（亿t）		水库		来沙系数（kg·s/m⁶）	
				入库	出库	入库	出库	入库	出库	冲淤量（亿t）	排沙比（%）	入库	出库
1	2006-08-07	19	1 051.5	688	818	5.4	9.6	0.061	0.129	-0.068	211	0.008	0.012
2	2007-08-08	12	1 051.9	840	917	7.4	12.9	0.065	0.123	-0.058	189	0.009	0.014
3	2008-08-11	18	1 051.7	821	976	2.4	6.1	0.031	0.093	-0.062	300	0.003	0.006
4	2009-08-14	14	1 051.8	719	823	4.3	7.7	0.037	0.076	-0.039	205	0.006	0.009
5	2010-08-10	13	1 051.7	1 091	1 055	3.1	6.6	0.038	0.078	-0.040	205	0.003	0.006
6	2011-08-19	12	1 051.7	819	891	2.9	4.5	0.025	0.042	-0.017	168	0.004	0.005
合计		88	1 051.7	818	910	4.1	7.8	0.257	0.541	-0.284	211	0.005	0.009

表 3-22　三盛公水利枢纽凌前泄空冲刷入库水沙特征统计

序号	开始时间(年-月-日)	历时(d)	闸上平均水位(m)	平均流量(m³/s)		含沙量(kg/m³)		沙量(亿t)		水库冲淤量(亿t)	水库排沙比(%)	来沙系数(kg·s/m⁶)	
				入库	出库	入库	出库	入库	出库			入库	出库
1	2006-11-05	55	1 051.4	537	604	1.4	3.4	0.035	0.099	−0.064	283	0.003	0.006
2	2007-11-06	56	1 051.4	581	664	1.4	4.6	0.038	0.149	−0.111	392	0.002	0.007
3	2008-11-10	42	1 051.3	497	523	1.0	2.6	0.017	0.050	−0.033	294	0.002	0.005
4	2009-11-16	34	1 051.2	555	641	1.1	3.8	0.018	0.072	−0.054	400	0.002	0.006
5	2010-11-11	37	1 051.1	545	629	1.0	3.0	0.018	0.060	−0.042	333	0.002	0.005
6	2011-11-29	23	1 051.2	646	677	1.0	3.5	0.013	0.047	−0.034	362	0.002	0.005
合计		247	1 051.3	554	620	1.2	3.6	0.139	0.477	−0.338	343	0.002	0.006

表 3-23　三盛公水利枢纽凌后泄空冲刷出库水沙特征统计

序号	开始时间(年-月-日)	历时(d)	闸上平均水位(m)	平均流量(m³/s)		含沙量(kg/m³)		沙量(亿t)		水库冲淤量(亿t)	水库排沙比(%)	来沙系数(kg·s/m⁶)	
				入库	出库	入库	出库	入库	出库			入库	出库
1	2006-03-09	36	1 051.7	727	821	2.9	5.2	0.065	0.134	−0.069	206	0.004	0.006
2	2007-02-25	46	1 051.5	465	557	1.8	3.4	0.033	0.076	−0.043	230	0.004	0.006
3	2008-03-24	22	1 051.6	672	770	1.8	5.0	0.023	0.073	−0.050	317	0.003	0.007
4	2009-02-16	52	1 052.1	579	679	2.1	3.4	0.054	0.103	−0.049	191	0.004	0.005
5	2010-01-23	79	1 052.4	494	599	0.8	1.7	0.028	0.071	−0.043	254	0.002	0.003
6	2011-03-02	44	1 052.3	555	611	1.2	2.1	0.025	0.050	−0.025	200	0.002	0.004
合计		279	1 051.9	559	651	1.7	3.2	0.229	0.507	−0.278		0.003	0.005

表 3-24　三盛公水利枢纽排沙效率统计

排沙方式	总历时(d)	出库沙量(亿 t)	排沙效率(亿 t/d)
错峰排沙	88	0.541	0.006 1
凌前排沙	247	0.477	0.001 9
凌后排沙	279	0.507	0.001 8

表 3-25　三盛公水利枢纽冲刷效率统计

排沙方式	总历时 (d)	出库水量 (亿 m³)	冲淤量 (亿 t)	冲刷效率	
				单位时间 (亿 t/d)	单位水量 (kg/m³)
错峰排沙	88	62.2	−0.047	−0.000 54	−0.76
凌前排沙	247	118.2	−0.056	−0.000 23	−0.48
凌后排沙	279	134.7	−0.046	−0.000 17	−0.34
合计	614	315.1	−0.150	−0.000 24	−0.48

3.4.6　三盛公水利枢纽洪水期排沙规律

3.4.6.1　已有相关研究成果

关于三盛公水利枢纽排沙规律的研究,也有一些成果。屈孟浩、钟绍森在通过实体模型试验研究三盛公水利枢纽保持有效库容时,得出如下关系:

$$dW_s = 9\frac{Q^3 J}{1 + S_i} \tag{3-15}$$

式中:dW_s 为泄水冲刷强度,t/s;Q 为泄水冲刷流量,m³/s;J 为泄水冲刷时的有效冲刷比降,$J = \dfrac{dH}{L}$,S_i 为入库含沙量,kg/m³,在入库 $S \sim Q$ 曲线上查得。

云雪峰在总结关于三盛公水库的研究成果时,给出如下三盛公水库泄水冲刷强度和水库排沙的计算公式。其中,水库泄水冲刷强度是:

$$Q_{s0} = 0.006\ 3 \times (Q_i^{1.5} J^{0.5})^{1.55} \tag{3-16}$$

式中:Q_{s0} 为泄水冲刷出库输沙率,t/s;Q_i 为泄水冲刷流量,m³/s;J 为泄水冲刷时的有效冲刷比降,$J = \dfrac{dH}{L}$,dH 为泄水冲刷时闸上水位差,即泄水开始前闸上水位与闸门全泄闸上水位(由敞泄时的水位流量关系曲线上查得)的差值。

排沙计算公式为

$$S = K \left[\frac{Q_s}{dH^n} \right]^m \tag{3-17}$$

式中：S 为闸前含沙量，kg/m³；Q_s 为进口站输沙率，kg/s；K 为系数，n 和 m 为指数，当 $dH > 1.5$ m 时，$n = 4$，$K = 0.075$，$m = 0.70$，当 $dH < 1.5$ m 时，$n = 0.25$，$K = 0.016$，$m = 0.70$。

对于三盛公水利枢纽，引沙量的计算也是一个很重要的方面。在错峰排沙和凌汛前后冲刷期，灌溉基本停止，引沙量对库区的冲刷影响很小，但长期的分析计算却不能忽略。三盛公水利枢纽一年中高水位运用的天数达 260 d，引沙量占用相当高的比例。以 2006 ~ 2011 年为例，磴口站年均来沙量为 0.424 亿 t，同期引沙量为 0.094 亿 t，引沙量占来沙量的 22%。而一次错峰排沙或一次凌汛前后的冲刷量为 0.045 亿 t，即引沙量相当于 2 次错峰排沙（或凌汛前后泄空冲刷）的冲刷量。因此，引沙量的计算不可忽视。文献[42]和文献[56]从减少入渠泥沙的角度，采用不平衡输沙的分析方法，计算入渠泥沙。

另外，在研究流量对冲刷效率的影响时，认识到在其他条件相近的情况下，流量为 2 000 ~ 3 000 m³/s 时，库区的冲刷强度随流量的增大而增大，2 000 ~ 3 000 m³/s 是"最优"冲刷流量，此时冲刷强度最大，之后冲刷强度随流量的增大而减小。之所以出现上述现象，有如下两方面原因：其一，受枢纽的泄流规模限制，流量为 2 000 ~ 3 000 m³/s 后，闸前产生壅水，形成所谓的"卡水"现象；其二，三盛公水利枢纽库区的平滩流量为 2 500 m³/s，当流量超过这一级流量后，库区发生漫滩，使水流的阻力增加，从而影响了冲刷。

3.4.6.2　三盛公水利枢纽排沙关系分析

前文在分析青铜峡水库洪水排沙规律时指出，冲刷流量、来水含沙量及比降是影响出库沙量的主要因素，前文用出库流量代表冲刷或输沙的流量，用水位差来反映库区比降和壅水的影响，建立了青铜峡水库洪水期的排沙关系。三盛公水利枢纽已有的研究成果说明这种排沙关系的形式也适用于三盛公水利枢纽。

根据 2006 ~ 2011 年三盛公闸上水位及库区冲淤变化，将逐日平均流量和输沙率过程划分为 124 场洪水或流量过程，其中包含灌溉期、错峰排沙期和凌汛前后的冲刷期，计算每场洪水或流量过程的出库平均流量、入库平均含沙量、时段平均闸前水位，进而计算运用水位 1 055 m 和时段平均水位的差值。所用资料范围如下：磴口站日平均最小流量 292 m³/s，最大流量 1 273 m³/s；日平均最小含沙量 0.17 kg/m³，最大含沙量 7.24 kg/m³。巴彦高勒站日平均最小流量 214 m³/s，最大流量 1 640 m³/s（洪水水文要素摘录表最大流量 1 710 m³/s，2007 年 6 月 19 日）；日平均最小含沙量 0.17 kg/m³，最大含沙量 12.17 kg/m³。采用回归分析的办法，得到 $k = 3.21 \times 10^{-5}$，$a = 1.53$，$b = 0.923$，$c = 0.501$，相关系数 0.937，相关程度为高度相关。图 3-36 为采用上式计算的输沙率和实测输沙率关系图。由图 3-36 可以看出，点据分布在 45°线两侧，说明计算值和实测值比较接近。

图 3-37 为根据回归的出库输沙率公式 $Q_{s出} = 3.21 \times 10^{-5} \times Q_{出}^{1.53} S_{入}^{0.923} \Delta H^{0.501}$ 计算的水库出库输沙率与实测出库输沙率的对比，多数场次的计算值和实测值吻合较好，表明可以用上式计算三盛公水利枢纽排沙时的出库输沙率。

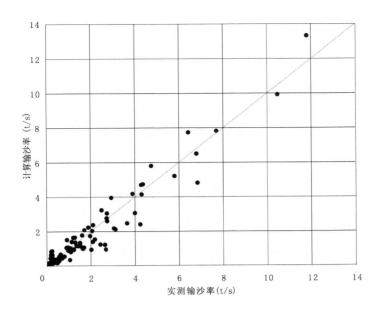

图 3-36　计算输沙率和实测输沙率关系

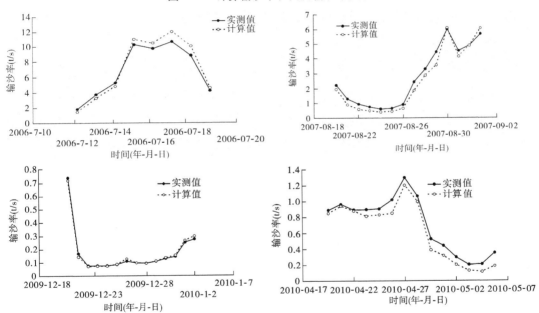

图 3-37　三盛公水利枢纽排沙期计算输沙率与实测输沙率过程的对比

3.4.7　小结

（1）三盛公水利枢纽是一座以灌溉为主,兼有供水、发电、防洪防凌、交通等功能的拦河闸式大型取水枢纽,1961 年 5 月竣工投入运用,经过 50 多年的运用,截至 2012 年,保持槽库容 0.360 3 亿 m³,相当于原始库容的 40%。库区淤积形态为锥体淤积。

（2）三盛公水利枢纽来水来沙均有减少的趋势。根据近 11 年的统计,干流磴口站的年均水沙量分别为201亿 m³ 和0.5亿 t,多年平均引水量占来水量的28%,引沙量占来沙量的27%。风沙入黄沙量年均0.036 1亿 t。

(3)枢纽运用的总原则是在满足包钢和灌溉用水的前提下,尽量降低闸上水位,以减少库区淤积。目前的运用方式为,在灌溉期为了减少库区淤积,闸前水位以低于正常运用水位(一般为1 154.2 m)运行,每年汛期实行"错峰排沙"(和灌溉期相比,闸前水位降幅约2.7 m)、凌汛前后降低水位(闸前水位降幅3.2 m)排沙,每年一般都有三次冲刷排沙过程。

(4)根据近11年的资料分析,无论是"错峰排沙"还是凌汛前后的排沙,库区均会发生明显冲刷,和入库相比,同流量的出库含沙量显著增大,即来沙系数增大了,其中"错峰排沙"由于入库的流量较大、含沙量较高,水库单位时间的排沙量或单位水量的冲刷量,均大于凌汛前后的排沙。

(5)以三盛公水利枢纽坝前水位降幅来反映比降,建立三盛公水利枢纽出库输沙率与主要影响因素之间的关系 $Q_{s出} = 3.21 \times 10^{-5} Q_{出}^{1.53} S_{入}^{0.923} \Delta H^{0.501}$,相关程度为高度相关,可用来进行三盛公水利枢纽洪水排沙时出库水沙过程的方案计算。

3.5 水库排沙期宁蒙河道冲淤特点研究

3.5.1 已有研究及存在的问题

关于黄河上游水库,尤其是青铜峡水库及三盛公枢纽排沙对其下游河道的影响的研究,已有不少分析成果。申冠卿、曹大成等在研究黄河上游干流水库调节对其下游河道的淤积影响时,讨论的是龙羊峡和刘家峡等大型水库,采取的研究方法,是利用实测资料与水库未修建时期的河道冲淤状况进行比较的方法;程秀文等在研究黄河上游水沙变化对宁蒙河段冲淤影响时,涉及青铜峡水库和三盛公水库,但没有就水库排沙对宁蒙河段冲淤的影响进行专门分析;鲁俊等在研究青铜峡水库排沙对下游河道冲淤的影响时,是通过和以往时期河道冲淤的比较来说明青铜峡水库排沙对河道的影响;王凤龙在研究内蒙古河段淤积的原因时,是通过统计不同年代的河道冲淤变化来说明的,认为青铜峡水库排沙是内蒙古河段淤积的原因之一,但没有针对场次排沙洪水进行分析;张厚军等在分析青铜峡水库和三盛公枢纽排沙对其下游河道的影响时,仅统计计算了部分场次排沙洪水在水库下游河道的沿程平均含沙量及河段冲淤量;胡恬在分析青铜峡和三盛公枢纽排沙对宁蒙河段冲淤影响时,所做的主要工作包括:统计了排沙期水库下游河道水文站的含沙量沿程变化情况,计算了河段冲淤量(其中青铜峡水库以下计算了青铜峡—石嘴山河段),回归建立了不同排沙期河段冲淤量与出库平均含沙量及平均流量之间的关系,建立了河段冲淤效率与来沙系数之间的关系。

已有研究没有将水库存在以后的河道淤积与没有水库情况下的淤积进行比较,很容易使人把不利的来水来沙条件对河道淤积的影响,归结于水库排沙的作用,同时仅统计水库运用后其下游河道的冲淤,也不能客观评价水库排沙对其下游河道的影响。

3.5.2 有关问题的说明

青铜峡水库汛期在有较高含沙洪水入库时,进行沙峰期排沙,通常历时较短,而三盛公枢纽错峰排沙的历时较长。以 2006 年为例,青铜峡水库自 8 月 13 日开始降低库水位排沙,历时 6 d;而三盛公枢纽则从 8 月 7 日开始降水排沙,历时 19 d,两水库的排沙起止时间和历时均不相同;2006 年青铜峡水库汛末降低水位排沙的开始时间为 10 月 14 日,历时 6 d,三盛公水库凌前排沙则是从 11 月 5 日开始,历时长达 55 d。鉴于此,在分析水库排沙对其下游河道的影响时,青铜峡水库影响河段为巴彦高勒以上,而三盛公水利枢纽的影响为巴彦高勒—头道拐河段。

后文在分析水库排沙对河道的影响时,采取将排沙期河道的冲淤与没有水库时的冲淤进行比较的方法来说明。

在分析水库排沙对其下游河道排沙的影响时,使用的水库排沙场次洪水的次数,多于前文分析水库洪水期排沙特性及规律的洪水场次,其原因是分析水库洪水期排沙特性及规律的场次洪水有相应的库水位资料,而其余场次没有。

3.5.3 青铜峡水库对其下游河道冲淤的影响

3.5.3.1 青铜峡水库排沙期间青铜峡—石嘴山河段显著淤积

关于青铜峡水库汛期排沙,如前文所述,1972~1976 年,青铜峡水库排沙采用汛期降低水位,利用大流量排沙,1977 年以后,汛期采用沙峰期排沙,我们将上述两类排沙合称为汛期排沙,以区别于汛末拉沙的排沙方式。

图 3-38 为 1972~1985 年及 2002~2010 年青铜峡水库汛期 24 场洪水排沙期间下游河道洪水平均含沙量沿程变化(注:1991 年以前缺少磴口水文站实测资料)。可以看到,平均含沙量石嘴山以上河段急剧降低,说明该河段是淤积的,汛期排沙对坝下至石嘴山以上河道影响最为不利;经过石嘴山以上河道淤积调整,含沙量显著降低,石嘴山以下河道含沙量变化不明显,表明青铜峡水库排沙对石嘴山以下河道冲淤影响不明显。表 3-26 为汛期排沙期间其下游河道淤积量统计表。由表 3-26 可以看到,1972~1985 年的 11 场洪水,进入青铜峡—石嘴山段(简称青石段)的沙量为 2.93 亿 t,青石段淤积 0.97 亿 t,河道淤积比为 0.33;2002~2010 年的 13 场排沙洪水,进入青石段的沙量为 1.31 亿 t,青石段淤积 0.70 亿 t,河道淤积比为 0.63;24 场洪水的总沙量为 4.24 亿 t,青石段淤积 1.67 亿 t,淤积比 0.39。2002~2010 年磴口—巴彦高勒之间的河段为三盛公库区,计算呈淤积,这与三盛公水利枢纽拦沙有关。

3.5.3.2 青铜峡水库排沙对其下游河道的冲淤影响的定量分析

通过比较排沙期进出库水沙条件是否发生改变,以及改变的程度,来衡量水库排沙对下游河道的影响。

从表 3-27 给出的青铜峡水库汛期排沙期水沙特征值统计情况看,在 2002~2010 年的 13 场排沙期间,除少数场次出库的含沙量比入库含沙量显著增大外,多数场次出库的含沙量没有增加。可见,汛期排沙期间,青铜峡水库水位减低的幅度不大,一般情况下泥沙呈"穿堂过"方式通过库区,多数洪水从库区经过时,发生冲刷和淤积的幅度均很小,因此出库和入库相比,总的来说水沙条件差别不大,可以认为汛期排沙期间,水库排沙对下游并未产生额外的淤积,或者说,青铜峡水库汛期排沙期间,青石段发生淤积,是由入库水沙条件不利造成的。

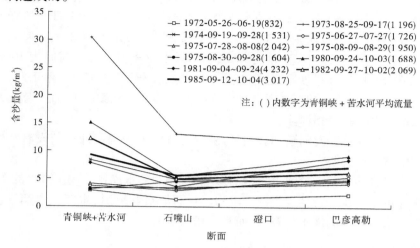

（a）汛期排沙

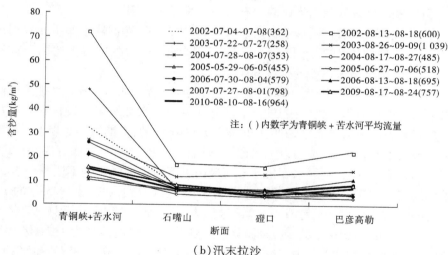

（b）汛末拉沙

图 3-38　青铜峡水库汛期排沙期间其下游含沙量沿程变化

表 3-26　青铜峡水库汛期排沙期间其下游河道淤积量　　　　（单位:亿 t)

时段	来沙量	淤积量			
		青铜峡—石嘴山	石嘴山—磴口	磴口—巴彦高勒	合计
1972～1985 年	2.93	0.97	-0.65	0.32	
2002～2010 年	1.31	0.70	0.09	0.46	1.25
合计	4.24	1.67	-0.56	0.58	

表 3-27　青铜峡水库排沙期水沙特征值统计表

排沙分类	时间（年-月-日）		历时（d）	出库			含沙量（kg/m³）		
	开始	结束		水量（亿 m³）	沙量（亿 t）	平均流量（m³/s）	入库	出库	青铜峡 + 苦水河
汛期排沙	2002-07-04	2002-07-08	5	1.56	0.05	362	17.4	32.2	32.2
	2002-08-13	2002-08-18	6	3.11	0.22	600	37.1	71.8	71.8
	2003-07-22	2003-07-27	6	1.33	0.06	258	16.6	47.9	47.9
	2003-08-26	2003-09-09	15	13.46	0.36	1 039	13.9	27.0	27.0
	2004-07-28	2004-08-07	11	3.36	0.04	353	12.8	10.5	10.5
	2004-08-17	2004-08-27	11	4.61	0.07	485	13.3	15.1	15.1
	2005-05-29	2005-06-05	8	3.14	0.04	455	15.4	11.5	11.5
	2005-06-27	2005-07-06	10	4.84	0.06	518	15.4	13.3	13.3
	2006-07-30	2006-08-04	6	2.97	0.08	573	33.4	25.8	26.0
	2006-08-13	2006-08-18	6	3.53	0.07	682	21.8	20.5	21.5
	2007-07-27	2007-08-01	6	4.11	0.09	794	32.4	20.8	20.7
	2009-08-17	2009-08-24	8	5.17	0.08	748	23.3	15.4	15.6
	2010-08-10	2010-08-16	7	5.73	0.06	948	6.9	10.3	14.9
汛末拉沙	1991-10-16	1991-10-18	3	2.29	0.13	882	0.6	57.7	57.7
	1992-10-16	1992-10-19	4	2.95	0.11	853	1.3	38.2	38.2
	1993-10-11	1993-10-13	3	3.33	0.08	1 283	0.5	23.6	23.6
	1996-10-16	1996-10-17	2	1.21	0.07	703	0.5	61.4	61.4
	1997-10-09	1997-10-10	2	1.05	0.07	607	0.2	66.6	66.6
	1999-09-25	1999-09-26	2	1.75	0.11	1 011	0.8	65.8	65.8
	2000-09-25	2000-09-26	2	1.76	0.12	1 017	1.5	69.6	69.6
	2001-10-08	2001-10-10	3	2.02	0.10	778	1.1	47.1	47.1
	2002-09-24	2002-09-26	3	2.33	0.10	898	2.9	44.2	44.2
	2004-09-25	2004-09-30	6	4.60	0.16	887	4.7	34.1	34.1
	2005-10-10	2005-10-16	7	7.98	0.10	1 320	0.6	13.0	13.0
	2006-10-14	2006-10-18	5	4.36	0.25	1 009	7.5	57.8	57.8
	2008-10-09	2008-10-13	5	4.57	0.09	1 057	1.0	20.0	20.0
	2009-10-15	2009-10-19	5	4.92	0.11	1 139	0.2	23.2	23.1
	2010-10-11	2010-10-16	6	5.76	0.08	1 111	3.7	14.3	14.3

从图 3-39 还可以看出,在 1991～2010 年的 15 场汛末拉沙期间,入库的含沙量在 0.2～7.46 kg/m³,平均为 1.8 kg/m³,出库为 13.03～69.55 kg/m³,平均为 42.4 kg/m³,出库含沙量平均为入库的 20 倍以上。可见,汛末拉沙期间,入库为清水或含沙量很低的水流,加之库水位降低的幅度大,库区发生沿程冲刷及溯源冲刷,出库的沙量大于入库的沙量,也就是说青铜峡水库汛末拉沙改变了进入下游河道的水沙条件,增大了出库含沙量。

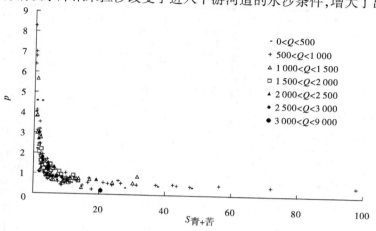

图 3-39　青石段排沙比与进入河段的含沙量之间的关系

根据众多多沙河流河道冲淤的理论及实测资料分析成果,河道的冲淤取决于进入河流的流量大小及含沙量的高低,流量大,有利于河道减淤或冲刷,含沙量低有利于河道冲刷。以青铜峡站和苦水河郭家桥站的水沙作为进入青石段的水沙,根据 1960～2010 年 169 场实测洪水在青石段的冲淤资料,其中的平均流量范围为 197～8 180 m³/s,平均含沙量范围为 0.14～98 kg/m³,点绘青石段排沙比与进入河段的含沙量之间的关系,并以流量级为参数对点据分级,详见图 3-39。可以看到,青石段的冲淤主要取决于进入河道的含沙量的高低,含沙量越低,排沙比越大;反则反之,流量的影响居于次要位置。经多元回归分析,青石段的排沙比与进入该河段的流量及含沙量有如下关系:

$$p = 2.229 \frac{Q^{0.035}}{S^{0.564}}$$

式中:p 为青石段的排沙比;Q 为黄河青铜峡站和苦水河郭家桥站的流量之和,m³/s;S 为黄河青铜峡站和苦水河郭家桥站的平均含沙量,kg/m³。

上式的相关系数为 0.887,为高度相关。上式表明,青石段河道的排沙比与进入河道的流量的 0.035 次方成正比,与含沙量的 0.564 次方成反比,说明青石段河道的排沙比与进入该河段的含沙量关系更密切。

利用上式可以估算青铜峡水库汛末拉沙对青石段河道的增淤量。以青铜峡水库入库水沙扣除掉库区引水作为进入青石段的水沙,计算青石段的冲淤量,结果列于表 3-28。1991～2010 年的 15 场洪水,若青铜峡水库没有进行降低库水位进行排沙,则青石段应发生微冲,总冲刷量为 0.066 亿 t,而实际上由于青铜峡进行排沙,河道淤积了 1.400 亿 t(注:利用实测资料根据沙量平衡法计算的冲淤量),也就是说,汛末拉沙使河道增加淤积 1.466 亿 t。

表 3-28　青铜峡水库汛末拉沙期间青石段增淤量估算

序号	开始时间（年-月-日）	历时（d）	净入库		青石段计算		青石段实测冲淤量（亿 t）	增淤量（亿 t）
			流量（m³/s）	含沙量（kg/m³）	排沙比	冲淤量（亿 t）		
1	1991-10-16	3	706	0.59	3.77	−0.003	0.117	0.120
2	1992-10-16	4	686	1.34	2.38	−0.004	0.095	0.099
3	1993-10-11	3	1 228	0.55	4.01	−0.005	0.056	0.061
4	1996-10-16	2	742	0.46	4.38	−0.002	0.065	0.067
5	1997-10-09	2	674	0.20	6.99	−0.001	0.064	0.065
6	1999-09-25	2	891	2.11	1.86	−0.003	0.107	0.110
7	2000-09-25	2	914	1.50	2.25	−0.003	0.109	0.112
8	2001-10-08	3	752	1.15	2.60	−0.004	0.082	0.086
9	2002-09-24	3	946	2.86	1.57	−0.004	0.085	0.089
10	2004-09-25	6	906	4.66	1.19	−0.004	0.127	0.132
11	2005-10-10	7	1 299	1.65	2.16	−0.015	0.054	0.069
12	2006-10-14	5	883	8.68	0.84	0.005	0.222	0.216
13	2008-10-09	5	888	2.36	1.74	−0.007	0.072	0.079
14	2009-10-15	5	1 049	1.99	1.93	−0.008	0.087	0.095
15	2010-10-11	6	1 115	3.72	1.36	−0.008	0.057	0.065
合计						−0.066	1.399	1.465

3.5.4　三盛公水利枢纽排沙对其下游河道冲淤影响的分析

3.5.4.1　三盛公水利枢纽排沙期间头道拐以上河段冲淤变化

统计 1991～2011 年 21 年三盛公水利枢纽排沙的洪水场次,其中错峰排沙 23 场,凌前泄空冲刷 21 场,凌后泄空冲刷 22 场,共 66 场。表 3-29 给出了 1991～2011 年三盛公水利枢纽排沙期进出库水沙量统计表,表 3-30 为排沙期进出库流量及含沙量变幅。三种排沙方式的排沙次数差别不大,三种排沙方式的总天数分别为 362 d、975 d 和 2 098 d,错峰排沙的历时最短,凌后冲刷排沙的历时最长;三种排沙方式的入库水量分别为 256.4 亿 m³、490.3 亿 m³ 和 357.9 亿 m³,出库水量分别为 270.4 亿 m³、515.3 亿 m³ 和 382.3 亿 m³,错峰排沙的水量最少,凌前冲刷的水量最多;三种排沙方式的入库流量分别为 820 m³/s、582 m³/s 和 197 m³/s,出库流量分别为 865 m³/s、612 m³/s 和 211 m³/s,错峰排沙的流量最大,其次为凌前冲刷,凌后冲刷的流量最小;三种排沙方式的入库沙量分别为 2.39 亿 t、1.20 亿 t 和 0.93 亿 t,出库沙量分别为 3.35 亿 t、2.54 亿 t 和 1.55 亿 t,错峰排沙的沙量最大,凌后冲刷的沙量最少;三种排沙方式的入库平均含沙量分别为 9.32 kg/m³、

2.45 kg/m³ 和 2.60 kg/m³,出库平均含沙量分别为 12.39 kg/m³、4.93 kg/m³ 和 4.05 kg/m³。出库和入库相比,三种排沙方式的平均含沙量分别增加了 3.07 kg/m³、2.48 kg/m³ 和 1.45 kg/m³。可见,错峰排沙的沙量最为集中,含沙量的增幅也最大。

表 3-29　1991~2011 年三盛公水利枢纽排沙期进出库水沙量统计

排沙方式	排沙次数（次）	总天数（d）	净入库				出库			
			水量（亿 m³）	沙量（亿 t）	流量（m³/s）	含沙量（kg/m³）	水量（亿 m³）	沙量（亿 t）	流量（m³/s）	含沙量（kg/m³）
错峰排沙	23	362	256.4	2.39	820	9.32	270.4	3.35	865	12.39
凌前冲刷	21	975	490.3	1.20	582	2.45	515.3	2.54	612	4.93
凌后冲刷	22	2 098	357.9	0.93	197	2.60	382.3	1.55	211	4.05
合计	66	3 435	1 104.6	4.52	372	4.09	1 168.0	7.44	394	6.37

表 3-30　1991~2011 年三盛公水利枢纽排沙期进出库流量及含沙量变幅

排沙方式	净入库		出库	
	流量（m³/s）	含沙量（kg/m³）	流量（m³/s）	含沙量（kg/m³）
错峰排沙	419~1 326	2.0~18.8	490~1 333	4.3~22.7
凌前冲刷	413~766	0.9~4.2	439~795	2.7~9.2
凌后冲刷	133~722	0.7~5.8	190~819	1.6~7.7
合计	133~1 326	0.7~18.8	190~1 333	1.6~22.7

图 3-40 为三盛公枢纽排沙期巴彦高勒—三湖河口河段沙量变化,由图 3-40 可见,三盛公枢纽在错峰排沙和凌前冲刷排沙期间,巴彦高勒—三湖河口河段一般发生淤积,其中错峰排沙淤积 1.56 亿 t,淤积比为 47%;凌前冲刷排沙期淤积 1.34 亿 t,淤积比为 53%,错峰排沙期间,由于排沙量大,含沙量高,河道淤积量也最多。凌后冲刷排沙期间,巴彦高勒—三湖河口河段有的场次是冲刷的,有的场次是淤积的,总淤积量为 0.11 亿 t,淤积比只有 7%,说明凌后冲刷排沙期间,巴彦高勒—三湖河口河段淤积量很小。

图 3-41 为三盛公枢纽排沙期三湖河口—头道拐河段沙量变化。由图 3-41 可以看出,错峰排沙期间和凌前冲刷排沙期间,随着上游巴彦高勒—三湖河口河段淤积,含沙量显著降低,在三湖河口—头道拐河段的淤积显著减少。错峰排沙期间,三湖河口—头道拐河段仅淤积 0.30 亿 t,淤积比为 17%;凌前冲刷排沙期间,三湖河口—头道拐河段淤积 0.72 亿 t,淤积比为 60%。凌后冲刷排沙期间,几乎每场洪水都是冲刷的,三湖河口—头道拐河段共冲刷 0.47 亿 t。

3.5.4.2　三盛公水利枢纽排沙对其下游河道冲淤影响的定量分析

以巴彦高勒站作为进入巴彦高勒—三湖河口河段的进口水沙条件,根据 1960~2011 年 169 场实测洪水在巴彦高勒—三湖河口的冲淤资料,其中的巴彦高勒日平均流量范围

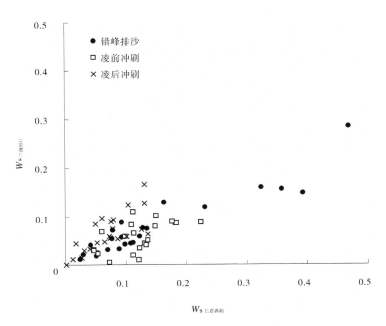

图 3-40　三盛公水利枢纽排沙期巴彦高勒—三湖河口河段沙量变化

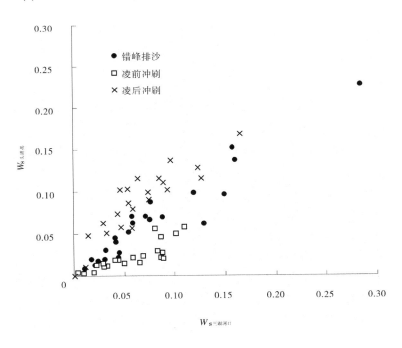

图 3-41　三盛公水利枢纽排沙期三湖河口—头道拐河段沙量变化

为 92 ~ 3 560 m³/s,平均含沙量范围在 0.46 ~ 29 kg/m³,点绘巴彦高勒—三湖河口河段的排沙比与进入河段的含沙量之间的关系,并以流量级为参数对点据分级,详见图 3-42。可以看到,巴彦高勒—三湖河口河段的冲淤主要取决于进入河道的含沙量的高低和流量的大小,含沙量越低,排沙比越大;流量越大,排沙比越大。经回归分析,巴彦高勒—三湖河口河段的排沙比与进入该河段的流量及含沙量有如下关系:

$$p = 0.314 \frac{Q^{0.305}}{S^{0.542}} \tag{3-18}$$

式中:p 为巴彦高勒—三湖河口河段的排沙比,用三湖河口站的沙量除以巴彦高勒站的沙量得到;Q 为巴彦高勒站的流量,m^3/s;S 为巴彦高勒站的含沙量,kg/m^3。

式(3-18)的相关系数为 0.841,为高度相关,该式表明,巴彦高勒—三湖河口河段的排沙比与进入河道的流量的 0.305 次方成正比,与含沙量的 0.542 次方成反比。

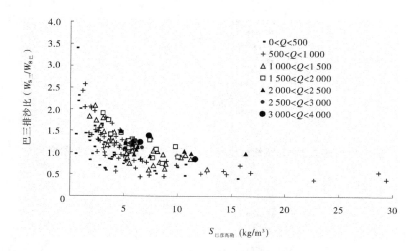

图 3-42　巴彦高勒—三湖河口河段排沙比与进入河段的含沙量之间的关系

以三盛公水利枢纽净入库的水沙条件,作为进入巴彦高勒—三湖河口河段的水沙条件,可计算三盛公水利枢纽不排沙情况下巴彦高勒—三湖河口河段的冲淤量,这相当于没有三盛公水利枢纽时的河道冲淤量。计算结果显示,上述 1991～2011 年三盛公水利枢纽排沙期间的 66 场洪水或流量过程,若三盛公水利枢纽不实行错峰排沙和凌汛前后的排沙,巴彦高勒—三湖河口河段呈接近冲淤平衡的微淤状态,其中错峰排沙对应时期若不排沙,巴彦高勒—三湖河口河段淤积 0.69 亿 t,而不是 1.56 亿 t,淤积量将减少 67%;凌前冲刷排沙对应时期若不排沙,巴彦高勒—三湖河口河段将冲刷 0.40 亿 t,而不是淤积 1.34 亿 t;凌后冲刷排沙对应时期若不排沙,巴彦高勒—三湖河口河段将冲刷 0.25 亿 t,而不是淤积 0.11 亿 t。也就是说,1991～2011 年,三盛公枢纽排沙引起的增淤量为 2.97 亿 t,其中错峰排沙、凌前冲刷和凌后冲刷排沙引起的增淤量分别为 0.87 亿 t、1.74 亿 t 和 0.36 亿 t。详见表 3-31 给出的三盛公枢纽排沙期巴彦高勒—三湖河口河段增淤量估算表。

三湖河口—头道拐河段的冲淤,还受西柳沟等十大孔兑挟沙的影响,情况复杂,河道冲淤与来水来沙关系紊乱,且十大孔兑入黄水沙资料不完整,三盛公水利枢纽排沙对该河段的影响程度需要以后进一步研究。

表 3-31　三盛公水利枢纽排沙期巴彦高勒—三湖河口河段增淤量估算表　　（单位:亿 t）

排沙方式	实测冲淤量 （有枢纽）	计算冲淤量 （无枢纽）	增淤量
错峰排沙	1.56	0.69	0.87
凌前冲刷	1.34	−0.40	1.74
凌后冲刷	0.11	−0.25	0.36
合计	3.01	0.04	2.97

3.5.5　小结

（1）青铜峡水库排沙期间,青石段发生显著淤积,而石嘴山至巴彦高勒河段受影响很小,汛期排沙和汛末拉沙期间均是如此。青铜峡汛期排沙总的来说对入库水沙条件的改变是有限的,导致汛期排沙期间青石段淤积多的原因,是青铜峡入库水沙条件不利。青铜峡水库汛末拉沙期间,出库含沙量大幅度增加,因此汛末拉沙期间青石段淤积,完全是由水库排沙运用造成的。分析认为,青铜峡水库汛末拉沙期间若不排沙,同期青石段将是微冲的。

（2）三盛公水利枢纽排沙期间,巴彦高勒—三湖河口河段呈淤积状态,其中错峰排沙和凌前冲刷排沙淤积显著,凌后冲刷排沙淤积较轻。分析认为,1991～2011 年若没有三盛公枢纽,错峰排沙期间,巴彦高勒—三湖河口河段淤积量将减少 69%,若没有三盛公水利枢纽,凌前冲刷和凌后冲刷排沙期间,巴彦高勒—三湖河口河段将呈显著冲刷,分别冲刷 0.40 亿 t 和 0.25 亿 t,而不是分别淤积 1.34 亿 t 和 0.11 亿 t。

3.6　认识与结论

（1）刘家峡水库排沙主要是洮河异重流排沙。2000～2010 年异重流年均排沙 6 次,年均排沙量 0.066 5 亿 t,占刘家峡出库泥沙的 68.9%,占红旗站同期沙量的 74.7%。在当前异重流调度条件下,通过对 2000～2010 年水库异重流场次排沙的分析,发现出库站小川站的沙量与入库沙量呈线性关系,小川站沙量为红旗站沙量的 0.89 倍;异重流场次排沙比与水库水位、红旗站流量、含沙量密切相关。

当坝前段淤积严重,影响机组正常发电时,采用降水冲刷方式降低拦门沙坎的高程。1981 年、1984 年、1985 年和 1988 年曾进行过 4 次降水冲刷,出库平均流量在 1 660～2 090 m³/s,出库平均含沙量在 6.4～9.3 kg/m³,单次排沙量在 825 万～1 050 万 t,共排出淤积沙量 3 240 万 t。

（2）青铜峡水库和三盛公水利枢纽的来沙具有集中在汛期洪水的特点。因此,水库在汛期排沙运用时,根据上游预报水文站是否出现较高含沙量洪水,决定水库是否进行排沙运用。目前,青铜峡水库排沙采取"沙峰期穿堂过排沙、汛末降低库水位冲刷排沙"的运用方式;三盛公水利枢纽排沙采取"错峰排沙"（类似青铜峡水库的沙峰期"穿堂过"排沙)及凌汛前后降低水位排沙运用。

总结了河道和库区冲淤规律方面已有的研究成果,无论是河道还是水库库区,也不管是输沙还是冲刷,其泥沙输移的主要影响因素是一样的,计算公式的形式是相似的,主要因素大体相同,均为流量、含沙量和比降。分别建立了青铜峡水库和三盛公水利枢纽的排沙关系式,通过论证,可以在已知入库水沙过程和库水位降幅的条件下,用来计算出库的水沙过程。

实际分析及回归计算显示,采用形如 $Q_{s出} = kQ_{出}^{a} S_{入}^{b} \Delta H^{c}$ 的公式能够反映主要影响因素对出库输沙率的影响。验证结果表明,多数场次洪水计算的出库输沙率和实测吻合良好,表明可用来计算洪水期出库泥沙的输沙率。

个别场次计算与实测有一定差距,分析造成误差的原因,可能与水库不同场次的洪水开启的排沙设施不同有关。在分析水库排沙规律时,理应考虑不同洪水不同设施的启闭情况。但限于我们所掌握的资料,没有进行这方面的研究,这是需要以后继续研究的地方。另外,分析水库冲淤规律,不但需要进出库水文泥沙资料,也需要水库库水位变化过程资料,然而目前我们所掌握的资料在时间上还不够长,在资料范围上也不够广(例如缺少大流量资料),且没有泥沙级配资料,没有涉及分组沙冲淤,这是需要以后补充研究的工作。

(3)关于青铜峡水库和三盛公水利枢纽排沙对其下游河道的影响,本章通过将排沙期河道的冲淤量,与没有水库时相应时期河道的冲淤量进行比较的办法来评价,这是以前的研究没有做的。

分析显示:①青铜峡水库在汛期排沙时(包括汛期低水位排沙和沙峰期排沙),出库和入库相比,流量和含沙量的变化不大,因此该时期其下游的青铜峡—石嘴山河道发生淤积,不是由青铜峡水库排沙造成的,而是由入库来沙不利所致。②青铜峡水库汛末拉沙对青铜峡—石嘴山河段造成的淤积则是由水库冲刷增大了出库含沙量引起的,对比分析显示,若同期没有青铜峡水库,不进行汛末拉沙,青铜峡—石嘴山河段应为冲淤平衡。以1991~2010年的15场洪水为例,若青铜峡水库没有进行降低库水位进行排沙,则青石段应发生微冲,总冲刷量为0.066亿t,而实际上由于青铜峡进行来沙,河道淤积了1.400亿t,也就是说,汛末拉沙使河道增加淤积1.466亿t。

三盛公水利枢纽错峰排沙和凌汛前后的库区冲刷排沙,出库的含沙量均大于入库的,巴彦高勒—三湖河口河段发生淤积是由水库排沙造成的,对比分析显示,同期若不进行排沙,巴彦高勒—三湖河口河段在错峰排沙期间淤积量将减少,凌汛前后河道不是淤积,而是发生净冲刷。

第4章　宁蒙河道水库群水沙优化调控方式研究

4.1　宁蒙用水分析

4.1.1　概况

宁蒙河段黄河流域面积为 20.24 万 km^2，包括宁夏回族自治区黄河流域（面积为 5.14 万 km^2）和内蒙古自治区黄河流域（面积 15.10 万 km^2）。宁蒙河段黄河流域在宁夏、内蒙古两自治区国民经济中占有重要的位置，自治区的首府、重要城市、重要灌区、能源基地都位于流域内，是两自治区的社会经济支柱。宁蒙地区降水量极少，当地水资源十分贫乏，农业灌溉和社会经济的生存与发展，几乎全靠黄河供水支持，该河段是沿黄河干流主要的工农业用水和生态环境建设用水地区之一。

宁蒙河段黄河流域灌区历史悠久，现状灌溉面积约 2 500 万亩。宁夏有我国现存的大型古老灌区之一——宁夏引黄灌区（面积为 540 万亩），宁夏引黄灌区以青铜峡水库为界，南部为卫宁灌区，灌溉面积 80 万亩，北部为青铜峡灌区，灌溉面积 460 万亩；同时宁夏已建成的大型扬黄灌区，涵盖了南部山区的原州、海原、同心、盐池四个县（区）和中卫、灵武的山区，总受益面积已达 135 万亩。内蒙古包括河套平原、土默川平原、大黑河平原区、鄂尔多斯高原、阴山南麓和黄河南岸等地区，全国大型灌区之一——河套灌区位于该区域内，此外，黄河南岸、大黑河、麻地壕、镫口、民主团结等大型灌区也位于该区域。

宁蒙河段黄河流域能源资源十分丰富。除利用资源优势建成煤炭、石油和电力生产基地（如宁东能源基地，呼、包、鄂"金三角"经济圈，乌海市及乌斯太工业能源基地等），还将逐步建设一批低耗水、低污染、科技含量高的技术产业，形成以沿黄地区为中心的产业带，发挥辐射效应，带动当地经济发展。

4.1.2　宁蒙河段水利工程现状

目前，宁蒙河段修建了大量的蓄、引、提水工程，为水资源的开发利用创造了条件。

4.1.2.1　蓄水工程

宁夏现状共有大、中、小型水库 199 座，总库容 21.6 亿 m^3，兴利库容 4.6 亿 m^3。其中，中型水库 16 座，主要分布在固原市清水河上中游及葫芦河流域，总库容 10.2 亿 m^3，兴利库容 2.23 亿 m^3；塘坝 102 处，总库容 1.35 亿 m^3，现状供水能力 0.01 亿 m^3。

内蒙古黄河流域有位于巴彦淖尔市磴口县境内的三盛公大型水利枢纽，控制灌溉面积 1 100 多万亩，此外，有大中型水库 139 座，总库容 8.0 亿 m^3，兴利库容 4.5 亿 m^3，设计供水能力 2.1 亿 m^3；塘坝 17 处，总库容 0.1 亿 m^3，现状供水能力 0.08 亿 m^3。

4.1.2.2　引水工程

宁夏属黄河冲积平原,南起中卫市,北至石嘴山市,南高北低,涉及 13 个市(县、区)及 15 个国营农林牧场。引黄灌区分为卫宁灌区和青铜峡灌区两大灌区,分别自沙坡头和青铜峡水利枢纽自流引水灌溉。共计有大中型引水总干渠、干渠 17 条,现状供水能力 812 m³/s(包括直接从干渠扬水供水量),总干渠引水能力 757 m³/s。在固原市尚有小型引水工程 73 处,有效灌溉面积 18.1 万亩。

内蒙古河套灌区位于黄河上中游内蒙古段北岸的冲积平原,引黄控制面积 1 743 万亩,现引黄有效灌溉面积 861 万亩,是亚洲最大的一首制灌区和全国三个特大型灌区之一,近年来灌区年引黄水量约 50 亿 m³。流域内共有中小型引水工程 94 处,引水量 54.04 亿 m³。

4.1.2.3　扬水工程

宁夏以黄河水为水源的扬水工程主要有固海扬水、盐环定扬水、陶乐扬水、红寺堡扬水、固海扩灌、自流灌区边缘扬水等,总装机容量超过 40 万 kW,现状灌溉面积 124.2 万亩。在南部山区尚有小型提水 176 处,灌溉面积 10.6 万亩,主要分布在清水河、葫芦河及茹河两岸。全区现状扬水灌溉面积达 134.8 万亩。此外,还建有石嘴山电厂河心泵站、大坝电厂扬水等,专供电厂用水。

内蒙古黄河流域内共有中小型提水工程 142 处,提水量 11.9 亿 m³。

4.1.2.4　机井工程

宁夏全区现有机井 10 447 眼,其中农业灌排机井 8 877 眼,工业及城镇自备井 1 570 眼。机井年总取水量 5.36 亿 m³,其中农业取水量 1.08 亿 m³,占 20.1%;工业取水量 2.46 亿 m³,占 45.9%;生活取水量 1.72 亿 m³,占 32.1%;生态取水量 0.10 亿 m³,仅占 1.9%。

内蒙古黄河流域共有浅层地下水机井 11.1 万眼,其中配套机井 10.09 万眼,设计供水能力 40.88 亿 m³。

4.1.2.5　其他工程

其他水源工程包括污水处理回用工程和集雨工程。宁夏南部山区水资源匮乏,为缓解农村人畜饮水困难,近年来在南部山区修建了大量水窖和土圆井。截至 2005 年,全区有水窖、土圆井约 46 万眼,主要分布在固原市的原州区、西吉县、隆德县、彭阳县,吴忠市的同心县、盐池县以及中卫市的海原县。

内蒙古全流域现有污水处理工程 9 处,设计日处理能力 41 万 m³,获得再生水 1.06 亿 m³,集雨工程年利用水量 0.03 亿 m³。

4.1.3　宁蒙河段引黄取、耗水变化分析

依据黄河流域水资源公报(其中 1988～1995 年的数据选自当年的"黄河用水公报",1996 年、1997 年两年数据空缺),1989～2009 年宁蒙河段多年平均引黄取水量为 151.5 亿 m³,引黄耗水量为 98.2 亿 m³(黄河"87"分水方案宁夏和内蒙古分水指标为 98.6 亿 m³),取、耗水量均呈波动中减少的趋势。在 1999 年黄河水量统一调度以前,宁蒙河段引黄水量维持在 160.9 亿 m³ 左右,引黄耗水量基本为 98.5 亿 m³;从 1999 年黄河水量统一调度以来,按照不同年度地表耗水遵循总量控制、同比例丰增枯减的原则,通过充分发挥

龙羊峡水库多年调节作用,在维持宁蒙河段引黄耗水量多年平均 98 亿 m³ 的条件下,取水量多年平均为 144.8 亿 m³,较统一调度前减少约 16.1 亿 m³,为保证河口镇断面生态流量和中下游供水安全创造了条件。图 4-1 显示了 1989~2009 年宁蒙河段年引黄取、耗水量过程。

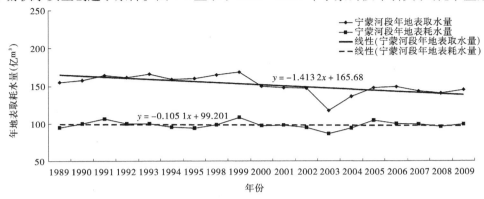

$$y = -1.413\,2x + 165.68$$

$$y = -0.105\,1x + 99.201$$

图 4-1　1989~2009 年宁蒙河段年引黄取耗水量过程

表 4-1 中列出了 1999~2009 年宁蒙河段年引黄取、耗水量。从表 4-1 中可以看出,宁蒙河段引黄取、耗水以农业为主,1999~2009 年宁蒙河段农业多年平均引黄取水量为 137.94 亿 m³,占该河段引黄总水量的 95.3%。1999~2009 年宁蒙河段农业多年平均耗水量为 92.97 亿 m³。农业灌溉取、耗水量略有减少。

随着宁蒙河段黄河流域内能源开发和能源基地建设,工业取水量由 21 世纪前 5 年的多年平均 4.2 亿 m³ 增加到之后 5 年的 6.4 亿 m³,耗水量由 2.6 亿 m³ 增加到之后 5 年的 4.6 亿 m³,呈明显增加趋势。同时,随着区域内生活水平提高和生态建设,生活和生态取、耗水量也呈现增加趋势。

表 4-1　1999~2009 年宁蒙河段年引黄取、耗水量统计　　　　　（单位:亿 m³）

年份	龙刘水库蓄水量	下河沿实测径流量	地表取水量				地表耗水量				河口镇实测径流量
			工业	农业	生活、生态	合计	工业	农业	生活、生态	合计	
1999	46.00	268.84	3.96	164.07	0.44	168.47	1.58	106.07	0.33	107.98	157.84
2000	-32.52	235.30	3.01	146.20	0.66	149.87	1.49	95.23	0.50	97.22	140.21
2001	-18.20	216.02	3.72	143.25	0.79	147.76	1.52	95.86	0.65	98.03	113.27
2002	-50.60	218.00	4.97	141.50	0.73	147.20	3.11	91.18	0.63	94.92	122.75
2003	68.60	202.41	4.69	110.93	1.59	117.21	3.63	81.21	1.21	86.05	115.60
2004	4.40	220.03	4.61	130.13	1.25	135.99	3.44	89.39	1.23	94.06	127.60
2005	94.40	271.34	6.91	139.17	1.91	147.99	4.12	98.36	1.80	104.28	150.20
2006	-50.78	273.40	7.07	138.64	3.12	148.83	4.73	92.19	3.04	99.96	174.90
2007	11.23	279.00	5.57	134.95	2.43	142.95	3.66	93.35	2.13	99.14	189.30
2008	-15.45	258.30	5.01	132.86	3.00	140.87	4.14	89.13	2.77	96.04	164.10
2009	40.82	279.20	7.20	135.60	2.56	145.36	6.15	90.74	2.43	99.32	169.60
平均	8.90	247.44	5.16	137.94	1.68	144.78	3.42	92.97	1.52	97.91	147.76

4.2　黄河供水安全调控指标分析

黄河流域水资源短缺,河道内外用水需求远大于自身水资源量,在当前和今后相当长时间内只能采用河道内外都缺水的缺水配置。同时,黄河流域水资源利用受到防洪防凌、减淤、发电和水量调度的多目标影响,难以从单一目标的需求出发确定调控指标,《黄河流域水资源综合规划》中充分考虑了黄河的特点和水资源变化情况,采用多目标调控方式,分阶段提出了维持黄河健康生命、以水资源的可持续利用支撑经济社会可持续发展的配置方案。按照《黄河流域水资源综合规划》的研究成果,分析全河水量调度各个河段及相关地区的供水指标、断面下泄水量指标,以此合理确定实现黄河供水安全的调控指标。

4.2.1　水资源合理配置方案

为适应国民经济发展,合理安排黄河水资源的开发利用,1984 年 8 月国家计划委员会约请有关部门协商拟订了南水北调生效前黄河可供水量分配方案,并经国务院批准同意,以国办发〔1987〕61 号文发送有关省(区)和部门(简称“87”分水方案)。黄河“87”分水方案是在 2000 年需水水平和 1919~1975 年 56 年径流系列、多年平均天然径流量 580亿 m^3 的条件下进行配置的,在南水北调工程生效前,各省(区)河道外分水 370 亿 m^3 ,入海水量 210 亿 m^3 。

20 世纪 80 年代以来,随着经济社会的发展,黄河流域水资源及其开发利用情况发生了巨大变化,原有黄河水资源规划和配置成果已不能满足新时期流域用水要求,鉴于此,21 世纪初黄河流域进行了新一轮的水资源规划工作,黄河水资源综合规划于 2009 年完成。黄河水资源综合规划采用 1956~2000 年 45 年径流系列,多年平均天然径流量534.79 亿 m^3 (利津断面)。与现状情况相比,2020 年、2030 年变化情景下的下垫面条件将使流域地表径流量减少 15 亿 m^3 、20 亿 m^3 ,则 2020 水平年、2030 水平年地表径流量为519.79 亿 m^3 、514.79 亿 m^3 。

在南水北调东、中线工程生效后至南水北调西线工程生效以前(2020 年水平),黄河流域水资源的配置为缺水配置。按照黄河“87”分水方案,采用按比例打折配置各省(区)可利用水量和入海水量,则入海水量为 187.00 亿 m^3 ,各省(区)可配置水量 332.79 亿m^3 。南水北调东、中线生效后至南水北调西线工程生效前黄河水资源配置结果见表 4-2。

2030 年水平,黄河河川径流量将减少到 514.79 亿 m^3 ,加上调入水量 97.63 亿 m^3 ,黄河的径流总量为 612.42 亿 m^3 ,其中配置河道外 401.05 亿 m^3 ,入海水量 211.37 亿 m^3 。南水北调西线一期工程生效后水资源配置见表 4-3。

南水北调西线一期等调水工程生效后,重点针对河口镇以上省(区)缺水情况增加了南水北调西线一期工程调水的配置,西线调水 80 亿 m^3 配置河道外水量 55 亿 m^3 ,配置河道内 25 亿 m^3 ,此外考虑引汉济渭等调水工程,河道外各省(区)尤其是河口镇以上省(区)缺水情况得到缓解,全流域河道外缺水率 4.9%。由于调水工程补充河道内水量,入海水量增加到 211.37 亿 m^3 ,缺水 3.9%。

表 4-2 南水北调东中线生效后至西线生效前水资源配置

二级区	需水量（亿 m³）	向流域内配置的供水量（亿 m³）				缺水量（亿 m³）	缺水率（%）	黄河地表水消耗量（亿 m³）		
		地表水供水量	地下水供水量	其他供水量	合计			流域内消耗量	流域外消耗量	合计
龙羊峡以上	2.63	2.60	0.12	0.02	2.74	0	0	2.30	0	2.30
龙羊峡至兰州	48.19	28.99	5.33	1.12	35.44	12.75	26.5	22.28	0.40	22.68
兰州至河口镇	200.26	135.55	26.40	2.46	164.41	35.85	17.9	96.95	1.60	98.55
河口镇至龙门	26.20	14.58	7.48	1.04	23.10	3.10	11.8	11.67	5.60	17.27
龙门至三门峡	150.93	80.19	47.00	5.28	132.47	18.46	12.2	67.31	0	67.31
三门峡至花园口	37.72	22.00	13.76	1.47	37.23	0.49	1.3	17.66	8.22	25.88
花园口以下	49.31	23.37	20.33	0.97	44.67	4.64	9.4	20.34	77.52	97.86
内流区	5.88	1.14	3.29	0.08	4.51	1.37	23.3	0.94	0	0.94
合计	521.12	308.42	123.71	12.44	444.57	76.55	14.7	239.45	93.34	332.79

表 4-3 南水北调西线一期等调水工程生效后水资源配置

二级区 省（区）	需水量（亿 m³）	向流域内配置的供水量（亿 m³）				缺水量（亿 m³）	缺水率（%）	黄河地表水消耗量（亿 m³）			外流域调水消耗量（亿 m³）			消耗水量合计（亿 m³）
		地表水供水量	地下水供水量	其他供水量	小计			流域内消耗量	流域外消耗量	小计	流域内消耗量	流域外消耗量	小计	
龙羊峡以上	3.39	3.31	0.12	0.03	3.46	0	0	2.99	0	2.99				2.99
龙羊峡至兰州	50.68	36.72	5.33	1.75	43.80	6.88	13.6	18.99	0.40	19.39	10.50		10.50	29.89
兰州至河口镇	205.64	167.16	27.38	3.84	198.38	7.26	3.5	98.25	1.60	99.85	31.30	4.00	35.30	135.15
河口镇至龙门	32.37	21.96	8.62	1.63	32.21	0.16	0.5	10.91	5.60	16.51	7.50		7.50	24.01
龙门至三门峡	158.28	97.75	46.77	8.74	153.26	5.02	3.2	68.86	0	68.86	13.70		13.70	82.56
三门峡至花园口	40.98	23.43	13.57	2.57	39.57	1.41	3.4	19.24	8.22	27.46				27.46
花园口以下	49.79	23.41	20.20	1.67	45.28	4.51	9.1	19.04	77.52	96.56	1.26			96.56
内流区	6.19	1.39	3.29	0.12	4.80	1.39	22.6	1.17	0	1.17				1.17
合计	547.32	375.13	125.28	20.35	520.76	26.66	4.87	239.45	93.34	332.79	64.26	4.00	68.26	401.05
河道内用水								182.00		182.00	29.37		29.37	211.37
入海水量	211.37													

4.2.2 调控指标分析

依据《黄河流域水资源综合规划》，分析提出分区供水量、汛期输沙水量和非汛期生态环境水量，其中分区供水量包括省区和水资源二级区指标。分区供水和主要断面的下泄水量除包括多年平均情况外，还包括中等枯水年、特殊枯水年和连续枯水段的指标。

4.2.2.1 河道外供水指标

1. 多年平均

黄河流域内河道外多年平均总供水量由基准年的 419.76 亿 m³，增加到 2020 年的 445.84 亿 m³，到 2030 年有西线增加到 520.74 亿 m³，其中在南水北调西线一期工程和引汉济渭等跨流域调水工程生效前，地表水维持在 300 亿 m³ 左右，跨流域调水生效后增加到 375.11 亿 m³，地下水供水从基准年的 113.22 亿 m³ 增加到 2030 年的 125.28 亿 m³，其他供水由基准年的 1.72 亿 m³ 增加到 2030 年的 20.35 亿 m³，详见表 4-4 和表 4-5。

表 4-4 黄河流域水资源调控分二级区供水指标(多年平均)　　(单位:亿 m³)

二级区		向流域内供水量				流域外供水量
		地表水供水量	地下水供水量	其他供水量	合计	
龙羊峡以上	基准年	2.29	0.11	0	2.40	0
	2020 年	2.43	0.12	0.02	2.57	0
	2030 年	3.13	0.12	0.03	3.28	0
	2030 年有西线	3.21	0.12	0.03	3.36	0
龙羊峡至兰州	基准年	33.15	5.30	0.10	38.55	0
	2020 年	33.97	5.33	1.12	40.42	0.40
	2030 年	30.89	5.33	1.75	37.97	0.40
	2030 年有西线	37.43	5.33	1.75	44.51	0.40
兰州至河口镇	基准年	149.51	18.84	0.69	169.04	1.30
	2020 年	135.26	26.40	2.46	164.12	1.60
	2030 年	125.26	27.38	3.84	156.48	1.60
	2030 年有西线	167.10	27.38	3.84	198.32	5.60
河口镇至龙门	基准年	14.09	4.55	0.10	18.74	0
	2020 年	15.85	7.48	1.04	24.37	5.47
	2030 年	16.91	8.62	1.63	27.16	5.60
	2030 年有西线	20.31	8.62	1.63	30.56	5.60
龙门至三门峡	基准年	67.00	47.27	0.79	115.06	0
	2020 年	77.38	47.00	5.28	129.66	0
	2030 年	74.85	46.77	8.74	130.36	0
	2030 年有西线	98.35	46.77	8.74	153.86	0
三门峡至花园口	基准年	14.49	13.73	0.02	28.24	10.32
	2020 年	20.02	13.76	1.47	35.25	10.58
	2030 年	22.26	13.57	2.57	38.40	10.36
	2030 年有西线	22.64	13.57	2.57	38.78	10.72

续表 4-4

二级区		向流域内供水量				流域外供水量
		地表水供水量	地下水供水量	其他供水量	合计	
花园口以下	基准年	23.29	20.13	0	43.42	86.25
	2020 年	23.39	20.33	0.97	44.69	74.75
	2030 年	22.77	20.20	1.67	44.64	74.46
	2030 年有西线	24.25	20.20	1.67	46.12	75.02
内流区	基准年	1.00	3.29	0.02	4.31	0
	2020 年	1.39	3.29	0.08	4.76	0
	2030 年	1.46	3.29	0.12	4.87	0
	2030 年有西线	1.82	3.29	0.12	5.23	0
黄河流域合计	基准年	304.82	113.22	1.72	419.76	97.87
	2020 年	309.69	123.71	12.44	445.84	92.80
	2030 年	297.53	125.28	20.35	443.16	92.42
	2030 年有西线	375.11	125.28	20.35	520.74	97.34

表 4-5　黄河流域水资源调控分省（区）供水指标（多年平均）　　（单位:亿 m³）

省（区）		向流域内供水量				流域外供水量
		地表水供水量	地下水供水量	其他供水量	合计	
青海	基准年	17.05	3.24	0.03	20.32	0
	2020 年	16.59	3.26	0.20	20.05	0
	2030 年	16.77	3.27	0.40	20.44	0
	2030 年有西线	22.93	3.27	0.40	26.60	0
四川	基准年	0.15	0.01	0	0.16	0
	2020 年	0.29	0.02	0	0.31	0
	2030 年	0.33	0.02	0	0.35	0
	2030 年有西线	0.34	0.02	0	0.36	0
甘肃	基准年	36.55	5.66	0.35	42.56	1.30
	2020 年	38.69	5.67	2.30	46.66	2.00
	2030 年	34.31	5.68	3.56	43.55	2.00
	2030 年有西线	43.24	5.68	3.56	52.48	6.00
宁夏	基准年	72.88	5.68	0.69	79.25	0
	2020 年	66.62	7.68	0.89	75.19	0
	2030 年	59.88	7.68	1.34	68.90	0
	2030 年有西线	81.55	7.68	1.34	90.57	0

省（区）		向流域内供水量				流域外供水量
		地表水供水量	地下水供水量	其他供水量	合计	
内蒙古	基准年	71.99	16.88	0.03	88.90	0
	2020 年	63.92	23.76	1.42	89.10	0
	2030 年	63.45	25.08	2.24	90.77	0
	2030 年有西线	78.31	25.08	2.24	105.63	0
陕西	基准年	38.24	27.56	0.60	66.40	0
	2020 年	41.70	28.87	3.59	74.16	0
	2030 年	38.60	29.51	5.68	73.79	0
	2030 年有西线	60.50	29.51	5.68	95.69	0
山西	基准年	30.88	21.08	0	51.96	0
	2020 年	39.30	21.11	1.65	62.06	5.47
	2030 年	40.31	21.06	3.02	64.39	5.60
	2030 年有西线	42.74	21.06	3.02	66.82	5.60
河南	基准年	30.22	21.50	0.02	51.74	20.20
	2020 年	34.67	21.77	1.57	58.01	20.36
	2030 年	35.92	21.55	2.78	60.25	19.99
	2030 年有西线	36.04	21.55	2.78	60.37	20.72
山东	基准年	6.86	11.60	0	18.46	57.93
	2020 年	7.90	11.55	0.80	20.25	58.77
	2030 年	7.96	11.44	1.33	20.73	58.63
	2030 年有西线	9.47	11.44	1.33	22.24	58.82
河北天津	基准年	0	0	0	0	18.44
	2020 年	0	0	0	0	6.20
	2030 年	0	0	0	0	6.20
	2030 年有西线	0	0	0	0	6.20
黄河流域合计	基准年	304.82	113.21	1.72	419.75	97.87
	2020 年	309.68	123.69	12.42	445.79	92.80
	2030 年	297.53	125.29	20.35	443.17	92.42
	2030 年有西线	375.12	125.29	20.35	520.76	97.34

2. 中等枯水年

黄河流域面积大、水资源时空分布不均、各地区水资源利用差异明显,加之龙羊峡水库的多年调节作用,使得黄河流域不同区域供需情况与水资源丰枯不相匹配,即使对全流域而言,也存在较大差异。因此,分析黄河流域中等枯水年时,选取单独的某个年份不能很好地反映水资源时空分布不均和水库调节的影响。为此,综合选取 1957 年、1960 年、1977 年、1980 年、1995 年 5 个水资源量和缺水排频接近的中等枯水年份进行平均,得到相应的结果进行分析。中等枯水年份平均地表水资源量是 434.5 亿 m³,比 1956~2000 年系列多年平均的地表水资源量 534.8 亿 m³ 少 100.3 亿 m³,相当于 76.1% 频率年份的地表水资源量。

针对中等枯水年,一方面采用多年调节水库补水,增加水资源供给;另一方面通过水量统一调度,对流域内外河道外用水进行控制,同时减少入海水量。中等枯水年分省(区)、二级区地表水供水指标如表 4-6 所示,中等枯水年的黄河流域地表供水比多年平均少 28 亿~40 亿 m³,地下水供水与其他供水与多年平均一致,向流域外供水比多年平均少 4 亿~14 亿 m³。

表 4-6 中等枯水年分省(区)、二级区地表水供水指标 (单位:亿 m³)

二级区(省区)	向流域内配置的地表供水量				向流域外配置的地表供水量			
	基准年	2020 年	2030 年	2030 年有西线	基准年	2020 年	2030 年	2030 年有西线
龙羊峡以上	2.34	2.22	2.81	2.83	0	0	0	0
龙羊峡至兰州	26.25	26.16	22.02	33.67	0.36	0.35	0.34	0.34
兰州至河口镇	124.68	119.42	107.03	149.12	1.43	1.41	1.35	5.37
河口镇至龙门	11.55	13.11	12.15	20.24	5.00	4.94	4.74	4.78
龙门至三门峡	71.80	71.81	73.04	86.86	0	0	0	0
三门峡至花园口	15.16	19.75	20.25	20.40	7.34	7.26	6.95	7.02
花园口以下	24.29	20.81	20.24	20.40	79.46	68.45	65.59	66.16
内流区	0.86	1.09	1.22	1.23	0	0	0	0
青海	13.99	13.93	13.60	19.22	0	0	0	0
四川	0.40	0.30	0.36	0.36	0	0	0	0
甘肃	32.57	32.14	30.09	38.97	1.79	1.77	1.69	5.71
宁夏	60.17	57.14	47.67	71.91	0	0	0	0
内蒙古	57.32	56.06	52.40	69.35	0	0	0	0
陕西	37.59	37.70	39.28	56.92	0	0	0	0
山西	35.60	37.27	35.85	38.22	5.00	4.94	4.74	4.78
河南	31.90	32.64	31.03	31.27	18.50	18.30	17.53	17.68
山东	7.38	7.20	8.47	8.52	51.83	51.94	49.76	50.20
河北、天津					16.47	5.47	5.25	5.29
合计	276.93	274.37	258.76	334.75	93.59	82.41	78.97	83.67

3. 特殊枯水年

特殊枯水年选择黄河流域最枯的 1997 年,且在连续枯水段的后期,比较能够代表黄河流域水资源供需矛盾最大的年份。特殊枯水年份地表水资源量 307.7 亿 m³,比 1956～2000 年系列多年平均的地表水资源量 534.8 亿 m³ 少 227.1 亿 m³,相当于 97.8% 频率年份的地表水资源量。

针对特殊枯水年,一方面加大多年调节水库补水,增加水资源供给;另一方面强化水量统一调度,对流域内外河道外用水进行严格控制,同时进一步减少入海水量。特殊枯水年分省(区)、二级区地表水供水指标如表 4-7 所示,特殊枯水年的黄河流域地表供水比多年平均少 66 亿～73 亿 m³,地下水供水与其他供水与多年平均一致,向流域外供水比多年平均少 19 亿～23 亿 m³。

表 4-7　特殊枯水年分省(区)、二级区地表水供水指标　　　　(单位:亿 m³)

二级区(省区)	向流域内配置的地表供水量				向流域外配置的地表供水量			
	基准年	2020 年	2030 年	2030 年有西线	基准年	2020 年	2030 年	2030 年有西线
龙羊峡以上	1.96	1.96	2.49	2.49	0	0	0	0
龙羊峡至兰州	22.80	22.95	20.03	31.52	0.30	0.30	0.30	0.30
兰州至河口镇	105.30	101.80	95.17	136.35	1.20	1.20	1.20	5.20
河口镇至龙门	9.99	11.43	11.00	19.00	4.20	4.20	4.20	4.20
龙门至三门峡	61.34	62.12	65.66	78.93	0	0	0	0
三门峡至花园口	13.03	17.20	18.26	18.26	6.17	6.17	6.17	6.17
花园口以下	20.63	17.91	18.27	18.27	66.74	58.14	58.14	58.14
内流区	0.75	0.96	1.10	1.10	0	0	0	0
青海	11.85	12.03	12.21	17.72	0	0	0	0
四川	0.34	0.33	0.32	0.32	0	0	0	0
甘肃	28.54	28.33	27.36	36.03	1.50	1.50	1.50	5.50
宁夏	50.52	48.40	42.17	65.98	0	0	0	0
内蒙古	48.47	47.87	46.66	63.17	0	0	0	0
陕西	32.19	32.63	35.35	52.70	0	0	0	0
山西	30.36	32.27	32.28	34.37	4.20	4.20	4.20	4.20
河南	27.14	28.17	27.83	27.83	15.54	15.54	15.54	15.54
山东	6.39	6.30	7.80	7.80	43.53	44.11	44.11	44.11
河北、天津					13.83	4.65	4.65	4.65
合计	235.80	236.33	231.98	305.92	78.61	70.01	70.01	74.01

4. 连续枯水段

连续枯水年份选择 1994～2000 年为连续枯水段,平均地表水资源量是 416.7 亿 m³,比 1956～2000 年系列多年平均的地表水资源量 534.8 亿 m³ 少 118.1 亿 m³,相当于 83.8% 年份的地表水资源量。

针对连续枯水,一方面挖掘多年调节水库补水,增加水资源供给;另一方面强化水量统一调度,对流域内外河道外用水进行严格控制,同时减少入海水量。连续枯水段分省(区)、二级区地表水供水指标如表 4-8 所示,连续枯水段的黄河流域地表供水比多年平均少 54 亿～65 亿 m³,地下水供水和其他供水与多年平均一致,向流域外供水比多年平均少 14 亿～20 亿 m³。

表 4-8　连续枯水段分省(区)、二级区地表水供水指标　　　　(单位:亿 m³)

二级区(省区)	向流域内配置的地表供水量				向流域外配置的地表供水量			
	基准年	2020 年	2030 年	2030 年有西线	基准年	2020 年	2030 年	2030 年有西线
龙羊峡以上	2.10	1.99	2.59	2.64	0	0	0	0
龙羊峡至兰州	24.09	23.61	20.65	32.44	0.32	0.31	0.31	0.32
兰州至河口镇	112.54	105.44	98.87	141.83	1.29	1.24	1.25	5.27
河口镇至龙门	10.57	11.79	11.37	19.54	4.50	4.35	4.37	4.45
龙门至三门峡	65.25	64.16	67.98	82.32	0	0	0	0
三门峡至花园口	13.83	17.73	18.89	19.19	6.60	6.39	6.41	6.53
花园口以下	22.00	18.51	18.89	19.19	71.49	60.27	60.45	61.57
内流区	0.79	0.99	1.14	1.16	0	0	0	0
青海	12.65	12.42	12.64	18.36	0	0	0	0
四川	0.36	0.30	0.33	0.34	0	0	0	0
甘肃	30.05	29.12	28.21	37.29	1.61	1.55	1.56	5.59
宁夏	54.12	50.20	43.88	68.52	0	0	0	0
内蒙古	51.78	49.58	48.47	65.83	0	0	0	0
陕西	34.21	33.72	36.59	54.50	0	0	0	0
山西	32.32	33.30	33.39	36.02	4.50	4.35	4.37	4.45
河南	28.92	29.10	28.83	29.31	16.65	16.11	16.16	16.46
山东	6.76	6.49	8.01	8.11	46.63	45.73	45.87	46.72
河北、天津					14.82	4.82	4.84	4.92
合计	251.17	244.23	240.38	318.31	84.20	72.56	72.79	78.14

4.2.2.2 河道内调控指标

1. 多年平均

黄河流域属资源性缺水地区,考虑河道内外用水需求,水资源配置方案中流域内外均缺水。因此,多年平均情况下主要断面下泄水量不能完全满足断面河道内汛期输沙和非汛期生态环境需水量的要求。多年平均情况下主要断面下泄水量见表4-9。

表4-9　黄河主要断面各水平年下泄水量(多年平均)　　　　(单位:亿 m³)

水平年		兰州	河口镇	花园口	利津
基准年	全年	303.0	198.8	313.5	206.7
	汛期	161.6	117.5	162.3	137.9
	非汛期	141.4	81.3	151.2	68.8
2020 年	全年	300.7	205.2	282.6	188.8
	汛期	168.6	128.9	160.2	137.6
	非汛期	132.1	76.3	122.4	51.2
2030 年	全年	299.3	202.6	274.3	185.8
	汛期	174.7	131.9	152.6	134.4
	非汛期	124.6	70.7	121.7	51.4
2030 年有西线	全年	370.3	231.6	300.2	211.4
	汛期	199.7	142.0	161.5	142.6
	非汛期	170.6	89.6	138.7	68.8

2. 枯水年和枯水段

针对中等枯水年、特殊枯水年与连续枯水段,黄河加强水量统一调度,采取增加和挖掘水库多年调节能力、控制河道内外(包括向外流域供水)、适当减少入海水量等调控措施,协调河道内外水资源矛盾,黄河枯水年和枯水段入海水量控制指标见表4-10。中等枯水年入海水量比多年平均少21 亿 ~28 亿 m³,比特殊枯水年少71 亿 ~103 亿 m³,比连续枯水段少37 亿 ~42 亿 m³。

表4-10　黄河枯水年和枯水段入海水量　　　　(单位:亿 m³)

水平年	多年平均	中等枯水年	特殊枯水年	连续枯水段
基准年	193.63	172.90	92.69	155.57
2020 年	187.00	165.12	84.14	145.39
2030 年	182.00	153.98	83.27	141.94
2030 年有西线有引汉	211.37	184.71	139.96	173.93

3. 断面流量控制指标

断面流量控制指标需要通过重要断面流量及过程的保障来实现。河川径流是鱼类生长发育和沿黄湿地维持的关键和制约因素之一,根据重点河段保护鱼类繁殖期、生长期对径流条件要求及沿黄洪漫湿地水分需求,考虑黄河水资源条件和水资源配置实现的可能性,参考《黄河流域综合规划》成果,确定重要断面关键期生态需水量,见表4-11。

表4-11　黄河主要断面关键期生态需水　　　　　（单位:m³/s）

断面	需水等级划分	4月	5月	6月	7~10月
石嘴山	适宜	330	350*		一定量级洪水
	最小	330			
头道拐	适宜	250	250		输沙用水
	最小	75	180		
龙门	适宜	240*			一定量级洪水
	最小	180			
潼关	适宜	300			一定量级洪水
	最小	200			
花园口	适宜	320*			一定量级洪水
	最小	200			
利津	适宜	120	250*		输沙用水
	最小	75	150		

注:表中"＊"表示淹及岸边水草小洪水或小脉冲洪水,为鱼类产卵期所需要。

按照2007年水利部颁布实施的《黄河水量调度条例实施细则》要求,断面流量控制应满足干流预警流量要求,见表4-12。预警流量为瞬时流量要求,水沙调控方案计算为月平均流量,为避免可能出现的月平均流量达标而瞬时流量不达标的情况,方案计算中采用较为严格的控制条件,采用头道拐断面最小流量250 m³/s、利津断面最小流量150 m³/s。考虑到黄河引水流量较大,当头道拐、利津断面月均流量满足最小流量需求时,基本能够满足其他断面预警流量、最小流量及适宜流量要求。

表4-12　黄河干流省际和重要控制断面预警流量　　　　　（单位:m³/s）

断面	下河沿	石嘴山	头道拐	龙门	潼关	花园口	高村	孙口	泺口	利津
预警流量	200	150	50	100	50	150	120	100	80	30

4.3　上游梯级水库运行的多目标分析

4.3.1　防洪调度需求分析

目前,黄河上游龙羊峡以下干流已建、在建梯级水库(水电站)24座(规划建设26座),龙羊峡、刘家峡水库总设计防洪库容为42.0亿 m³,两座水库联合调度,承担兰州城市河段及盐锅峡、八盘峡水库的防洪任务,兼顾宁夏、内蒙古河段防洪。

兰州市城市河段堤防长76 km,设计防洪标准为100年一遇,设计流量为兰州站6 500 m³/s。兰州城市河段的防洪要求是:当发生100年一遇洪水时,龙刘水库按照设计防洪方式运用以后,兰州河段流量不超过其相应标准设防流量。

宁夏、内蒙古河段干流堤防长1 400 km,设计防洪标准:宁夏下河沿—内蒙古三盛公河段为20年一遇(设防流量石嘴山代表站5 630 m³/s),其中银川市、吴忠市城市河段为50年一遇(石嘴山代表站5 990 m³/s);三盛公—蒲滩拐河段左岸为50年一遇(三湖河口代表站设防流量5 900 m³/s),右岸除达拉特旗电厂河段为50年一遇外,其余河段为30年一遇(三湖河口代表站设防流量5 710 m³/s)。宁蒙河段的防洪要求是:发生20~50年一遇洪水时,龙刘水库按照设计防洪方式运用以后,宁蒙河段流量不超过其相应标准设防流量。

黄河上游兰州城市河段90%以上堤防设防流量达6 500 m³/s,内蒙古河段仍有60%以上达不到设计标准,且由于龙刘水库运用改变了天然洪水过程,使宁蒙河段河道不断淤积,尤其是主河槽淤积萎缩越来越严重,目前宁蒙河段平滩流量仅1 500 m³/s左右。在多年的冲刷和淤积下,宁蒙河段河床形成了大面积滩地,经开发利用,形成耕地约120万亩,常驻人口约2.2万人。当黄河发生大洪水时影响人口可达约35万人,洪水漫滩淹没损失严重。在龙羊峡水库未达到设计汛限水位时,需要龙刘水库兼顾宁蒙河段防洪要求。

4.3.2　防凌调度需求分析

干流梯级水库调度的防凌目标是利用现有的防凌工程,通过水库调度,尽可能减小凌灾损失。针对黄河干流的具体工程状况及气温条件、河道过流能力等影响因素,干流梯级水库群联合调度的防凌要求如下。

4.3.2.1　刘家峡水库

封河前期,控制刘家峡水库的泄量,根据区间来水和灌区引退水流量情况,以适宜流量封河,尽可能减少冰塞成灾;封河期控制刘家峡水库出库流量应均匀变化,避免忽大忽小,稳定封河冰盖,合理控制河道河槽蓄水量;开河期适时控制刘家峡水库下泄量,尽量减少"武开河",尽可能减少凌灾损失。

4.3.2.2　海勃湾水库

海勃湾水库于2014年建成,运行初期,海勃湾水库主要在刘家峡水库防凌运用的基础上,对入库流量实行"多蓄少补"的调度原则,控制封河期形成适宜的封河流量,并在凌汛期预留一定的应急防凌库容,为内蒙古河段应急防凌提供条件。

4.3.3 减缓宁蒙河段中水河槽淤积萎缩需求

1987年以来,受上游龙羊峡、刘家峡等水库联合调度的影响,黄河干流汛期进入宁蒙河段的水量大幅度减少,加上区间十大孔兑等支流入汇,以及区间引水量的增加等多种因素综合作用,进入宁蒙河段的水沙条件发生了改变,大流量天数大幅度减少,汛期来沙系数增大近一倍,水沙搭配不协调,致使内蒙古巴彦高勒以下河段主槽明显淤积,河道过流能力大幅度减小。

改善河道水沙关系,变不协调的水沙关系为协调,是减缓宁蒙河段中水河槽萎缩的重要措施,可以通过增水、减沙和调控水沙等多种途径实现。增水,主要指跨流域调水,即为南水北调西线工程,但短期内难以实现;减沙,主要指水利水保措施拦沙,一般周期长,见效较慢;因此,短期内改善宁蒙河段水沙关系,最直接、最有效的方法就是调控水沙,即通过上游龙羊峡、刘家峡等水库群联合调度来调节进入宁蒙河段的水沙过程,在宁蒙河段干、支流来沙集中的时段,适时下泄一定历时的大流量过程,有助于提高河道输沙能力,大水带大沙,协调水沙关系,在一定条件下,还可以利用富余的挟沙能力对河道淤积的泥沙进行冲刷,恢复部分河槽过流能力。考虑到黄河上游梯级水库承担着防洪(防凌)、供水、灌溉、发电等多项任务,在枯水年份,水库供水、灌溉、发电与河道减淤对于水量的需求存在一定的矛盾,应尽量利用来水较丰的年份泄放一定历时的大流量过程冲刷宁蒙河道,以减少来水偏枯、水沙搭配不利的年份对河道造成的淤积。

4.3.4 水资源配置需求分析

4.3.4.1 实现水资源配置方案的需要

黄河来水和用水在时间和空间上不匹配给水资源配置方案实施带来一定的困难,在现阶段水库工程条件下,有必要进一步挖掘水库供水能力,深化水库群水量调度研究,为实施水资源配置方案创造更有利条件。黄河河川径流年际变化大、连续枯水段长,且年内分配集中在汛期,占60%;农业用水高峰期(3~6月)的用水占全年用水的一半,而来水仅占年径流量的30%;同时黄河流域产水集中于兰州以上河段,占全流域的61.7%,而用水主要在兰州以下河段,占全流域的92.5%。为保持黄河下游一定的输沙水量,维持黄河的健康生命,利津断面生态环境需水量为220亿 m^3,河口镇断面需197亿 m^3,而实测水量与需求在总量和过程方面不匹配。因此,需深化研究水库群调控方式,增加黄河水资源调控能力,调控水资源的时空分布不均,最大限度地满足河道内外用水。

4.3.4.2 提高枯水时段水资源调配的需要

黄河流域大部分地处干旱、半干旱地区,水资源年内和年际分配不均,且连续枯水段长,干旱灾害频繁。在出现可供水量严重不足、流域严重干旱等情况时,有必要充分利用龙羊峡、刘家峡、万家寨、三门峡、小浪底等水库,充分发挥水库调蓄径流、蓄丰补枯的能力,在减少枯水年份河道内外缺水、保证生态环境需水。

因此,针对黄河流域水资源短缺,年内和年际分配不均,特枯水年和连续枯水段时有发生等情况,从历史枯水年份水量调度和未来5~10年水资源供需形势来看,有必要深化已建骨干水库群水量调度研究,以充分发挥已建水库的蓄丰补枯作用,进一步增强水资源调配能力。

4.3.5 发电对水库群调度的要求

黄河干流峡谷众多,水力资源丰富。据 2004 年完成的全国水力资源复查结果,黄河流域水力资源理论蕴藏量共 43 312 MW,其中干流 32 827 MW,占 75.8%,具有良好的水电开发条件。新中国成立后,黄河干流水电资源得到了高度开发。截至 2008 年,黄河干流已建、在建水电站 27 座,装机容量达 18 945 MW。已经建成的龙羊峡、李家峡、公伯峡、刘家峡、万家寨、三门峡、小浪底等水利枢纽和水电站工程 19 座,装机容量 12 084 MW,正在建设的水电站有拉西瓦、积石峡、乌金峡、龙口等 8 座,装机容量 6 861 MW。龙羊峡、李家峡、刘家峡、盐锅峡、八盘峡、青铜峡等上游 10 余座水电站组成了中国目前最大的梯级水电站群。截至 2008 年年底,黄河干流水电站已累计发电约 7 000 亿 kWh。

4.3.5.1 龙羊峡水电站

龙羊峡水电站是黄河上游的"龙头"电站,被誉为"万里黄河第一坝",电站装有 4 台单机容量 32 万 kW 的水轮发电机组,总装机容量 128 万 kW,年设计发电量 60 亿 kWh,是西北电网第一调峰调频电厂。电站投产以后一直承担西北电网第一调峰调频任务,提高了西北电网的电能质量,保证了电网的安全稳定运行,增加了电网的可靠性,同时提高了下游梯级水电站的保证出力。

4.3.5.2 刘家峡水电站

刘家峡水电站目前装机容量 169 万 kW,设计年平均发电量为 60.5 亿 kWh。电站于 1968 年 10 月蓄水,1969 年 4 月 1 日首台机组并网发电,1974 年 12 月 5 台机组全部投入运行。刘家峡水电站是西北电网的骨干电站,在西北电力系统中处于十分重要的地位。

刘家峡水电站一直担负着西北电网的调峰、调频、调相的重要任务。近几年来,西北电网的峰谷差冬季超过 100 万 kW,而刘家峡水电厂就承担 90 万 kW,即使汛期根据系统需要,还得担负约 40 万 kW 的峰谷差的调节任务。年调峰电量达 33 亿 kWh,占多年平均实发电量的 68.75%。

刘家峡水电站还担负着西北电网的事故备用任务,其备用容量达该电站总装机容量的 20%,为减少系统事故损失起了十分重要的作用。

4.3.6 上游梯级水库运行的多目标分析

4.3.6.1 骨干水库在协调宁蒙河段水沙关系和供水、发电之间的局限性

龙羊峡、刘家峡水库联合对黄河水量进行多年调节,蓄存丰水年和丰水期水量,补充枯水年和枯水期水量。其中,汛期(7~10 月)多年平均蓄水量达 51 亿 m³,改变宁蒙河段水沙量年内分布,汛期进入宁蒙河段的水沙量占全年的比例均减小,平均含沙量变化不大,但来沙系数却明显增大,水沙关系进一步恶化。下河沿站为黄河干流进入宁蒙河段水沙量控制站,1950~1986 年,汛期水量占全年的比例为 57.6%,汛期沙量占全年的比例为 86.0%,汛期平均含沙量为 7.31 kg/m³,汛期来沙系数为 0.004 kg·s/m⁶;1987~2009 年,汛期水量占全年的比例为 42.0%,汛期沙量占全年的比例为 77.8%,汛期平均含沙量为 7.31 kg/m³,汛期来沙系数为 0.005 kg·s/m⁶。巴彦高勒站为三盛公水库的出库站,

1950～1986 年,汛期水量占全年比例为 58.6%,汛期沙量占全年比例为 81.9%,汛期平均含沙量为 7.47 kg/m³,汛期来沙系数为 0.005 kg·s/m⁶;1987～2009 年,汛期水量占全年比例为 36.8%,汛期沙量占全年比例为 57.2%,汛期平均含沙量为 6.29 kg/m³,汛期来沙系数为 0.012 kg·s/m⁶。可见,1987 年以来,宁蒙河段汛期水、沙量占全年比例均大幅度减小,虽然平均含沙量变化不大,但是由于来水少,平均流量小,来沙系数增大明显,特别是巴彦高勒站来沙系数增大一倍,水沙关系恶化,这也是巴彦高勒至头道拐河段主槽大量淤积的主要原因之一。

由于汛期来水来沙关系恶化,宁蒙河段(特别是内蒙古河段)主槽的淤积萎缩。从内蒙古巴彦高勒至蒲滩拐河段主槽年均淤积量来看,1962～1982 年、1982～1991 年、1991～2000 年和 2000～2012 年的四个时期分别为 - 0.03 亿 t、0.391 亿 t、0.648 亿 t 和 0.118 亿 t,呈现由冲刷转淤积的趋势;特别是 1991～2000 年,主槽年均淤积泥沙超过 6 000 万 t。目前,内蒙古部分河段已演变为"地上悬河",同时随着主槽不断萎缩,中小流量水位明显抬高,1 000 m³/s 流量相应水位普遍上涨 1 m 左右;平滩流量由 1986 年前的 3 500～4 000 m³/s 普遍降至 1 500 m³/s 左右,局部河段不足 1 000 m³/s,加之十大孔兑来沙淤堵河道,过流能力大为降低,严重威胁堤防安全。

4.3.6.2 全河水量统一调度对骨干水库运用的新要求

20 世纪后期黄河下游日益加剧的河道断流促使黄河水量走向统一调度。目前,黄河水量调度的时间范围已经从非汛期走向全年,空间范围已经从下游扩展到全河、从干流扩展到主要支流,水量调度的手段也从最初的以行政命令为主变成高科技水量调度系统、法律法规和行政手段相结合。然而,黄河流域属资源性缺水地区,水资源供需矛盾突出,如何在保障防洪防凌安全的前提下,协调好黄河水资源供求关系并兼顾黄河生命健康,还需要进一步优化水库群年内调度方案,完善跨年度调度方案,为充分发挥已建、在建梯级水库的综合利用效益和实施最严格的水资源管理提供技术支撑。

1. 黄河连续枯水段水量调度应予高度重视

从 1999 年 3 月正式启动黄河水量统一调度工作以来,黄河天然来水整体依然偏枯,年平均天然径流量略枯于中等枯水年,通过水量统一调度不仅确保了黄河不断流,还保证了一定的河道基流,同时保证了流域城乡居民生活和工农业生产供水安全,支撑了流域及相关地区经济可持续发展。然而,历史上的 1922～1932 年连续枯水段年数和天然径流量都比 1994～2002 年要严重,因此在全河水量调度工作中还必须做好遭遇更长连续枯水段的预案准备。水量调度实践证明,连续枯水年来水情况、龙羊峡水库运用原则、蓄水补水的方式等是关系到全流域水量调度目标能否实现的关键,应在水库群水量调度研究过程中,加强龙羊峡合理消落水位研究。

2. 黄河干旱年份干流水库群调度有待加强

黄河流域是旱灾最严重的地区之一,黄河干旱年份干流水库群调度有待进一步研究。当前,黄河流域已建设了一批灌区和高扬程提水灌溉工程,加上干流水库群在抗旱调度中的联合运用,流域的抗旱能力得到了极大的提高,但同时面临着如下问题:一是黄河流域水资源紧缺,工业特别是能源化工产业用水增长迅猛,支流用水增加,入黄水量减少,加之黄河水资源有减少趋势,干旱年份尤其是旱灾期间骨干水库水源调度捉襟见肘,对于抗旱水量预留和调配难度大;二是黄河水资源和农业用水时空分布差异大,来水主要在上游,且以汛期为主,易发生旱灾的中下游用水则受上游水库调节,水量调度压力大;三是国家粮食安全战略强化了农业用水地位,近年来持续干旱增加了抗旱压力,国际粮价应"旱"而涨,要求水利部门高度重视抗旱水源筹备和应急调度。即使如此,按照国家2011年中央一号文件,在黄河流域2020年基本建成防汛抗旱减灾体系,也是任重而道远。

3. 应加强干流水库群应急调度研究

由于黄河流域及相关地区水资源日益紧张,实施应急水量调度已成为解决黄河供水地区水资源危机的手段之一。《黄河水量调度条例》指出,出现严重干旱、省际或者重要控制断面流量降至预警流量、水库运行故障、重大水污染事故等情况,可能造成供水危机、黄河断流时,黄河水利委员会应当组织实施应急调度。截至2010年,在流域机构、黄河防总、省区水行政与抗旱主管部门以及水库管理单位的共同努力下,已成功应对了21起干流断面预警、2003年上半年黄河来水特枯以及2009年的流域严重干旱等事件。现阶段伴随社会生产活动的剧增,河道断流、突发性水污染事件以及应急供水事件发生的频次也随之增长,黄河供水安全频频陷入突发性事件的危局。如2009年年底至2010年年初为确保天津城市供水安全和缓解白洋淀生态用水危机而实施的引黄济津济淀应急调水、2010年年初的渭河油污染事件等,都启动了相应水库的应急调度工作。因此,有必要进一步开展干流水库群应急调度研究,为缓解黄河供水地区水资源危机提供相应的技术支撑。

4. 龙羊峡、刘家峡水库运用对河道生态基流的影响

水利工程建设使天然径流量改变,可能影响河湖水生态系统的正常维持与存在,危及鱼类等水生生物的生存,因此应保证河湖水域生态需水量。

生态环境需水量的确定比较复杂,我国目前还处于研究阶段,没有确定的标准,而且各种河流、河段的具体情况不同,维持河道一定功能的需水也不同。由于对黄河生态环境需水量至今尚未形成一个公认的定义和计算方法,考虑南京水利科学研究院和黄委有关单位成果,从偏安全考虑,认为宁蒙河段非汛期生态基流采取 250 m^3/s 是适宜的。

刘家峡水库建成前的 1958~1966 年,河口镇断面 1958~1966 年分级流量统计结果见表4-13,非汛期仅有 18.4% 天数的流量小于 250 m^3/s,汛期有 2.7% 左右天数的流量达不到 250 m^3/s,全年有 13% 左右天数的流量达不到 250 m^3/s。

表 4-13 河口镇断面 1958~1966 年实测日流量统计

流量分级(m^3/s)	$Q < 50$	$50 \leq Q < 100$	$100 \leq Q < 150$	$150 \leq Q < 200$	$200 \leq Q < 250$	$250 \leq Q < 300$	$Q \geq 300$
非汛期天数(d)	14	71	47	77	191	253	1 527
所占比例(%)	0.6	3.3	2.2	3.5	8.8	11.6	70.0
汛期天数(d)	17	5	1	2	4	2	1 076
所占比例(%)	1.5	0.5	0.1	0.2	0.4	0.2	97.2
总天数(d)	31	76	48	79	195	255	2 603
所占比例(%)	0.9	2.3	1.5	2.4	5.9	7.8	79.2

在龙羊峡、刘家峡水库建成后的 1987～2003 年,河口镇断面分级流量统计结果见表 4-14。由表 4-14 可见,非汛期有 25.4% 左右天数的流量达不到 250 m³/s,有 2.4% 天数的流量低于 50 m³/s,接近于断流状态,汛期有 29.4% 左右天数的流量达不到 250 m³/s,全年有 26.7% 左右天数的流量达不到 250 m³/s。另据对月流量的统计分析,5 月月平均流量小于 250 m³/s 出现了 12 年,占总统计年数的 70.6%,6 月月平均流量小于 250 m³/s 出现了 9 年,占总统计年数的比例为 52.9%,7 月月平均流量小于 250 m³/s 出现了 4 年,占总统计年数的比例为 23.5%,都比 1958～1966 年的对应值要大得多。

表 4-14   河口镇断面 1987～2003 年实测日流量统计

流量分级(m³/s)	$Q < 50$	$50 \leqslant Q < 100$	$100 \leqslant Q < 150$	$150 \leqslant Q < 200$	$200 \leqslant Q < 250$	$250 \leqslant Q < 300$	$Q \geqslant 300$
非汛期天数(d)	100	253	216	253	224	238	2 834
所占比例(%)	2.4	6.2	5.3	6.1	5.4	5.8	68.8
汛期天数(d)	24	100	152	156	182	118	1 359
所占比例(%)	1.1	4.8	7.3	7.5	8.7	5.6	65.0
总天数(d)	124	353	368	409	406	356	4 193
所占比例(%)	2.0	5.7	5.9	6.6	6.5	5.7	67.6

从以上分析可以看出,尽管龙羊峡、刘家峡水库调节增加了非汛期的下泄水量,但由于 5～7 月是大柳树—河口镇区间的灌溉高峰期,大量的农业用水挤占了生态用水,河口镇断面生态基流仍不能得到保证。

4.3.7   水库群调度指标分析

水库群调度指标包括防洪防凌调度指标、减缓宁蒙河段中水河槽萎缩的调度指标、实现水资源配置方案的调度指标。防洪防凌调度指标是考虑防洪河段防洪防凌需求、防洪标准及防洪能力,保障防洪防凌安全的调控流量。减缓宁蒙河段中水河槽萎缩的调度指标是考虑来水来沙情况和现状工程条件下,减少河道淤积,减缓冲积性河段中水河槽淤积萎缩的调控流量。实现水资源配置方案的调度指标是实现各个河段及相关地区的供水、输沙用水及生态环境用水最小流量。

调度指标是水库群联合运行的基本参数,是黄河防洪防凌、减淤和水资源配置的控制条件,是水库群综合运用方案制订的依据。水库群调度指标可分为约束性指标和指导性指标两类。约束性指标具有强制性和制约性,而指导性指标是参照执行并在一定条件下可进行调整变化的指标,当约束性指标与其他指标发生冲突时,应首先满足约束性指标的要求。

结合《黄河流域综合规划》《黄河水沙调控体系建设规划》等成果,针对水库群调度的需求,提出水库群调度的约束性指标和指导性指标,见表 4-15。

表 4-15　水库群调度指标

目标	约束性指标	指导性指标	说明
上游防洪	兰州断面 100 年一遇洪水不超过 6 500 m³/s	兼顾宁蒙河段防洪,视宁蒙河段河道过流能力及水库防洪能力而定,刘家峡水库 10 年一遇洪水控制出库流量不超过 2 500 m³/s	龙羊峡水库、刘家峡水库联合调度
宁蒙河段防凌	水库凌汛期最高运用水位均不能超过正常蓄水位;防凌河段控制凌汛期水位不超过堤防的设防水位	水库防凌库容不小于 40 亿 m³	防凌库容由宁蒙河段以上梯级水库承担
宁蒙河段减淤	—	控制下河沿断面,凑泄流量指标为不小于 2 500 m³/s,一次洪水调控历时不少于 14 d	龙羊峡水库、刘家峡水库优化调度,兼顾青铜峡、沙坡头、三盛公等水库
水资源配置	《黄河水量调度条例实施细则(试行)》中确定的黄河重要控制断面预警流量,其中下河沿为 200 m³/s,头道拐为 50 m³/s,龙门为 100 m³/s,花园口为 150 m³/s,利津为 30 m³/s	丰水年配置耗水较多年平均增加 10%,控制配置耗水量为 360 亿 m³;平水年配置耗水 332.8 亿 m³;枯水年配置耗水较多年平均减少 10%,控制配置耗水 300 亿 m³;特枯水年和连续枯水段配置耗水较多年平均减少 20%,控制配置耗水量为 266 亿 m³	龙羊峡水库、刘家峡水库、万家寨水库、三门峡水库和小浪底水库联合调度

4.4　基于龙刘水库的上游水库群调控方案研究

4.4.1　基于龙刘水库的上游水库群调控模型

4.4.1.1　模型功能需求分析

建立基于龙刘水库的上游水库群调控模型,是分析龙刘水库的上游水库群调控方式的基础。本研究建立的基于龙刘水库的上游水库群调控模型,主要包括龙羊峡水库、刘家峡水库综合利用调度模拟模型,宁蒙河段泥沙冲淤计算模型,黄河上游水资源供需平衡模型等。

在黄河水量统一调度实践的基础上,充分利用《黄河流域水资源综合规划》《黄河流域综合规划》《黄河水沙调控体系建设规划》等成果,吸收黄河水资源经济模型、三门峡以下非汛期水量调度系统、黄河小浪底以下枯水调度模型、宁蒙河段水量演进模型、黄河水沙调控体系模型等,构建以龙羊峡水库、刘家峡水库为核心的黄河上游水库群调控模型,将前述防洪、防凌、宁蒙河段减淤、协调水资源供求关系分析成果作为条件和需求,为黄河上游水库群调控多目标协调、方案比选、调度方式优化提供技术平台。

4.4.1.2 模型框架

基于龙刘水库的上游水库群调控模型的开发目标是通过建立先进而有效的数学工具,模拟龙刘水库运行方式调控方案的作用和效果,为水库优化调度决策提供技术支撑。模拟模型总体设计是基于黄河骨干水库统一调度的思想,建立满足水库综合利用调度模拟的模型框架,通过整合已有的水库调度、泥沙冲淤、水资源供需平衡等模型,构建以龙羊峡水库、刘家峡水库联合调度,宁蒙河段泥沙冲淤计算为主线的龙刘水库综合利用调度模拟模型。采用黄河水量统一调度以来的 1990~2012 年过程,模拟计算龙刘水库运用的基础方案和调控方案,分析各方案龙刘水库综合利用调度的效果和对黄河水资源利用带来的影响,实现从黄河上游控制站——贵德站到黄河上游出口控制站——河口镇站的统一计算,为龙刘水库优化调度决策提供模型技术支持。

根据上述开发目标和模型功能需求,对模型的性能提出了一定的要求:模型应能反映系统本质的重要特征及系统内部组成部分间的相互关系;在满足研究要求的前提下,模型的结构应清晰、合理,各子模型的接口设置合理、方便,算法要简单、可行;且尽可能通用、灵活;可操作性强。

根据模型的功能要求,考虑到利用模型进行龙刘水库不同调整运行方式和水资源供需分析研究的具体内容和工作流程特点,基于龙刘水库的上游水库群调控模型的总体结构和各部分关系见图4-2。

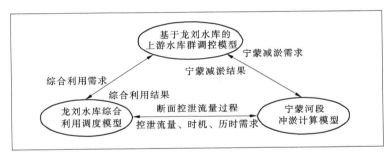

图 4-2　骨干水库综合利用调度模拟模型的框架图

基于龙刘水库的上游水库群调控模型包括龙刘水库综合利用调度模型,宁蒙河段冲淤计算模型两个主要部分,以实现上游水量调度和宁蒙河段冲淤计算的功能。模型中设置的约束条件主要考虑节点水量平衡、水库运行方式、河道冲淤、水资源配置方案、生态环境需水量、水量调度等条件。

龙刘水库综合利用调度模型主要用于黄河上游水库群的水量调度和联合补偿调节,在保证防洪防凌调度约束的前提下,优先满足上游水资源配置要求以及中下游供水要求,考虑宁蒙河段减淤需求和发电需求,为调度和冲淤模型提供主要断面长系列下泄流量和水资源供需平衡结果。龙刘水库综合利用模型为宁蒙河段冲淤模型提供边界条件,宁蒙河段冲淤模型提出宁蒙减淤的控泄流量、时机、历时的方案,龙刘水库综合利用模型通过计算获得下河沿断面的流量过程,宁蒙河段冲淤模型计算宁蒙冲淤的结果。

4.4.1.3 河流分段及计算节点

根据黄河上游水资源条件、行政区划和水库工程布局等条件,划分调度计算节点如下:

（1）调度关键性水库。考虑龙羊峡、刘家峡两个较大的调节性水库,每个水库作为一个断面节点。

（2）计划用水节点。从用水区域考虑,按大断面划分用水节点,各河段主要支流集中汇入,不考虑取水口门位置,按区间聚合径流考虑。

（3）防凌调度控制断面:选取兰州断面作为防凌控制断面,主要控制 12 月、1 月、2 月的最大、最小流量。

（4）防断流调度控制断面:选取河口镇断面,一般情况下为满足中下游用水,不小于 250 m³/s,特殊情况下应满足《黄河水量调度条例实施细则（试行）》中确定的黄河重要控制断面预警流量,河口镇为 50 m³/s。

（5）其他电站作为流量节点考虑。

根据研究需要,黄河干流梯级水库群联合调度计算节点划分如图 4-3 所示。模型节点分为五种类型:具有区间入流的节点、水库、电站、用水户和断面控制节点。模型计算所需基本数据通过节点形式输入,计算结果也以节点形式输出或在计算结果上处理成其他形式成果。

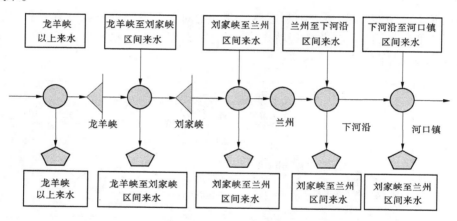

图 4-3 黄河干流梯级水库群联合调度计算节点图

4.4.1.4 目标函数

为更好地反映黄河流域水资源利用的多目标性,黄河干流梯级水库群联合调度模型将目标分为五类,即防洪防凌调度目标、计划供水目标、防断流目标、河道减淤目标和发电调度目标。

（1）防洪防凌调度目标:通过控制水库水位和下泄流量来体现。

（2）计划供水目标:各用水节点按照水资源配置方案实行计划供水,计划供水保证率高。在枯水年份,供水量不能满足用水要求时,通过水库合理调度,优化径流时空分布过程,使计算供水量与计划供水差额最小,且分布合理。

（3）防断流目标:通过控制水库水位、下泄流量以及断面最小下泄流量来体现。

（4）河道减淤目标:按照黄河流域水资源配置方案的入海水量及断面配置水量要求,下游考虑利津断面汛期水量要求,上游重点考虑宁蒙河段减淤主要控制指标,通过优化水库运用方式,塑造有利于河道冲刷的流量过程。

（5）发电调度目标：在实现上述目标的前提下，寻求上游梯级电站的合理运行方式，提高发电效益。

4.4.1.5 约束条件

模型中约束条件包括节点水量平衡、水库水量平衡、水库库容约束、防洪防凌约束、出库流量约束、出力约束和变量非负约束，如图4-4所示。

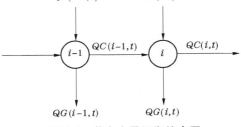

图 4-4　节点水量平衡约束图

1. 节点水量平衡约束

当不考虑水量传播因素时：

$$QC(i,t) = QC(i-1,t) + QR(i,t) - QG(i,t) - QL(i,t) + QT(i,t) \qquad (4\text{-}1)$$

第 i 节点出流应等于上一节点 $i-1$ 出流与区间来水之和，扣除区间实际供水及区间损失，再加上区间退水。

2. 水库水量平衡约束

$$V(m,t+1) = V(m,t) + \left[Q_{Ru}(m,t) - Q_{Rc}(m,t)\right] \times \Delta T(t) - L_W(m,t) \qquad (4\text{-}2)$$

式中：$V(m,t+1)$ 表示第 $t+1$ 时段第 m 个水库枢纽末库容；$V(m,t)$ 表示第 t 时段第 m 个水库枢纽初库容；$Q_{Ru}(m,t)$ 表示第 t 时段第 m 水库枢纽的入库水量；$Q_{Rc}(m,t)$ 表示第 t 时段第 m 个水库枢纽的下泄水量；$\Delta T(t)$ 表示 t 时段时间变化；$L_w(m,t)$ 表示第 t 时段第 m 个水库枢纽的水量损失。

3. 水库库容约束

$$V_{\min}(m,t) \leqslant V(m,t) \leqslant V_{\max}(m,t) \qquad (4\text{-}3)$$

式中：$V_{\min}(m,t)$ 为死库容；$V_{\max}(m,t)$ 为当月最大库容。

4. 防洪防凌约束

$$QF_{\min}(m,t) \leqslant QRc(m,t) \leqslant QF_{\max}(m,t) \qquad (4\text{-}4)$$

防凌约束主要针对刘家峡水库而言。

5. 出库流量约束

$$QRc_{\min}(m,t) \leqslant QRc(m,t) \leqslant QRc_{\max}(m,t) \qquad (4\text{-}5)$$

$QRc_{\min}(m,t)$ 的确定与为满足各省区用水水库最小需供水量 $QBu(m,t)$、防凌要求的 $QF_{\min}(m,t)$ 以及生态要求的 $QS_{\min}(t)$ 有关。$QRc_{\max}(m,t)$ 与最大过机流量 $QD_{\max}(n,t)$、防凌要求的 $QF_{\max}(m,t)$ 有关。

6. 区域耗水总量小于可利用的水资源量

$$\sum_{t=1}^{12} Q_{con}(n,t) \leqslant QY(n) \qquad (4\text{-}6)$$

式中：$Q_{con}(n,t)$ 表示区域每一个时段可消耗水资源量；$QY(n)$ 表示区域可消耗的水资源量（水资源可利用量）。

7. 出力约束

$$N_{\min}(n,t) \leqslant N(n,t) \leqslant N_{\max}(n,t) \qquad (4\text{-}7)$$

一般 $N_{\min}(n,t)$ 为机组技术最小出力，$N_{\max}(n,t)$ 为装机容量。

4.4.1.6 模型运行原则

考虑目前的实际调度情况和各调控目标要求，确定模型运行原则如下：

（1）实行全河水量统一调度，遵循干流上下游补偿原则，龙刘水库对于全河水量调度、中下游泥沙冲淤则通过河口镇断面下泄水量、过程来满足。

（2）时段供水量实行断面控制，并以省际配水为主，配置水量采用 1990～2012 年实际用水过程。

（3）龙羊峡、刘家峡运用方式。结合以往研究成果，龙羊峡、刘家峡运用方式应基本遵循"供水不足，由刘家峡先补偿；出力不足，由龙羊峡先补偿"的原则。刘家峡水库一般在 12 月至翌年 3 月蓄水，把龙羊峡下泄超过防凌控制流量的部分拦蓄起来，4～6 月补水满足灌溉要求，7～9 月回蓄至汛限水位，10 月、11 月补水以腾出防凌库容。龙羊峡水库一般 5～11 月蓄水，12 月至翌年 4 月补水，满足发电要求。

4.4.2 梯级水库群现状运行方式分析

按水库现状运用原则和调度方式，采用黄河上游梯级水库群联合调度模型进行长系列调节计算，分析各河段水量平衡，即水库出库加上区间净来水（上下断面实测径流量相减）即得下断面来水。

基础方案模拟上游龙刘水库 1990～2012 年 23 年的调度过程，针对凌汛期下泄流量大和河口镇断面生态环境需水量破坏的情况，设置兰州断面防凌控制最大、最小流量和河口镇断面生态环境需水流量控制指标。按照上游龙刘水库的现状运行进行模拟计算，龙羊峡以下河段水量平衡多年平均结果见表 4-16。

从表 4-16 来看，1990 年 1 月至 2012 年 12 月，龙羊峡水库多年平均入库水量为 182.4 亿 m^3，出库水量为 180.2 亿 m^3，汛期多年平均入库水量为 106.6 亿 m^3，出库水量为 69.0 亿 m^3。刘家峡水库多年平均入库水量为 228.8 亿 m^3，出库水量为 228.7 亿 m^3，汛期多年平均入库水量为 91.6 亿 m^3，出库水量为 86.2 亿 m^3。龙刘水库始末蓄水量与实际一致，龙、刘两库多年平均蓄泄平衡，验证了计算的合理性。

逐河段水量平衡，兰州断面来水 271.3 亿 m^3，汛期占 41.1%；下河沿断面来水 251.6 亿 m^3，汛期占 41.6%；河口镇断面来水 159.1 亿 m^3，汛期占 38.7%。

进一步说明水库径流调节计算成果的合理性，对比现状运用方案与 1990～2012 年实测过程，见表 4-17。从表 4-17 可见，经水库调节和河段水量平衡后，1990～2012 年计算龙羊峡出库、刘家峡出库、下河沿和河口镇多年平均年水量与实际差别很小，年内分配过程、汛期、非汛期水量所占比例均与实际相接近；说明龙刘水库的运用原则和调度方式与实际情况一致，比较好地模拟了梯级水库调度和区间水量平衡过程，径流调节计算成果是合理的。

表 4-16　基础方案龙羊峡—河口镇各河段水量平衡过程

（单位：流量，m³/s；水量，亿m³）

河段	1月	2月	3月	4月	5月	6月	7月	8月	9月	10月	11月	12月	年水量	汛期水量	汛期比例（%）
龙羊峡入库流量	163	162	212	345	513	848	1 206	1 029	943	833	438	217	182.4	106.6	58.4
龙羊峡蓄泄水量	7.04	6.91	7.74	5.55	-0.99	-3.81	-13.06	-8.09	-8.71	-7.76	1.93	10.98	-2.28	-37.62	
龙羊峡出库流量	426	448	501	559	476	701	718	726	607	544	513	627	180.2	69.0	38.3
龙刘区间净来水流量	-30	-63	-44	200	405	291	201	174	157	316	226	5	48.7		
刘家峡入库流量	395	385	457	760	881	993	920	901	764	860	739	631	228.8	91.6	40.0
刘家峡蓄泄水量	-0.79	-1.80	-2.37	2.51	6.29	2.93	-0.79	-3.57	-0.85	-0.16	2.21	-3.80	-0.18	-5.37	
刘家峡出库流量	366	310	369	857	1 116	1 106	890	767	732	854	824	489	228.7	86.2	37.7
刘兰区间净来水流量	60	63	55	92	100	145	242	294	257	160	76	74	42.6		
兰州断面流量	426	374	423	949	1 216	1 251	1 132	1 061	989	1 014	900	564	271.3	111.5	41.1
兰下区间净来水流量	-11	-6	-25	-91	-128	-144	-97	-84	-18	-56	-74	-12	-19.7		
下河沿断面流量	415	368	398	858	1 088	1 107	1 035	977	970	958	826	551	251.6	104.7	41.6
下河区间净来水流量	-161	-1	361	-154	-784	-625	-607	-283	-178	-547	-304	-210	-92.5		
河口镇断面流量	253	367	759	703	304	482	428	695	792	411	522	342	159.1	61.6	38.7

注：刘兰区间指刘家峡—兰州区间，兰下区间指兰州—下河沿区间。

表 4-17 　基础方案 1990～2012 年典型断面实测与基础方案过程对比

（单位:流量,m³/s;水量,亿 m³）

断面	类型	1月	2月	3月	4月	5月	6月	7月	8月	9月	10月	11月	12月	年水量	汛期水量	汛期比例(%)
龙羊峡出库	实测	505	487	491	551	643	675	640	649	569	544	558	512	179.4	63.8	35.6
	现状	426	448	501	559	476	701	718	726	607	544	513	627	180.2	69.0	38.3
刘家峡出库	实测	475	424	446	751	1 048	966	842	823	727	860	785	516	228.1	86.5	37.9
	现状	366	310	369	857	1 116	1 106	890	767	732	854	824	489	228.7	86.2	37.7
兰州断面	实测	534	487	501	843	1 148	1 111	1 083	1 117	984	1 020	860	591	270.8	111.7	41.3
	现状	426	374	423	949	1 216	1 251	1 132	1 061	989	1 014	900	564	271.3	111.5	41.1
下河沿断面	实测	523	481	476	752	1 020	967	986	1 033	965	964	786	578	251.1	104.9	41.8
	现状	415	368	398	858	1 088	1 107	1 035	977	970	958	826	551	251.6	104.7	41.6
河口镇断面	实测	362	480	837	598	236	342	379	750	787	417	482	368	158.6	61.8	39.0
	现状	253	367	759	703	304	482	428	695	792	411	522	342	159.1	61.6	38.7

注:基础方案龙羊峡入库采用贵德站实测数据＋龙羊峡水库蓄变量计算,与实测结果稍有差别。

对比实测与基础方案的兰州断面下泄水量和龙刘水库蓄变量过程,见图 4-5 和图 4-6,可以看出:兰州断面年下泄水量过程实测过程与基础方案接近,但基础方案年度间更平稳些,相应的基础方案刘家峡水库蓄变量调整幅度更大些。

对比实测与基础方案的兰州断面、河口镇断面下泄流量过程,见图 4-7 和图 4-8,可以看出:兰州断面实测与基础方案较为接近,河口镇断面实测起伏大,基础方案则较为平稳,符合精细化调度的要求。

4.4.3　优化调控方案设计

4.4.3.1　现状方案

选取 1990～2012 年刘家峡水库实测入库水沙系列作为现状方案计算的水沙系列,该系列中包含长期枯水系列以及大水年份(如 1999 年、2005 年以及 2012 年),能够较好地代表宁蒙河道的来水来沙条件,同时该方案也基本保证了宁蒙河段沿岸的工农业用水。水库地形选取 2012 年汛后地形,通过数学模型计算刘家峡水库未来的出库水沙条件,计算过程中,水库坝前水位按照 1990～2012 年的实际过程。

4.4.3.2　基础方案

在现状方案的基础上,对 1990～2012 年龙刘水库的运用方式进行优化,优化主要体现在以下两个方面:

(1)对实际运用过程中明显不合理的运用水位给予调整,使得水库的运用方式相对合理。实际运用过程中个别年份水库运用不合理,如刘家峡水库 1992 年 5 月最低水位降至 1 710.3 m,6 月最低水位降至 1 713.6 m,2001 年 7 月最低水位降至 1 715.9 m。

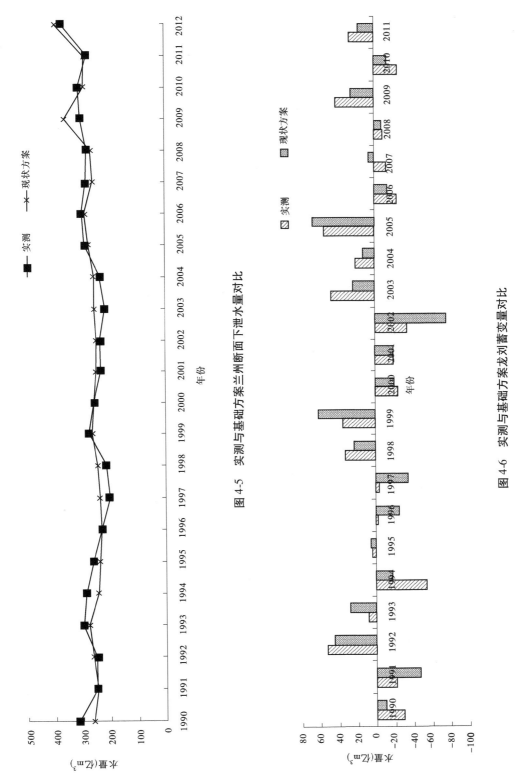

图 4-5 实测与基础方案兰州断面下泄水量对比

图 4-6 实测与基础方案龙刘蓄变量对比

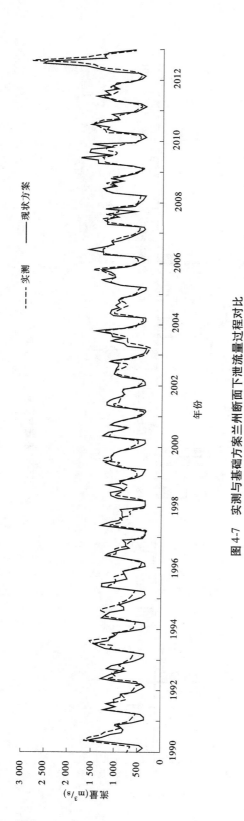

图 4-7 实测与基础方案兰州断面下泄流量过程对比

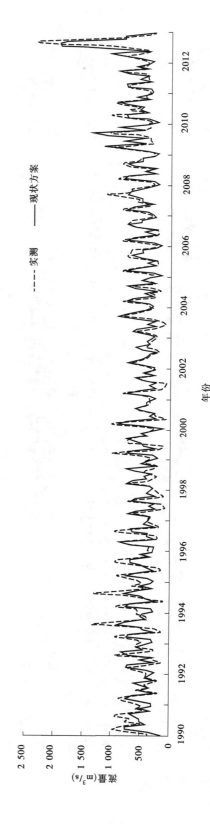

图 4-8 实测与基础方案河口镇断面下泄流量过程对比

(2)实测系列中宁蒙河道各断面的最小流量是不满足要求的,在基础方案中通过水库优化调控,满足河道断面的最小流量要求。在基础方案中,为了保证沿岸用水,沿程区间的引水仍采用实际引水过程。

4.4.3.3 开河期加大流量

1. 设计依据

从理论层面分析,在每年的开河期,水流的温度较低,通常会认为该时期河流的输沙能力很低。然而,许多研究者研究了水温对冲积河流水流及输沙特性的影响,认为水温确实对水流的黏滞特性和输沙能力产生影响。美国密苏里河和卢普河的实测资料均表明,随着水温的降低输沙量增加,河道的阻力系数相应减小。许多室内试验结果也表明,随着水温的降低,河床阻力系数及输沙量都有所增加。有研究者通过研究温度 $0 \sim 30\,℃$ 时水流的阻力系数和输沙量,结果表明,当温度由 $30\,℃$ 降低到 $0\,℃$ 时,在弗劳德数 $Fr = 0.5$ 条件下,平均含沙量几乎增加 7 倍,而对 $Fr = 0.85$ 平整河床条件,平均含沙量增加了 10 倍左右,并认为温度对输沙量的影响,主要是由于温度降低增加了水流黏滞性,从而降低了颗粒的沉降速度,增加了垂向含沙量分布的均匀性,悬移质含沙量垂向分布更均匀,另外也使床面含沙量增加,上述两方面作用使得总输沙量增加。

从实际调度方面分析,龙刘水库近年的调度也适当增加了下泄流量。图4-9为2005～2012年兰州站开河期的流量过程,从图中可以看到,2006～2010年,宁蒙河道开河期进行了补水,补水使得该时段内的日均流量达到了 1 200 m³/s 左右。除 2006～2010年外,1996年和2000年开河期刘家峡水库也对兰州站进行了补水。在开河期通过刘家峡水库对兰州站进行补水,一方面可以对中游万家寨等水库进行补水,有利于万家寨水库的蓄水;另一方面由于开河期为每年 3～4 月,宁蒙河段滩地农作物稀疏,即便发生漫滩(一般控制在微量漫滩),淹没损失也微乎其微,同时可以增加刘家峡水库的发电量。

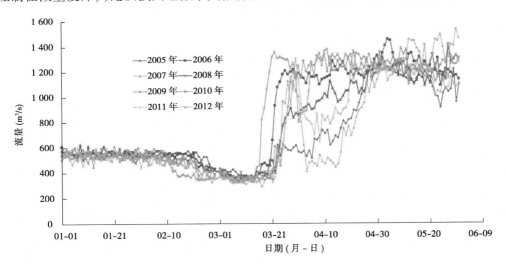

图4-9 兰州站2005～2012年开河期流量过程

从实测河道冲淤资料来分析,实测1990年以来兰州—三湖河口各河段3月20日至4月10日的冲淤量见表4-18。在刘家峡水库加大下泄流量的年份,兰州—巴彦高勒各河段的冲刷明显增加,巴彦高勒—三湖河口河段呈淤积状态,但在水库加大下泄流量的年份,其年均淤积量显著减小,说明开河期水库补水明显有利于提高河道的输沙能力。

表 4-18　宁蒙河段 3 月 20 日至 4 月 10 日各河段冲淤量　（单位:万 t）

河段	1990～2011 年年均	补水年份年均
兰州—下河沿	-14.72	-20.72
下河沿—青铜峡	-4.58	-6.62
青铜峡—石嘴山	-308.42	-423.58
石嘴山—巴彦高勒	-204.53	-395.16
巴彦高勒—三湖河口	8.45	0.26

2.优化调控时段

统计 1990 年以来兰州站开始补水的时间,以及三盛公水利枢纽开始引水时考虑传播时间对应的兰州站的日期,见表 4-19。当下游河段开始引水后,水库加大泄量对河道的输沙能力的增加作用将受到影响,因此水库加大泄量的结束时间为下游河段开始引水的时间。根据表 4-19 的统计结果,最终确定龙刘水库开河期的优化调控方案为通过补水使得兰州站在 3 月 20 日至 4 月 10 日的流量保持在 1 200 m³/s。

表 4-19　加大下泄流量和三盛公枢纽开始引水时间（统一到兰州站）

年份	开河期加大流量	下游河段开始引水	年份	开河期加大流量	下游河段开始引水	年份	开河期加大流量	下游河段开始引水
1990		4 月 19 日	1998		4 月 8 日	2006	3 月 21 日	4 月 5 日
1991		4 月 19 日	1999		4 月 8 日	2007	3 月 23 日	3 月 31 日
1992		4 月 17 日	2000	3 月 21 日	4 月 10 日	2008	3 月 23 日	4 月 2 日
1993		4 月 19 日	2001		4 月 7 日	2009	3 月 17 日	4 月 6 日
1994		4 月 12 日	2002		4 月 7 日	2010	3 月 25 日	4 月 3 日
1995		4 月 14 日	2003		3 月 31 日	2011		3 月 31 日
1996	3 月 31 日	4 月 19 日	2004		4 月 5 日	2012		4 月 8 日
1997		4 月 9 日	2005		4 月 10 日			

4.4.3.4　沙峰期水库增泄

1.设计依据

本章的研究目标之一是提出有利于宁蒙河道减淤的上游水库群水沙优化调控方式,为实现这一目标,分别从河道输沙和河道冲沙两个角度来设计龙刘水库调控方案。由于黄河上游具有水沙不协调的特点,龙刘水库联合运用之后,导致水沙关系更不协调。图 4-10 为龙羊峡水库运用后唐乃亥和贵德的年均流量和输沙率过程。从图 4-10 可以看出,水库在 7 月和 8 月蓄水较多,9 月和 10 月蓄水较少,而 7 月和 8 月正是来沙较多的时期,水库蓄水调节水量并调平了流量过程,减少了可以输送较多泥沙的大流量级,导致河道淤积增加。

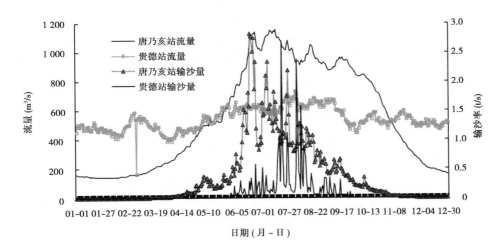

图 4-10　龙羊峡水库运用后唐乃亥和贵德年均水沙过程

因此,为实现宁蒙河道减淤的目标,从河道输沙的角度来看:应该充分利用龙刘水库可调控水量,在来沙较多的时间加大流量级过程及增加输沙的水量,改善目前不协调的水沙关系("小水带大沙"),变为"大水带大沙",使输沙效益达到最大。

进一步分析表明,宁蒙河道的沙量主要来自兰州以下的支流,尤其是内蒙古河道的三湖河口—头道拐河段,孔兑来沙淤积是河道淤积的主体。根据实测资料分析,十大孔兑多年平均来沙时间集中在 7 月下旬至 8 月上旬,见图 4-11。龙刘水库在 7 月和 8 月蓄水,减少了进入下游河道的水量和大流量级,使孔兑来沙得不到洪水的稀释和输送,加重河道淤积量。

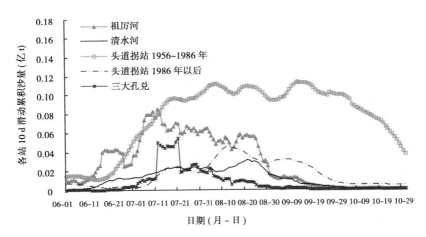

图 4-11　头道拐站及支流孔兑 10 d 滑动累积沙量过程

一方面,考虑干支流来沙特性,调整龙刘水库现状运用方式,使其在来沙较多时期能够加大下泄流量,以利于宁蒙河道的输沙,在沙峰期过后的 9 月和 10 月进行蓄水,以此弥补 7 月和 8 月损失的发电效益。另一方面,刘晓燕等在研究黄河的健康指标时提出,宁蒙河道的健康平滩流量为 2 500 m³/s。2012 年宁蒙河道大洪水过后,宁蒙河道的平滩流量基本达到了 2 200 m³/s 左右。考虑到宁蒙河道健康平滩流量的研究成果以及当前宁蒙河道的实际过流能力,将此优化方案设计为沙峰期通过水库调控,使得宁蒙河道在沙峰期的平均流量维持在 2 200 m³/s(按兰州站控制)左右。

2. 优化调控时段

根据图 4-10 和图 4-11,可知水库蓄水较多的时期以及来沙集中的时期在 7 月下旬至 8 月中旬,因此建议优化调控时段为 7 月 20 日至 8 月 20 日。

4.4.3.5 漫滩洪水方案

1. 设计依据

一般认为,漫滩洪水能起到较好的淤滩刷槽效果,洪水漫滩后,泥沙在滩地淤积从而塑造高滩深槽的河道横断面,有利于河槽的冲刷和泥沙的输送。2012 年汛期宁蒙河道遭遇了一次漫滩洪水,洪水过后,全河段全断面仅淤积了 0.116 亿 t(见表 4-20),淤积量不大,但是主槽发生了强烈冲刷,共冲刷 1.916 亿 t,相应滩地大量淤积达 2.032 亿 t,有效地塑造了河槽,有利于河槽的恢复。宁夏下河沿—石嘴山主槽冲刷 0.557 亿 t,滩地淤积 0.644 亿 t;内蒙古巴彦高勒—头道拐河段主槽冲刷 1.359 亿 t,滩地淤积 1.388 亿 t。2012 年漫滩洪水引起的滩槽冲淤分布充分反映了大洪水改善河道条件的积极作用。

表 4-20　2012 年漫滩洪水后宁蒙河道冲淤量　　　　　　　　（单位:亿 t）

河段	全断面	河槽	滩地
下河沿—青铜峡	0.050	− 0.016	0.066
青铜峡—石嘴山	0.037	− 0.541	0.578
内蒙古河段	0.087	− 0.557	0.644
巴彦高勒—三湖河口	− 0.346	− 0.684	0.338
三湖河口—昭君坟	0.375	− 0.675	0.600
昭君坟—头道拐			0.450
宁夏河段	0.029	− 1.359	1.388
合计	0.116	− 1.916	2.032

因此,在对龙刘水库运用方式进行优化时,考虑在洪水期采用"来多少走多少"的调控方式,充分发挥漫滩洪水在改善河槽形态方面的积极作用。

2. 优化调控时段

在 1990 ~ 2012 年时间段内,宁蒙河道发生大洪水的年份主要有 1999 年、2003 年、2005 年、2010 年以及 2012 年,考虑到漫滩洪水的社会影响,漫滩洪水发生的次数不宜过多,且发生漫滩洪水的时间间隔不宜过短,而 2012 年洪水影响较大,也深受社会各界重视,因此选择 2012 年作为允许漫滩年份,同时考虑到漫滩洪水的时间间隔,选择 1999 年也为可漫滩年份。

　　将 1999 年和 2012 年汛期(7 月 1 日至 10 月 31 日)龙刘水库进出库站的流量过程线绘出,见图 4-12 和图 4-13。其中,龙羊峡入库流量为唐乃亥站流量,出库流量为贵德站流量,刘家峡入库流量为循化站、红旗站和折桥站等三站流量之和,出库流量为小川站流量。从图中看到,统计入库流量大于 2 000 m³/s 的时间,1999 年唐乃亥站流量大于 2 000 m³/s 的时间是 7 月 5 ~ 30 日,刘家峡入库流量没有大于该值。2012 年唐乃亥站流量大于 2 000 m³/s 的时间是 7 月 4 日至 8 月 27 日,刘家峡入库流量大于 2 000 m³/s 的时间为 7 月 27 日至 8 月 28 日。

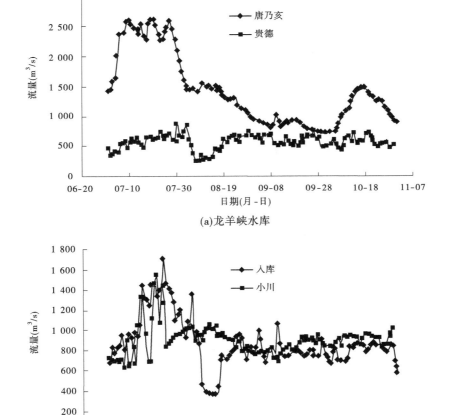

(a)龙羊峡水库

(b)刘羊峡水库

图 4-12　龙刘水库 1999 年进出库流量过程

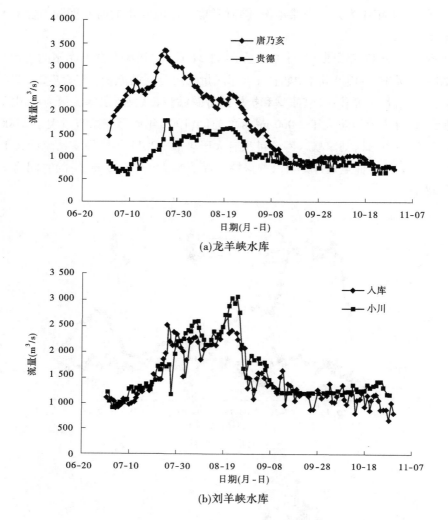

(a)龙羊峡水库

(b)刘羊峡水库

图 4-13　龙刘水库 2012 年进出库流量过程

据此设计龙刘水库"来多少走多少"的调控时段为:1999 年 7 月 1～31 日,2012 年 7 月 1 日至 8 月 31 日。

4.4.3.6　各方案特性对比

各方案特性见表 4-21。各方案的意义如下:

(1)通过基础方案(简称零方案)与现状方案对比,说明保障断面最小流量以及优化水库调控方式后对宁蒙河道冲淤及河槽塑造的影响。

(2)通过开河期加大流量方案(简称方案一)与现状方案的比较,说明凌汛期优化调控对发电、防洪和河道冲淤及河槽塑造的影响。

(3)通过沙峰期水库增泄方案(简称方案二)与现状方案的比较,说明主汛期优化调控对发电、防洪和河道冲淤及河槽塑造的影响。

（4）通过漫滩洪水方案（简称方案三）与现状方案的比较，说明牺牲部分防洪对发电、防洪和河道冲淤及河槽塑造的影响。

4.4.4　各方案调控结果

4.4.4.1　方案一调控结果

通过基于龙刘水库的上游水库群调控模型计算，方案一增大开河期3月20日至4月10日。根据调算结果，通过调整龙刘水库蓄泄过程，能够满足开河期3月20日至4月10日兰州断面1 200 m³/s下泄要求，龙刘水库和兰州、下河沿、河口镇断面的月旬过程见表4-22。

表4-21　各优化调控方案下兰州站的流量

方案	方案说明
现状方案	实测系列：保证供水，但不满足河道断面最小流量要求，个别年份水库运用不合理
基础方案（零方案）	在实测系列的基础上，满足河道断面最小流量要求，水库运用方式基本合理
开河期加大流量（方案一）	3月20日至4月10日兰州站流量按1 200 m³/s控制
沙峰期水库增泄（方案二）	7月20日至8月20日兰州站流量按2 200 m³/s控制
漫滩洪水方案（方案三）	1999年7月、2012年7月和8月龙刘水库不调蓄

表4-22　方案一水库断面月旬结果　（单位：流量，m³/s；水量，亿 m³）

日期	龙羊峡		刘家峡		兰州		下河沿		河口镇	
	入库流量	出库流量	入库流量	出库流量	下泄流量	下泄水量	下泄流量	下泄水量	下泄流量	下泄水量
1月	163	419	389	357	417	11.2	405	10.9	243.9	6.5
2月	162	415	352	322	385	9.3	379	9.2	377.9	9.1
3月	212	773	729	602	656	17.6	631	17	992.4	26.6
3月上旬	212	742	698	303	357	3.1	332	2.9	693.4	6
3月中旬	212	389	345	303	357	3.1	332	2.9	693.4	6
3月下旬	212	1 151	1 107	1 145	1 200	11.4	1 175	11.2	1 536.1	14.6
4月	345	517	718	800	892	23.1	800	20.7	646.3	16.7
4月上旬	345	633	833	1 108	1 200	10.4	1 109	9.6	954.8	8.2
4月中旬	345	461	662	641	733	6.3	642	5.5	487.8	4.2
4月下旬	345	458	658	650	742	6.4	651	5.6	496.4	4.3

日期	龙羊峡		刘家峡		兰州		下河沿		河口镇	
	入库流量	出库流量	入库流量	出库流量	下泄流量	下泄水量	下泄流量	下泄水量	下泄流量	下泄水量
5 月	513	531	936	1 181	1 281	34.3	1 152	30.9	368.2	9.9
6 月	848	673	964	1 066	1 211	31.4	1 067	27.7	442.4	11.5
7 月	1 206	745	946	920	1 162	31	1 065	28.5	457.4	12.3
7 月上旬	1 206	802	1 003	920	1 162	10	1 065	9.2	457.4	4
7 月中旬	1 206	716	918	920	1 162	10	1 065	9.2	457.4	4
7 月下旬	1 206	719	921	920	1 162	11	1 065	10.1	457.4	4.3
8 月	1 029	655	830	688	982	26.3	898	24.1	615.7	16.5
8 月上旬	1 029	797	971	633	926	8	843	7.3	560.1	4.8
8 月中旬	1 029	588	762	681	975	8.4	891	7.7	608.5	5.3
8 月下旬	1 029	588	762	746	1 039	9.9	955	9.1	672.8	6.4
9 月	943	483	641	560	817	21.2	799	20.7	620.9	16.1
10 月	833	547	864	908	1 067	28.6	1 011	27.1	464.6	12.4
11 月	438	463	689	779	855	22.2	781	20.2	476.6	12.4
12 月	217	613	618	489	564	15.1	551	14.8	341.6	9.1
全年水量合计						271.3		251.8		159.1

方案一兰州断面、河口镇断面下泄流量月旬过程见图 4-14、图 4-15,满足开河期兰州断面 1 200 m³/s 下泄要求。各断面年下泄水量过程和龙刘水库蓄变量过程见图 4-16 和图 4-17,水库调节满足断面水量过程。

4.4.4.2 方案二计算结果

通过基于龙刘水库的上游水库群调控模型计算,方案二沙峰期水库按 2 200 m³/s 下泄方案,7 月 20 日至 8 月 20 日调控龙刘水库满足兰州断面 2 200 m³/s。根据调算结果,通过调整龙刘水库蓄泄过程,多数年份能够满足沙峰期 7 月 20 日至 8 月 20 日水库按兰州断面 2 200 m³/s 下泄,龙刘水库和兰州、下河沿、河口镇断面的月旬过程见表 4-23。

方案二兰州、河口镇断面下泄流量月旬过程见图 4-18、图 4-19,沙峰期 7 月 20 日至 8 月 20 日水库按兰州断面 2 200 m³/s 下泄。各断面年下泄水量过程和龙刘水库蓄变量过程见图 4-20 和图 4-21,水库调节满足断面水量过程。

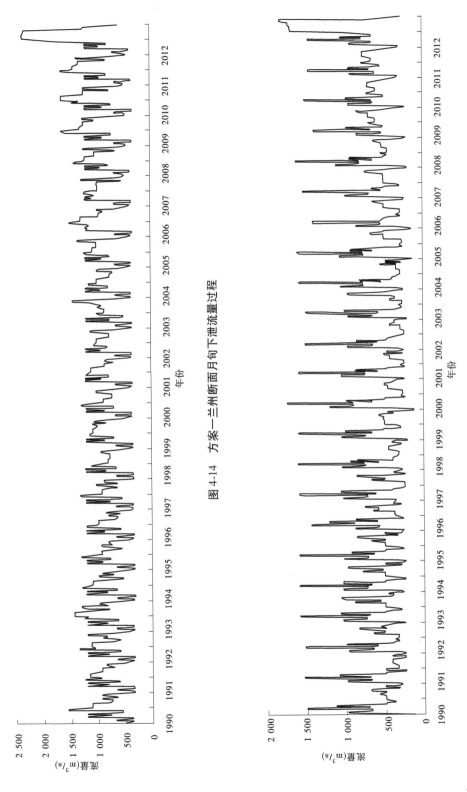

图 4-14　方案一兰州断面月旬下泄流量过程

图 4-15　方案一河口镇断面月旬下泄流量过程

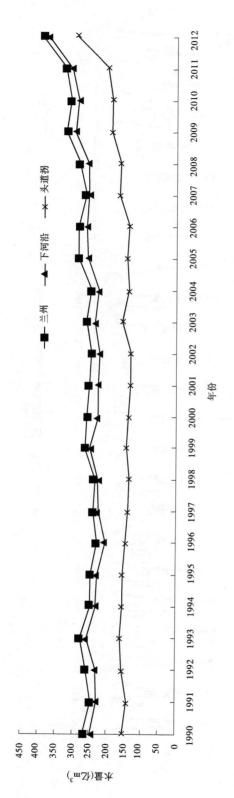

图 4-16 方案一各断面下泄水量过程

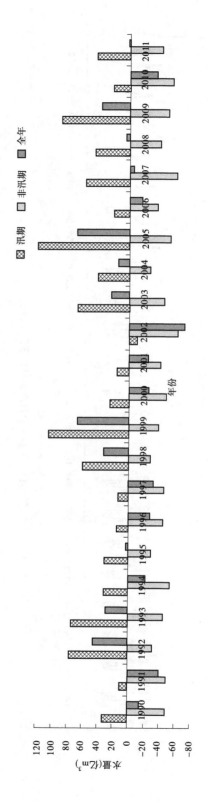

图 4-17 方案一龙刘水库蓄变量过程

表 4-23　方案二水库断面月旬结果　　　（单位:流量,m³/s;水量,亿 m³）

日期	龙羊峡		刘家峡		兰州		下河沿		河口镇	
	入库流量	出库流量	入库流量	出库流量	下泄流量	下泄水量	下泄流量	下泄水量	下泄流量	下泄水量
1 月	163	485	455	360	419	11.2	408	10.9	246.9	6.6
2 月	162	456	393	326	389	9.4	384	9.3	382.3	9.2
3 月	212	421	377	309	364	9.7	339	9	700	18.7
3 月上旬	212	561	517	309	364	3.1	339	2.9	700	6
3 月中旬	212	352	308	309	364	3.1	339	2.9	700	6
3 月下旬	212	357	313	309	364	3.5	339	3.2	700	6.7
4 月	345	360	560	638	729	18.8	638	16.6	484.2	12.5
4 月上旬	345	327	528	651	743	6.4	6.52	5.6	497.9	4.3
4 月中旬	345	364	564	631	723	6.2	631	5.5	477.3	4.1
4 月下旬	345	388	588	631	723	6.2	631	5.5	477.3	4.1
5 月	513	490	896	1 169	1 269	34	1 141	30.6	356.7	9.6
6 月	848	614	905	1 000	1 145	29.7	1 001	25.9	375.9	9.7
7 月	1 206	993	1 194	1 163	1 405	37.7	1 308	34.9	700.7	18.8
7 月上旬	1 206	739	941	845	1 087	9.4	990	8.5	382.3	3.3
7 月中旬	1 206	646	847	845	1 087	9.4	990	8.5	382.3	3.3
7 月下旬	1 206	1 539	1 740	1 742	1 984	18.9	1 887	17.9	1 279.6	12.2
8 月	1 029	1 218	1 392	1 265	1 558	41.7	1 474	39.5	1 191.9	31.8
8 月上旬	1 029	1 800	1 974	1 650	1 944	16.8	1 860	16.1	1 577.5	13.6
8 月中旬	1 029	1 489	1 663	1 652	1 946	16.8	1 862	16.1	1 579.6	13.6
8 月下旬	1 029	442	616	562	855	8.1	772	7.3	489	4.6
9 月	943	352	509	446	703	18.2	685	17.7	506.6	13.1
10 月	833	499	816	847	1 007	27	951	25.5	404.4	10.8
11 月	438	418	644	684	760	19.7	686	17.8	381.6	9.9
12 月	217	525	530	451	525	14.1	513	13.7	303.1	8.1
全年水量合计						271.2		251.4		158.8

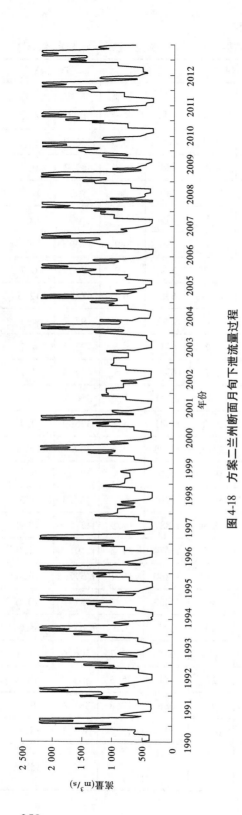

图 4-18 方案二兰州断面月旬下泄流量过程

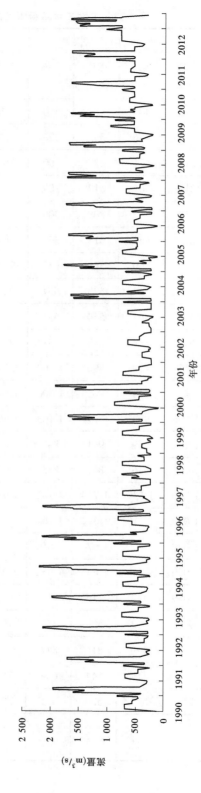

图 4-19 方案二河口镇断面月旬下泄流量过程

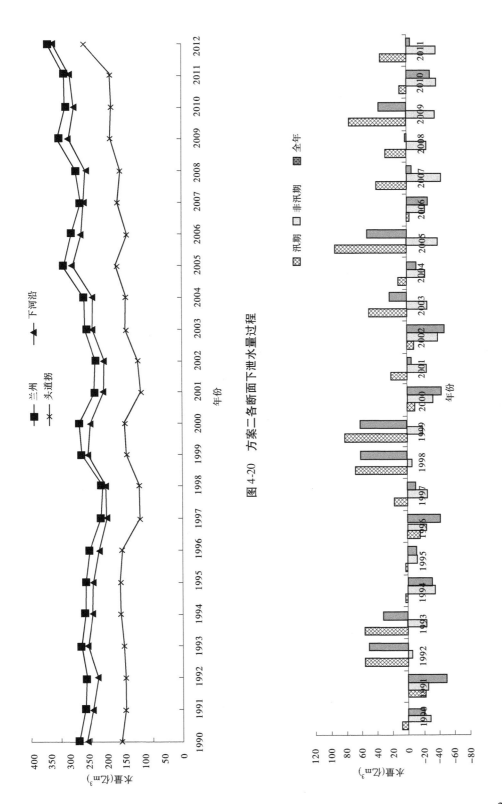

图 4-20　方案二各断面下泄水量过程

图 4-21　方案二龙刘水库蓄变量过程

4.4.4.3 方案三计算结果

通过基于龙刘水库的上游水库群调控模型计算,方案三在来水较大年份,即1999年7月和2012年7月、8月,沙峰期水库不拦蓄。根据调算结果,通过调整龙刘水库蓄泄过程,能够满足1999年7月和2012年7月、8月沙峰期水库不拦蓄要求,龙刘水库和兰州、下河沿、河口镇断面的月旬过程见表4-24。

表4-24 方案三水库断面月旬结果 （单位:流量,m³/s;水量,亿m³）

月旬	龙羊峡		刘家峡		兰州		下河沿		河口镇	
	入库流量	出库流量	入库流量	出库流量	下泄流量	下泄水量	下泄流量	下泄水量	下泄流量	下泄水量
1月	163	426	395	366	426	11.4	415	11.1	253.2	6.8
2月	162	447	384	311	374	9.1	369	8.9	367.3	8.9
3月	212	502	457	369	424	11.4	399	10.6	759.8	20.4
3月上旬	212	650	606	369	424	3.7	399	3.4	759.8	6.6
3月中旬	212	431	387	369	424	3.7	399	3.4	759.8	6.6
3月下旬	212	431	387	369	424	4	399	3.8	759.8	7.2
4月	345	552	752	849	941	24.4	850	22	695.8	18.1
4月上旬	345	442	643	868	959	8.3	868	7.5	714.2	6.2
4月中旬	345	590	790	845	937	8.1	846	7.3	691.8	6
4月下旬	345	624	824	835	927	8	836	7.2	681.4	5.9
5月	513	476	881	1 116	1 216	32.6	1 088	29.1	303.9	8.1
6月	848	621	912	1 021	1 166	30.2	1 022	26.5	397.6	10.3
7月	1 206	759	960	955	1 196	32	1 099	29.4	492.2	13.3
7月上旬	1 206	777	979	955	1 196	10.3	1 099	9.5	492.2	4.3
7月中旬	1 206	745	946	955	1 196	10.3	1 099	9.5	492.2	4.3
7月下旬	1 206	755	957	955	1 196	11.4	1 099	10.4	492.2	4.7
8月	1 029	766	940	788	1 082	28.9	998	26.7	715.8	19.2
8月上旬	1 029	949	1 123	739	1 033	8.9	949	8.2	666.4	5.8
8月中旬	1 029	679	853	784	1 078	9.3	994	8.6	711.7	6.1
8月下旬	1 029	679	853	836	1 130	10.7	1 046	9.9	763.4	7.3
9月	943	609	766	730	987	25.6	969	25.1	790.7	20.5
10月	833	544	860	855	1 015	27.2	959	25.7	412.2	11
11月	438	515	742	827	903	23.4	829	21.5	524.6	13.6
12月	217	629	634	489	564	15.1	551	14.8	341.6	9.1
全年水量合计						271.3		251.4		159.3

方案三兰州、河口镇断面下泄流量月旬过程见图4-22、图4-23,能够满足1999年7月和2012年7月、8月沙峰期水库不拦蓄要求。各断面年下泄水量过程和龙刘水库蓄变量过程见图4-24和图4-25,水库调节满足断面水量过程。

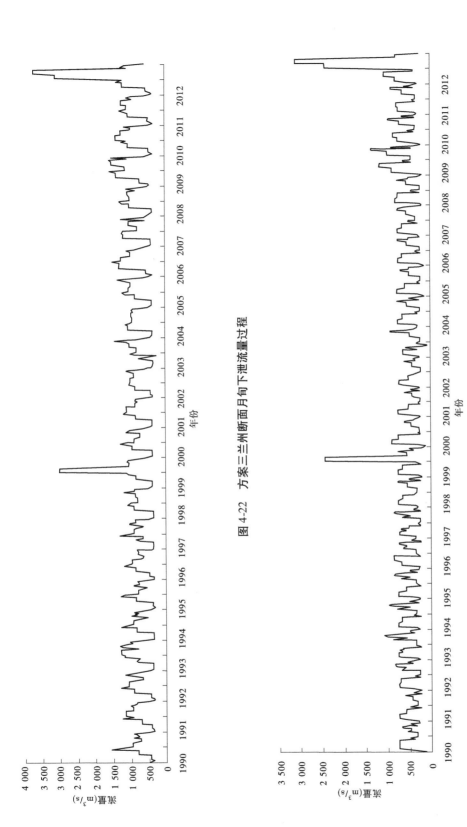

图 4-22　方案三兰州断面月旬下泄流量过程

图 4-23　方案三河口镇断面月旬下泄流量过程

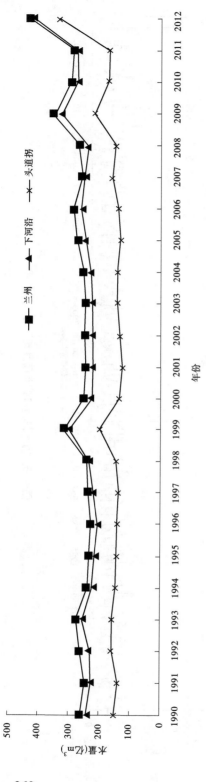

图 4-24　方案三各断面下泄水量过程

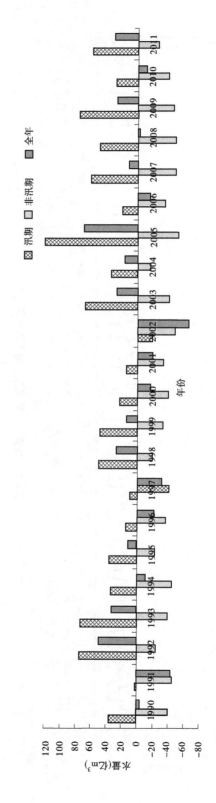

图 4-25　方案三龙刘水库蓄变量过程

4.4.5 各方案对控制断面流量和发电的影响

下泄水量对比数据见表4-25,相对于基础方案,方案一由于开河期水量增加,汛期下泄水量少4亿m³;方案二在沙峰期增泄大流量,汛期增泄13亿m³;方案三仅两年增泄,变化不大。

表4-25 各方案断面下泄水量 （单位:亿m³）

方案	兰州下泄水量			河口镇下泄水量			兰州增泄	
	多年平均	汛期	非汛期	多年平均	汛期	非汛期	3月下旬至4月上旬	7月下旬至8月中旬
基础方案	271.30	111.5	159.8	159.1	61.6	97.5		
方案一	271.30	107.2	164.1	159.1	57.3	101.8	9.5	2.4
方案二	271.30	124.6	146.7	159.1	74.7	84.4	−2.4	6.3
方案三	271.30	113.8	157.5	159.1	63.9	95.2	0	0.6

发电量对比数据见表4-26,相对于基础方案,方案一至方案三梯级出力都有所降低,其中方案二由于汛期增泄,龙刘水位低,出力降低24万kW。发电量方面,方案一由于开河期限制少,发电量反而有些微的增加,但方案二、方案三汛期增泄导致水位低,发电量减少,方案二发电量减少11.5亿kWh。

表4-26 各方案梯级发电情况 （单位:出力,万kW;发电量,亿kWh）

方案	发电统计					
	上游梯级出力	上游梯级发电量	龙羊峡出力	龙羊峡发电量	刘家峡出力	刘家峡发电量
基础方案	504.3	442.3	55.1	48.3	59.8	52.5
方案一	503.2	442.8	55.1	48.5	59.8	52.7
方案二	490.3	430.8	50.3	44.2	57.3	50.4
方案三	501.4	439.8	56.1	49.2	59.0	51.8

4.5 不同方案对宁蒙河道冲淤的影响

4.5.1 进入宁蒙河道的水沙条件

各方案下进入宁蒙河道(下河沿站)的水沙条件,分别从总量、均值、年内分配、各流量级特征和洪水过程等方面对各方案的水沙特征进行分析。

4.5.1.1 总量

现状方案中下河沿站总水量5 778.42亿m³,总沙量14.99亿t,含沙量为2.59 kg/m³;零方案总水量为5 778.16亿m³,总沙量15.03亿t,含沙量2.60 kg/m³;方案一总水量为 5 778.16 亿 m³,总沙量 14.96 亿 t,含沙量 2.59 kg/m³;方案二总水量为 5 778.08 亿 m³,总沙量 15.17 亿 t,含沙量 2.63 kg/m³;方案三总水量为 5 778.16 亿 m³,总沙量 15.06 亿 t,含沙量 2.61 kg/m³。在进行方案调控时,为使得下一步关于河道冲淤计算时几个方案的结果具有可比性,调控过程中保证五个方案的总水量相同,各方案的沙量则随着水库调控方式的不同而有所变化。各方案的水沙总量特征见表4-27。

表 4-27 各方案下河沿站水沙总量特征

方案	现状方案	零方案	方案一	方案二	方案三
总水量(亿 m³)	5 778.42	5 778.16	5 778.16	5 778.08	5 778.16
总沙量(亿 t)	14.99	15.03	14.96	15.17	15.06
含沙量(kg/m³)	2.59	2.6	2.59	2.63	2.61

4.5.1.2 均值

五个方案的总水量基本相同,因此日均流量也相同,均为796.09 m³/s。但日均输沙率以及最大和最小流量与输沙率有所差别。现状方案中下河沿站平均输沙率为 2 065.74 kg/s,最大和最小日均流量分别为 3 319.2 m³/s 和 247.9 m³/s,最大日均输沙率为 178 165.98 kg/s;零方案中平均输沙率为 2 071.14 kg/s,最大和最小日均流量分别为 2 993.9 m³/s 和 215.2 m³/s,最大日均输沙率为 174 782.82 kg/s;方案一中平均输沙率为 2 061.26 kg/s,最大和最小日均流量分别为 2 768.4 m³/s 和 226.0 m³/s,最大日均输沙率为 174 590.07 kg/s;方案二中下河沿站平均输沙率为 2 089.79 kg/s,最大和最小日均流量分别为 2 793.6 m³/s 和 149.0 m³/s,最大日均输沙率为 176 316.85 kg/s;方案三中下河沿站平均输沙率为 2 074.47 kg/s,最大和最小日均流量分别为 4 133.5 m³/s 和 182.7 m³/s,最大日均输沙率为 174 699.71 kg/s。各方案的最小日均输沙率均为0。五个方案中最大日均流量值最大的为方案三,因为方案三中水库在 1999 年和 2012 年的汛期不调控,所以能够下泄较大流量。各方案中的均值特征见表4-28。

表 4-28 各方案下河沿站水沙均值特征

方案	现状方案	零方案	方案一	方案二	方案三
平均流量(m³/s)	796.09				
平均输沙率(kg/s)	2 065.74	2 071.14	2 061.26	2 089.79	2 074.47
最大日均流量(m³/s)	3 319.2	2 993.9	2 768.4	2 793.6	4 133.5
最小日均流量(m³/s)	247.9	215.2	226.0	149.0	182.7
最大日均输沙率(kg/s)	178 165.98	174 782.82	174 590.07	176 316.85	174 699.71
最小日均输沙率(kg/s)	0				

4.5.1.3 年内分配

1. 水量

各方案中下河沿水沙系列的逐月流量多年平均值见图4-26。从图中可以看到,由于零方案仅改变了现状方案中水库的不合理水位并保证了头道拐断面的最小流量需求,对现状方案的改变最小,因此零方案和现状方案各月平均流量最接近;方案一中增大了开河期的水库下泄流量,因此方案一的3月和4月的流量最大;方案二增大了7月下旬至8月中旬的流量,因此方案二中7月和8月的平均流量最大;方案三在零方案的基础上实现了1999年7月和2012年7月和8月的漫滩,相对来说与零方案较为接近。虽然方案二中的7月和8月平均流量最大,但是就各年来看,7月和8月月均流量最大的为方案三中的2012年,由于2012年洪水较大且持续时间较长,而方案三中2012年7~8月水库又采取不蓄水的运用方式,因此该方案中2012年7~8月的平均流量是各方案中最大的。

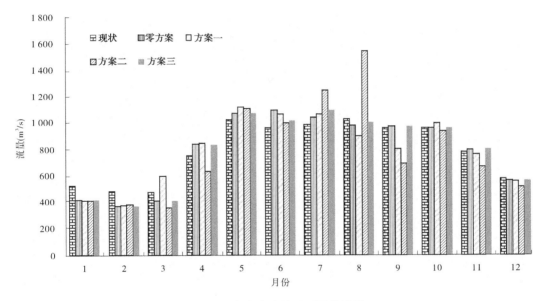

图4-26 各方案水沙系列月均流量

表4-29为各方案月均水量以及汛期水量占全年水量的比例,各方案汛期水量占全年水量比例均不超过50%。现状方案和零方案汛期水量比例相同,均为42%。方案一增加了非汛期开河期水量,因此汛期水量比例下降,方案二增加了汛期水量,汛期水量占全年水量比例最高,达47%。方案三为保证1999年和2012年的漫滩洪水,也相应增加了汛期的水量,但增加不多,汛期水量占全年流量比例为43%。

2. 沙量

各方案中下河沿水沙系列的逐月输沙率多年平均值见图4-27。从图中可以看到,各方案中的月均输沙率差别不大,且均集中在5~10月输沙,其中以7~8月为主。

表 4-29 各方案下河沿站水量年内分配特征   (单位:亿 m³)

月份	现状方案	零方案	方案一	方案二	方案三
1	14.01	11.22	10.99	11.00	11.22
2	11.64	8.88	9.12	9.22	8.89
3	12.75	11.04	15.93	9.58	11.05
4	19.48	21.82	22.09	16.43	21.66
5	27.45	28.78	30.03	29.70	28.75
6	25.05	28.39	27.55	25.91	26.34
7	26.40	27.84	28.53	33.51	29.33
8	27.66	26.24	24.28	41.47	26.86
9	25.02	25.23	20.96	17.89	25.22
10	25.81	25.75	26.79	25.09	25.77
11	20.37	20.83	19.82	17.40	20.90
12	15.48	15.13	15.05	13.94	15.13
汛期占全年(%)	42	42	40	47	43

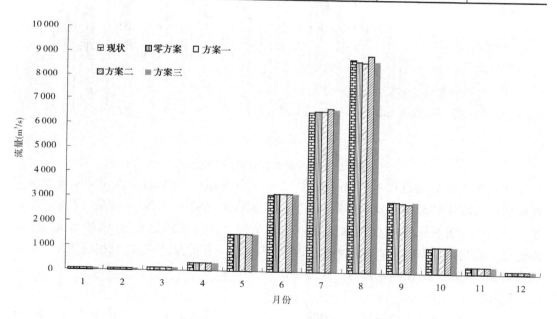

图 4-27 各方案水沙系列月均输沙率

表 4-30 为各方案月均沙量以及汛期沙量占全年沙量的比例,各方案中泥沙都集中在汛期输送,且汛期沙量占全年沙量比例相同,均为 78%。

表 4-30　各方案下河沿站沙量年内分配特征　　　　　　　　　（单位:万 t）

月份	现状方案	零方案	方案一	方案二	方案三
1	17.1	17.0	17.0	17.2	17.1
2	13.6	13.1	13.4	13.1	13.1
3	32.2	31.7	32.8	31.3	31.7
4	78.2	78.9	78.9	77.4	79.0
5	392.9	395.8	396.1	395.7	396.0
6	796.9	812.9	809.5	808.2	808.0
7	1 746.2	1 756.9	1 756.6	1 781.8	1 770.0
8	2 327.9	2 308.8	2 295.8	2 377.1	2 309.6
9	741.2	740.2	729.3	720.6	740.1
10	274.9	281.4	277.8	278.4	281.6
11	67.6	68.9	67.3	65.7	69.5
12	30.3	30.6	30.5	28.5	30.8
汛期占全年(%)	78	78	78	78	78

4.5.1.4　各流量级特征

1. 历时

各方案中各流量级出现的频率不同,见表 4-31。五个方案中只有方案三出现了 3 d 日均流量大于 4 000 m³/s 的流量级,其他四个方案中没有大于 4 000 m³/s 的流量。3 000 ~ 4 000 m³/s 的流量级在现状方案中有 10 d,方案三中有 69 d,其他三个方案中没有大于 3 000 m³/s 的流量级。2 000 ~ 3 000 m³/s 的流量级在五个方案中分别出现了 40 d、66 d、61 d、436 d 和 24 d,即方案二中该流量级频率高于其他方案。1 000 ~ 2 000 m³/s 的流量级在各方案中的历时分别为 2 031 d、2 140 d、2 354 d、1 609 d 以及 1 947 d,方案一中该流量级出现的频率高于其他方案。500 ~ 1 000 m³/s 流量级是各方案中出现频率最高的流量级,分别占各方案所有流量级的 58.36%、49.09%、47.98%、45.88% 和 50.72%。小于 500 m³/s 的流量级在现状方案中的历时明显小于其他几个方案,由于其他几个方案在保持总水量不变的情况下都不同程度增加了大流量级的历时,因此小于 500 m³/s 的流量级出现的频率也相应增加。

2. 水沙量

各方案中 500 ~ 1 000 m³/s 流量级的水量都是最多的,分别占总水量的 53.43%、45.64%、48.01%、34.9% 和 49.07%,其次为 1 000 ~ 2 000 m³/s 流量级的水量。现状方案和零方案中 1 000 ~ 2 000 m³/s 流量级挟带的沙量最多,其次为 500 ~ 1 000 m³/s 流量级挟带的沙量。其他三个方案中 500 ~ 1 000 m³/s 流量级挟带的沙量最多,其次为 1 000 ~ 2 000 m³/s 流量级。

各方案中水沙量都集中在 500 ~ 2 000 m³/s 的流量级中,水量分别占总水量的 89.54%、85.56%、86.71%、71.42% 和 83.26%,沙量分别占总沙量的 95.85%、93.32%、92.86%、67.19% 和 86.92%。

表 4-31　各方案下河沿站各流量级特征

流量级 (m³/s)	项目	现状方案 水量 (亿m³)	现状方案 沙量 (亿t)	零方案 水量 (亿m³)	零方案 沙量 (亿t)	方案一 水量 (亿m³)	方案一 沙量 (亿t)	方案二 水量 (亿m³)	方案二 沙量 (亿t)	方案三 水量 (亿m³)	方案三 沙量 (亿t)
≥4 000	历时(d)	0		0		0		0		3	
	水沙量	0	0	0	0	0	0	0	0	10.57	0.027
3 000~4 000	历时(d)	10		0		0				69	
	水沙量	27.4	0.093	0	0	0	0	0	0	201.33	1.231
2 000~3 000	历时(d)	40		66		61		436		24	
	水沙量	84.55	0.388	143.53	0.511	124.88	0.475	823.81	4.364	56.07	0.14
1 000~2 000	历时(d)	2 031		2 140		2 354		1 609		1 947	
	水沙量	2 086.7	8.169	2 176.73	7.169	2 423.3	6.71	1 737.02	4.898	1 953.7	5.699
500~1 000	历时(d)	4 903		4 124		4 031		3 854		4 261	
	水沙量	3 087.46	6.202	2 767.26	6.861	2 586.85	7.184	2 389.5	5.294	2 857.29	7.388
<500	历时(d)	1 417		2 071		1 955		2 502		2 097	
	水沙量	492.31	0.141	690.65	0.492	643.14	0.593	827.76	0.612	699.2	0.571

4.5.1.5　洪水过程

统计各方案下进入宁蒙河道的水沙系列的洪水过程,见表4-32。从表中可以看到,大于4 000 m³/s的洪水过程仅方案三出现过两次,其他方案没有出现。大于3 000 m³/s的洪水过程仅在现状方案和方案三中出现,其他方案没有出现。大于2 000 m³/s的洪水过程方案二出现最多,达80次。大于1 500 m³/s的洪水过程各方案出现频率相近。

从洪水过程的水沙量来看,对于1 500 m³/s以上的流量挟带的泥沙,现状方案主要靠1 500~2 000 m³/s流量级输送,零方案和方案一大于2 000 m³/s流量级和1 500~2 000 m³/s流量级输送沙量相当,方案二中的该部分沙量主要由大于2 000 m³/s的洪水输送,方案三中则主要由大于3 000 m³/s的洪水输送。

4.5.2　对宁蒙河道的冲淤影响

根据以上的水沙条件,利用数学模型对下河沿—头道拐河段进行了冲淤计算。

各方案下宁蒙河道年均冲淤量见表4-32和图4-28。从全河段来看,现状方案下河道淤积最多,共淤积11.698亿t,年均淤积0.508亿t。方案一和现状方案淤积程度相似,共淤积11.347亿t,年均淤积0.494亿t。方案三和零方案的淤积程度相似,分别淤积9.851亿t和9.306亿t,年均淤积0.428亿t和0.405亿t。方案二河道淤积最少,共淤积7.561亿t,年均淤积0.329亿t。各方案相对现状方案全河段的减淤量分别为2.392亿t、0.351亿t、4.137亿t和1.847亿t,减淤幅度分别为20%、3%、35%和16%,从对全河段的减淤效果来看,方案二的效果最好。

表4-32　各方案宁蒙河道冲淤量

项目	方案	下河沿—青铜峡	青铜峡—石嘴山	石嘴山—巴彦高勒	巴彦高勒—三湖河口	三湖河口—头道拐	全河段
总量 （亿t）	现状方案	1.046	1.728	0.943	3.625	4.356	11.698
	零方案	1.056	0.762	0.582	3.283	3.623	9.306
	方案一	1.305	1.403	1.019	3.489	4.131	11.347
	方案二	0.265	1.018	0.350	2.704	3.224	7.561
	方案三	0.861	0.956	0.726	3.458	3.850	9.851
年均 （亿t）	现状方案	0.045	0.075	0.041	0.158	0.189	0.508
	零方案	0.046	0.033	0.025	0.143	0.158	0.405
	方案一	0.057	0.061	0.044	0.152	0.180	0.494
	方案二	0.012	0.044	0.015	0.118	0.140	0.329
	方案三	0.037	0.042	0.032	0.150	0.167	0.428
与现状 方案相比 变化量 （亿t）	零方案	0.010	-0.966	-0.361	-0.342	-0.733	-2.392
	方案一	0.259	-0.325	0.076	-0.136	-0.225	-0.351
	方案二	-0.781	-0.710	-0.593	-0.921	-1.132	-4.137
	方案三	-0.185	-0.772	-0.217	-0.167	-0.506	-1.847
与现状 方案相比 变化幅度 （%）	零方案	1	-56	-38	-9	-17	-20
	方案一	25	-19	8	-4	-5	-3
	方案二	-75	-41	-63	-25	-26	-35
	方案三	-18	-45	-23	-5	-12	-16
各河段 减少量 占总量 比例 （%）	零方案	0	40	15	14	31	100
	方案一	-74	93	-22	39	64	100
	方案二	19	17	14	22	27	100
	方案三	10	42	12	9	27	100

从各河段的淤积分布来看,各方案下淤积较严重的均为巴彦高勒—头道拐河段,其中又以三湖河口—头道拐河段淤积最严重。但相对现状方案,零方案—方案三中巴彦高勒—三湖河口的淤积都有所减轻,其中又以方案二的减淤效果最明显。各方案与现状方案相比,各河段的减淤情况为:零方案中减淤幅度较大的为青铜峡—巴彦高勒河段;方案一中减淤幅度较大的为青铜峡—石嘴山河段,但在下河沿—青铜峡河段淤积量增加了25%;方案二中各河段减淤幅度均超过了25%,最大达到75%;方案三中各河段也均减淤,但减淤幅度小于方案二。由此可见,从各河段的减淤情况来看,方案二效果也是最好的。

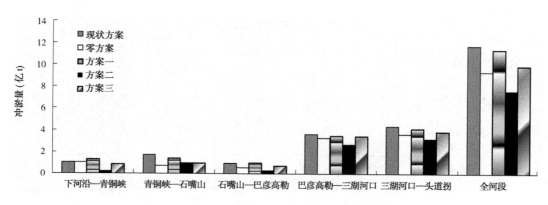

图 4-28　不同方案下宁蒙河道各河段冲淤量

根据前面的水沙条件分析可知,方案二中大于 2 000 m³/s 的流量级出现的次数以及洪水场次在 4 个方案中是最多的,且洪水场次均发生在沙峰期,对河道输沙十分有利,同时,方案二中小流量(<1 000 m³/s)挟带泥沙最少,因此整体上对宁蒙河道的减淤十分有利。说明在沙峰期增大水库下泄流量、提高河道输沙能力对宁蒙河道减淤的作用和效果较为明显。

内蒙古河段一直是防洪能力较为薄弱的河段,其平滩流量较小,容易漫滩,每年汛期和凌汛期,其防洪压力均较大。各方案下内蒙古河段主槽冲淤量见表 4-33。零方案～方案二由于没有发生漫滩,巴彦高勒—头道拐各河段的主槽淤积量与全断面淤积量一致。方案三中由于在 1999 年 7 月、2012 年 7 ~ 8 月塑造了漫滩洪水,在巴彦高勒—头道拐河段滩地淤积了 1.844 亿 t。在各方案中,方案三中内蒙古河段主槽淤积量是最小的。滩地淤积后对增加滩槽高差、增大平滩流量存在一定的有利影响,对扩大内蒙古河道的过流能力有正面作用。但是受防洪和社会影响等因素的制约和限制,不可能经常发生漫滩洪水,因此该方案虽然对塑造滩槽关系有利,但仍不属于本书的推荐方案。

表 4-33　各方案内蒙古河段主槽冲淤量　　　（单位:亿 t）

项目	方案	巴彦高勒—三湖河口	三湖河口—头道拐	巴彦高勒—头道拐
总量	零方案	3.283	3.623	6.906
	方案一	3.489	4.131	7.620
	方案二	2.704	3.224	5.928
	方案三	2.725	2.739	5.464
年均	零方案	0.143	0.158	0.301
	方案一	0.152	0.180	0.332
	方案二	0.118	0.140	0.258
	方案三	0.118	0.119	0.237

4.6　认识与结论

　　宁蒙河段是黄河用水大户,宁蒙取耗水量均呈波动中减少趋势。宁蒙用水主要由龙刘两库调节保证,近年来用水保证程度较高,能够满足宁蒙用水需求。针对目前上游龙刘水库在协调宁蒙河段水沙关系和供水、发电之间的局限性,提出了在保证防洪防凌安全的前提下,保障全河供水安全、满足维持河道生态环境要求、适时下泄大流量过程以减缓内蒙古河段淤积萎缩的优化调控思路。

　　本章通过分析宁蒙河段用水规律和黄河供水安全指标,从防灾减灾和综合利用对上游库群多目标进行分析,提出上游库群多目标优先序,并建立基于龙刘水库的上游库群调控模型和黄河上游水库 – 河道耦合的水动力泥沙冲淤数学模型,对上游库群方案进行分析,并对各方案引起的河道冲淤特性的改变进行了计算分析,主要结论和认识如下:

　　(1)上游水库群在黄河水量调度、宁蒙供水和减淤、上游梯级发电等方面具有重要作用,应充分发挥上游库群的防灾减灾和综合利用能力,协调各方面矛盾。

　　(2)针对黄河上游梯级水库群的实际情况,应以保证防洪防凌、保障全河供水安全、维持河道生态环境、适当时机下泄大流量减缓内蒙古河段淤积萎缩、提高上游梯级发电的优先序进行运行。

　　(3)通过多方案分析,提出的开河期增泄、沙峰期增泄和部分年份漫滩方案可以通过龙刘水库的调节实现,各方案效果和影响存在一定差别。

　　(4)从各方案的特征及对河道的冲淤影响来看,基础方案(零方案)保证了断面最小流量需求,也起到了一定的减淤效果;方案一增加了宁蒙河道开河期的冲刷量,但从长系列来看冲淤量与现状调控效果基本相同;方案二将水量调控至沙峰期,增加了河道的输沙能力,使得宁蒙河道年均减淤约 0.18 亿 t,是几个方案中减淤效果最好的方案;方案三系列中发生了漫滩洪水,从全断面来看起到了一定的减淤作用,而且从内蒙古河段主槽冲淤量来看,年均淤积量仅 0.237 亿 t,同时增加滩地淤积量,非常有利于河道的塑造和防洪防凌,但是漫滩将造成较大的社会经济损失以及防洪压力。

　　(5)综合分析得到,方案二对宁蒙河道的减淤效果最明显,但同时使得梯级水库年发电量减少了约 11.5 亿 kWh,龙羊峡水库发电减少了 4.1 亿 kWh,刘家峡水库发电减少了 2.1 亿 kWh。考虑到宁蒙河道减淤的长期效益,本书拟推荐方案二为龙刘水库下一步调整和优化运用方式的参考方案。

　　(6)针对黄河上游梯级水库群运用方式的调整,应站在黄河治理开发的高度,协调各方矛盾,适当、适度地优化梯级水库群的运用方式。

第5章 主要认识

　　以实测资料分析和数学模型计算为主,在揭示宁蒙河道冲淤演变机制和洪水期河道调整与水沙条件响应关系,分析满足全河供水安全的龙刘水库调控指标的基础上,考虑洪水条件下上游水库的排沙状况及对其下游河道的影响,提出了实现减缓宁蒙河道淤积和保障全河供水安全的上游水库群水沙优化调控方式。

5.1 揭示了宁蒙河道长时期冲淤调整机制

　　收集整理大量宁蒙河道水文、泥沙、河道实测资料,经分析、比较,对缺欠资料进行了插补延长等合理处理,形成较为系统、完整的宁蒙河道冲淤演变研究相关基础资料。以基础资料为支撑,对宁蒙河道长时期冲淤演变历程进行了剖析,揭示了冲淤演变的机制所在。

　　(1)水沙是河道演变的直接驱动力,宁蒙河道冲淤演变与来水来沙条件密切相关。黄河上游具有水沙异源、水沙不协调的突出特点,水量主要来自兰州以上,泥沙主要来自多沙支流的高含沙洪水,风沙也是泥沙的来源之一;同时,水库调控水沙、引水引沙、水保治理等对水沙条件影响较大。二者共同构成宁蒙河道各时期不同水沙特点。整体来看:

　　①1952~1960年上游为大沙时期,下河沿站年均来沙达到2.338亿t,是多年平均(1952~2012年)沙量1.189亿t的近2倍,同时大洪水也较多。

　　②1961~1968年来水量大,下河沿站年均水量达379.6亿m³,是多年平均水量296.1亿m³的1.28倍,同时三盛公水利枢纽和青铜峡水库运用,以及引水引沙对宁蒙河道沿程的水沙有所影响。

　　③1969~1986年受水土保持治理和刘家峡水库拦沙影响,上游来沙量明显减少,年均仅1.07亿t,较多平均减少10%,来水量较大,低含沙大洪水较多,水沙条件较好。

　　④1987~1999年流域进入偏枯系列,加之引水量增加,宁蒙河道水量减少显著,下河沿站、头道拐站水量分别为248.3亿m³和162.5亿m³,较多年平均值减少16%和24%,而且龙刘水库联合运用削减了汛期大流量水流;年均沙量虽然减少到0.871亿t,但部分支流来沙有所恢复、孔兑发生多次来沙,河道水沙条件极为不利。

　　⑤2000~2012年水量较上一系列稍有增多,2012年发生了下河沿站洪峰流量3 360 m³/s的较大洪水过程;而来沙减少显著,年均仅0.423亿t,较多年平均减少了64%,因此水沙条件较前一系列要好。

　　(2)阐明了宁蒙河道长时期冲淤调整机制。

　　不同时期水沙条件以及各河段边界条件不同,各河段不同冲淤调整特点也不同,从而构成了宁蒙河道独特的冲淤格局及调整机制。

　　①宁蒙河道长时期(1952~2012年)呈淤积的状态,淤积总量为23.686亿t,年均淤

积 0.388 亿 t。淤积时段主要是在大沙时期的 1952~1960 年以及水沙搭配最不好的 1987~1999 年,年均淤积量分别为 1.150 亿 t 和 0.908 亿 t;淤积的空间分布主要集中在内蒙古河道,淤积量占整个河道淤积量的 80.7%。其次,1969~1986 年和 2000~2012 年年均淤积量分别为 0.096 亿 t 和 0.227 亿 t。只有 1961~1968 年河道是冲刷的,年均冲刷 0.394 亿 t。

②下河沿—青铜峡河段是峡谷向平原过渡的过渡段,河道比降大,排沙能力强,冲淤调整与干流水沙关系不是很敏感,受清水河等支流来沙影响较大。长时期共淤积 3.152 亿 t,年均淤积 0.052 亿 t。干支流来沙大和清水河来沙有所恢复的 1952~1960 年和 1987~1999 年淤积较大,年均淤积量分别为 0.089 亿 t 和 0.043 亿 t;来水量较丰的 1961~1968 年(个别年份超过 400 亿 m³)发生了冲刷。

③青铜峡—石嘴山河段比降减缓,是上游首个泥沙调整段,具有大冲大淤的特点,同时上游水库运用方式影响到河道的冲淤调整。长时期淤积总量为 1.422 亿 t,年均淤积 0.023 亿 t。由于非汛期来沙少,汛期来沙多,该河段表现为非汛期冲刷、汛期淤积;青铜峡、刘家峡等水库运用基本为蓄清排浑,更加重了这一特点,非汛期河道冲刷量增大。因此,该河道在年内一定程度上能够维持较小的冲淤量,冲淤量的累积效应较小。在非汛期冲刷量基本稳定的条件下,全年冲淤取决于汛期,由于 1961~1968 年和 1969~1986 年青铜峡水库和刘家峡水库拦沙以及来水量大、2000~2012 年来沙显著减少,汛期河道冲刷或少淤,因此这三个时期全年表现为冲刷;而 1952~1960 年和 1987~1999 年水沙条件不好,汛期大量淤积,全年即为淤积。

④石嘴山—巴彦高勒河段为峡谷型和过渡型河道,由于紧邻乌兰布和沙漠,沙漠风沙对其河道冲淤有一定影响。长时期河道为淤积状态,淤积总量为 3.823 亿 t,年均淤积 0.063 亿 t,主要淤积在 1961~1968 年、1969~1986 年和 1987~1999 年。受上段河道调整和风沙加入的影响,年内表现为汛期微冲、非汛期淤积,全年淤积。汛期冲刷程度与水沙关系密切,1987~1999 年汛期水沙搭配条件最不利,河道转冲为淤。

⑤巴彦高勒—三湖河口河段属于典型的游荡性河段,冲积型河道冲淤调整随水沙条件变化的特征非常鲜明。非汛期河道是微淤的,年内冲淤取决于汛期的冲淤状况。长时期平均来看淤积量不大,淤积总量为 3.371 亿 t,年均淤积量为 0.055 亿 t;从时间来看河段冲淤长时期随水沙变化经历了淤积—冲刷—淤积—冲刷的反复过程。大沙的 1952~1960 年河道淤积,年均淤积 0.192 亿 t;1961~1968 年和 1969~1986 年水库拦沙、来水量较大,河道年均分别冲刷 0.213 亿 t 和 0.027 亿 t;其后遇 1987~1999 年枯水系列河道年均淤积 0.265 亿 t;2000~2012 年来沙减少了河道微淤。

⑥三湖河口—头道拐河段处于冲积性河道的中下段,为过渡型与弯曲型河道,比降平缓,河道冲淤调整与进入河段的水沙条件尤其是流量级关系密切;同时,特殊的孔兑高含沙加入及风沙在很大程度上影响着河道冲淤。长时期来看,该河段以淤积为主,发生冲刷的时间较少。因此,河段累计淤积效应明显,淤积总量和年均淤积量分别为 11.918 亿 t 和 0.195 亿 t,占宁蒙河道总淤积量的 50.3%。年内各时期均以淤积为主,仅在 1961~1968 年非汛期发生了冲刷。淤积主要集中在干流来沙多和孔兑来沙多的 1952~1960 年和 1987~1999 年,年均淤积达 0.447 亿 t 和 0.374 亿 t。

（3）揭示了宁蒙河道冲淤与水沙条件的相关关系。

宁蒙河道汛期冲淤演变与来水来沙条件关系密切，河道单位水量冲淤量与水沙搭配系数（平均含沙量与平均流量比值）关系较好，当汛期水沙搭配系数约为 0.003 kg·s/m⁶ 时，宁蒙河段可达到基本冲淤平衡状态，这可作为宁蒙河道汛期临界冲淤判别指标，即汛期平均流量为 2 000 m³/s、含沙量约为 6 kg/m³ 左右时宁蒙河道长河段可保持基本不淤积。

5.2 阐明了宁蒙河道洪水变化特征及洪水期冲淤规律与水沙条件的关系

5.2.1 宁蒙河道场次洪水变化特点

与 1956～1968 年相比，龙羊峡水库、刘家峡水库联合运用之后的 1987～2012 年，洪水期场次洪水年均发生场次明显减少，尤其是具有较强输沙能力的大洪水过程锐减；头道拐站大于 3 000 m³/s 洪水由 1956～1968 年的年均 0.7 次减少到 1987～1999 年、2000～2012 年的年均分别仅 0.1 次，减少了 85.7%。最大洪峰流量由 5 420 m³/s 降低到 3 350 m³/s，减少 38.2%。近期相同历时条件下洪水期水沙量有所减少，平均流量、平均含沙量有所降低，几个时段中 1987～1999 年洪水期水沙搭配最不好。

5.2.2 宁蒙河道洪水期冲淤特点

（1）宁蒙河道洪水期长时期（1960～2012 年）呈淤积状态，场次洪水平均淤积 0.083 亿 t。主要淤积时期是 1987～1999 年，场次洪水平均淤积量为 0.195 亿 t，为长时期的 3.12 倍；其次是 1960～1968 年和 2000～2012 年，平均场次洪水淤积量分别为 0.098 亿 t 和 0.046 亿 t；淤积主要集中在青铜峡—石嘴山河段和三湖河口—头道拐河段。1969～1986 年洪水期呈微淤状态，场次洪水平均冲刷 0.002 亿 t；冲刷集中的部位主要是石嘴山—巴彦高勒和巴彦高勒—三湖河口河段。

（2）宁蒙河道洪水期河道冲淤与来水来沙及水库运用密切相关。1960～1968 年水沙条件比较好，流量大，只是青铜峡水库运用造成下河沿—青铜峡河段场次淤积量达到 1.703 亿 t，因此整个河段呈微淤状态，平均每场淤积 0.071 亿 t。该时期巴彦高勒—三湖河口河道都发生了冲刷，场次洪水平均冲刷量为 0.049 亿 t。由于上段冲刷形成来沙量增多以及 1966 年、1967 年孔兑来沙，三湖河口以下河段仍为淤积，场次洪水平均淤积 0.096 亿 t。

（3）1969～1986 年由于刘家峡水库拦沙以及来沙少来水多的自然水沙特点，整个宁蒙河道场次洪水平均冲刷 0.002 亿 t。该时期石嘴山以下河段普遍发生冲刷，而且石嘴山—巴彦高勒、巴彦高勒—三湖河口、三湖河口—头道拐三个河段冲刷比较均匀，场次平均分别 0.011 亿 t、0.024 亿 t 和 0.012 亿 t，三河段共冲刷 2.529 亿 t。

（4）龙羊峡水库运用之后，水沙条件经历了巨大改变。洪峰减少，流量减小，水量减少，整个宁蒙河道洪水期的冲淤也发生了强烈变化。1987～1999 年洪水期流量小，清水河来沙有所恢复，又遭遇孔兑 1989 年最大来沙量，整个河道基本上都发生了淤积，青铜峡—石嘴山和巴彦高勒—三湖河口、三湖河口—头道拐三个河段淤积严重，场次洪水淤积量都是历史各时期最高的,分别达到 0.075 亿 t、0.030 亿 t 和 0.088 亿 t。2000~2012 年,虽然洪水期来水流量条件仍不好,但由于来沙量大幅减少,2012 年又发生了大漫滩洪水,河道淤积量较小,巴彦高勒—三湖河口河段还有所冲刷。

5.2.3 洪水期河道冲淤调整与水沙条件的关系

宁蒙河道洪水期河道的冲淤演变与来水来沙条件密切,非漫滩洪水在相同流量条件下,随着含沙量的增大,河道淤积量增加。从洪水平均流量来看,2 000~2 500 m³/s 的洪水淤积总量最小,仅为 0.473 亿 t,占洪水期总淤积量的 3.1%;平均流量小于 1 000 m³/s、1 000~1 500 m³/s、1 500~2 500 m³/s 和大于 2 500 m³/s 洪水的淤积总量相差不大,分别为 0.596 亿 t、0.659 亿 t、1.171 亿 t 和 0.738 亿 t,分别占洪水期总淤积量的 23.5%、24.2%、29.1% 和 19%。

从洪水平均含沙量来看,含沙量大于 20 kg/m³ 时,洪水淤积总量最大,达到 2.75 亿 t,占洪水期总淤积量的 75%;含沙量在 10~20 kg/m³ 时,场次洪水淤积总量为 1.355 亿 t,占总淤积量的 37.0%;含沙量在 7~10 kg/m³ 时,场次洪水淤积总量为 0.283 亿 t,占总淤积量的 7.7%;而当含沙量小于 7 kg/m³ 时,洪水为冲刷,冲刷总量为 0.722 5 亿 t。

非漫滩洪水河道冲淤效率(单位水量冲淤量)与水沙搭配系数的关系较好,当洪水期水沙搭配系数约为 0.003 7 kg·s/m⁶ 时宁蒙河段可达到冲淤平衡状态,这可以作为宁蒙河道洪水期冲淤临界判别指标,即洪水期平均流量为 2 200 m³/s 时,含沙量约为 8.14 kg/m³ 的洪水过程长河段可保持基本不淤积。

5.2.4 漫滩洪水特点及与水沙条件的关系

根据已有成果结合 2012 年漫滩洪水资料,统计了 9 场漫滩洪水巴彦高勒—头道拐河段的滩槽冲淤量,合计主槽冲刷 8 亿 t、滩地淤积近 10 亿 t,说明漫滩洪水对内蒙古河道的维持起到了很大作用。同时,漫滩洪水主槽冲刷效率多年平均达到 7.22 kg/m³,高于非漫滩洪水。

建立了巴彦高勒—头道拐河段滩槽冲淤量与水沙及边界条件的关系式:

$$C_{sn} = 0.23 W_0^{0.25} S^{0.01} \left(\frac{Q_{max}}{Q_0} \right)^{2.95}$$

$$C_{sp} = 0.44 - 0.007 W + 0.39 W_s - 0.46 W_0^{0.25} S^{0.01} \left(\frac{Q_{max}}{Q_0} \right)^{2.95}$$

式中:C_{sn} 为滩地淤积量,亿 t;C_{sp} 为主槽冲刷量,亿 t;W_0 为大于平滩流量的水量,亿 m³;W_s 为洪水期沙量,亿 t;$\frac{Q_{max}}{Q_0}$ 为漫滩系数,其中 Q_{max} 为洪峰流量,m³/s,Q_0 为平滩流量,m³/s。

以上两式可用于估算宁蒙河道漫滩洪水期的滩槽冲淤量。

5.3 明晰了宁蒙河道水库群排沙规律及对其下游河道的影响

通过实地查勘、调研交流等工作,搞清了黄河上游排沙对宁蒙河道有一定影响的水库的基本情况,包括水库的水沙条件、库容变化、运用细则等,进而对水库的排沙规律进行了深入分析,得到了不同来水来沙条件下各水库的排沙状况,并初步分析了水库排沙对其下游河道冲淤的影响。

(1)刘家峡水库1968年运用至2011年汛后,库区淤积泥沙16.59亿 m^3,其中黄河干流、洮河和大夏河淤积量分别占总淤积量的91.5%、5.8%和2.7%。2000年以来随入库沙量的大幅度减小,水库淤积速率下降。

研究表明,近期在现状地形条件下干流来水难以形成异重流,刘家峡水库排沙主要是洮河异重流排沙。在研究刘家峡水库洮河异重流运行规律基础上,提出了计算异重流运行时间的计算公式。

排沙期库水位在1 718 m以下时:

$$T = \frac{52.5}{S^{0.18}Q^{0.23}}$$

排沙期库水位在1 718 m以上时:

$$T = \frac{31.88(H - 1\,700)^{0.282}}{S^{0.203}Q^{0.26}}$$

式中:T 为异重流运行时间,h;Q 为洮河红旗站沙峰相应流量,m^3/s;H 为库水位,m;S 为洮河红旗站沙峰含沙量,kg/m^3。

水库排沙比计算公式:

$$\eta = -14.59(H - 1712) + Q^{0.4}S^{0.45} + 290.63$$

式中:η 为排沙比(%);其他符号含义同前。

(2)青铜峡水库和三盛公水利枢纽分别于1967年和1961年投入运用,运用至今库容分别只有0.372 1亿 m^3(2008年汛后)和0.360 3亿 m^3(2012年汛前)。水库淤积已经达到了动态相对稳定的状态,库区形成了稳定的高滩深槽,库容变幅不大。

目前,青铜峡水库排沙采取"沙峰期穿堂过排沙、汛末降低库水位冲刷排沙"的运用方式,三盛公水利枢纽排沙采取"错峰排沙"及凌汛前后降低水位排沙运用。在总结已有研究成果和研究青铜峡水库、三盛公水利枢纽排沙规律的基础上,分别建立了青铜峡水库和三盛公水利枢纽的排沙关系如下:

$$Q_{s出} = kQ_{出}^{a} S_{入}^{b} \Delta H^{c}$$

式中:$Q_{s出}$ 为出库输沙率,t/s;$Q_{出}$ 为出库流量,m^3/s;$S_{入}$ 为入库含沙量,kg/m^3;ΔH 为库水位变化,m;k、a、b、c 为系数和指数。

(3)初步分析计算了青铜峡水库和三盛公水利枢纽排沙对其下游河道的影响。结果表明,青铜峡水库在汛期排沙时,对下游河道冲淤影响不大;青铜峡水库汛末拉沙造成青铜峡—石嘴山河段淤积但影响程度不大。三盛公水利枢纽错峰排沙和凌汛前后的库区冲刷排沙,对巴彦高勒—头道拐河段冲淤有一定影响,增加了河道淤积。

5.4 提出了保障全河供水安全和减缓宁蒙河道淤积的上游水库群水沙优化调控方式

宁蒙河段是黄河用水大户,宁蒙取耗水量均呈波动中减少趋势。宁蒙用水主要由龙刘两库调节保证,近年来用水保证程度较高,能够满足宁蒙用水需求。针对目前上游龙刘水库在协调宁蒙河段水沙关系和供水、发电之间的局限性,提出了在保证防洪防凌安全的前提下、保障全河供水安全、满足维持河道生态环境要求、适时下泄大流量过程以减缓内蒙古河段淤积萎缩的优化调控思路。

通过分析宁蒙用水规律和黄河供水安全指标,从防灾减灾和综合利用对上游库群多目标进行分析,提出上游库群多目标优先序,设立了多个水库调控方案;建立基于龙刘水库的上游库群调控模型和黄河上游水库 – 河道耦合的水动力泥沙冲淤数学模型,对上游库群调控方案的供水保证、发电状况和河道冲淤调整进行计算分析,进而提出了保障全河供水安全和减缓宁蒙河道淤积的上游水库群水沙优化调控方式。

(1)针对黄河上游梯级水库群的实际情况,应以保证防洪防凌、保障全河供水安全、维持河道生态环境、适当时机下泄大流量减缓内蒙古河段淤积萎缩、提高上游梯级发电的优先序进行运行;根据水库调度保障目标——上游防洪、宁蒙河段防凌、宁蒙河段减淤和水资源配置,设置了水库群调度的约束性指标和指导性指标。

(2)建立了基于龙刘水库的上游库群调控模型和黄河上游水库 – 河道耦合的水动力泥沙冲淤数学模型,模型均经实测资料验证,可满足项目计算需求。

(3)综合分析上游来水来沙、河道冲淤特点,结合现状水库调控情况,以 1991～2012 年实测系列为基础设置了 5 个调控模式计算方案,分别为:①现状方案;②基础方案(零方案),调整了实际发生的不满足黄河水量调度指标的水流过程;③开河期增泄方案(方案一),小幅度增加了开河及凌后一定时间的流量;④沙峰期增泄方案(方案二),在 7 月 20 日至 8 月 20 日上游来沙集中时段增加流量至 2 200 m³/s;⑤漫滩洪水方案,在来水较多的 1999 年和 2012 年洪水期水库不拦蓄洪水,允许河道漫滩。

(4)从各方案的特征及对河道的冲淤影响来看,基础方案(零方案)保证了断面最小流量需求,也起到了一定的减淤效果;方案一增加了宁蒙河道开河期的冲刷量,但从长系列来看冲淤量与现状调控效果基本相同;方案二将水量调控至沙峰期,增加了河道的输沙能力,使得宁蒙河道年均减淤约 0.18 亿 t,是几个方案中减淤效果最好的方案;方案三系列中发生了漫滩洪水,从全断面来看起到了一定的减淤作用,而且从内蒙古河段主槽冲淤量来看,年均淤积量仅 0.237 亿 t,同时增加了滩地淤积量,非常有利于河道的塑造和防洪防凌,但是漫滩将造成较大的社会经济损失以及防洪压力。

(5)综合分析各方案效果,从宁蒙河道减淤的长期效益出发,本书拟推荐方案二(沙峰期增加流量)为龙刘水库下一步调整和优化运用方式的参考方案;但同时要说明,方案二使得梯级水库年发电量减少了 11.5 亿 kWh,龙羊峡水库发电减少了 4.1 亿 kWh,刘家峡水库发电减少了 2.1 亿 kWh。

参 考 文 献

[1] 侯素珍,李勇.黄河上游来水来沙特性及宁蒙河道冲淤情况的初步分析[R].郑州:黄河水利科学研究院,1990.

[2] 张厚军,周丽艳,鲁俊,等.黄河宁蒙河段主槽淤积萎缩原因及治理措施和效果研究[R].郑州:黄河勘测规划设计有限公司 2011.

[3] 赵业安,等.黄河干流水库调水调沙关键技术研究与龙羊峡、刘家峡水库运用方式调整研究[R].郑州:黄河水利科学研究院,2008.

[4] 杨根生,等.黄土高原地区北部风沙区土地沙漠化综合治理[M].北京:科学出版社,1991.

[5] 黄河宁蒙河道泥沙来源与淤积变化过程研究[R].中国科学院寒区旱区环境与工程研究所,2009.

[6] 张晓华,等.宁蒙河道冲淤演变计算方法研究[R].郑州:黄河水利科学研究院,2011.

[7] 赵业安,等.黄河干流水库调水调沙关键技术研究与龙羊峡、刘家峡水库运用方式调整研究[R].郑州:黄河水利科学研究院,2008.

[8] 胡一三,等.中国江河防洪丛书[M].北京:中国水利水电出版社,1996.

[9] 吴孝仁.黄河刘家峡水电站水库泥沙淤积和排沙问题[J].西北水力发电,1987(1):18-26.

[10] 黄河主要支流规划意见[R].郑州:黄河勘测规划设计有限公司,2009.

[11] 张荣,大夏河流域水文与环境特征分析[J].甘肃农业,2009(11):61-62.

[12] 翟家瑞,李旭东.黄河防凌水量调度工作回顾[J].人民黄河,2010(4):8-10.

[13] 郭家麟.刘家峡水库泥沙淤积形态分析[J],人民黄河,2011(1):20-21.

[14] 中国水电顾问集团西北勘测设计研究院.刘家峡套河口排沙洞投运后对盐锅峡水库及机组运行影响的分析研究报告[R].2011.

[15] 黄永健,房玉喜.刘家峡水电站目前的泥沙问题及缓解途径[J].水利水电技术,1997(7):19-21.

[16] 吴孝仁.黄河刘家峡水库泥沙冲淤规律与水库运用方法[J].西北水力发电,1986(1):61-75.

[17] 张启舜,张振秋.水库冲淤形态及其过程的计算[J].泥沙研究,1982(1):1-13.

[18] 刘家峡水力发电厂,水电部第四工程局.刘家峡水库淤积资料初步分析及续建排沙洞必要性的论证,水库泥沙报告汇编,黄河水库泥沙观测研究成果交流会,1973.

[19] 黄河防汛抗旱总指挥部办公室,黄河干流及重要支流水库、水电站基本资料和管理文件汇编,2011年6月.

[20] 黄河流域特征值资料,黄河水利委员会刊印,1977年.

[21] 赵昌瑞.青铜峡水库对上下游河段泥沙冲淤变化的影响分析[J].甘肃水利水电技术,2006,42(4):364-366.

[22] 王随继,范小黎,赵晓坤.黄河宁蒙河段悬沙冲淤量时空变化及其影响因素[J].地理研究,2010,29(10):1879-1888.

[23] 李天全.青铜峡水库泥沙淤积[J].大坝与安全,1998(4).

[24] 赵克玉,周孝德,贾恩红.青铜峡水库泥沙冲淤计算数学模型[J].水土保持研究,2003,10(2):145-147.

[25] 青铜峡水电厂水调班,汛期泥沙调度方案,2012.

[26] 黄河上中游水量调度委员会办公室.2010年黄河上游小峡—青铜峡梯级水库汛末联合拉沙方案[R].2010.

[27] 黄河防汛抗旱总指挥部办公室.关于对《2010年黄河上游小峡—青铜峡梯级水库汛末联合拉沙方案的批复》(黄河防总[2010]29号),2009.

[28] 黄河防汛抗旱总指挥部办公室.关于组织实施2010年黄河上游小峡至青铜峡梯级水库汛末联合拉沙工作的通知,2010.

[29] 陆大璋.青铜峡水库排沙措施及效果[J].1987(4):18-22.

[30] 孙宗义.黄河青铜峡水库汛末冲沙情况初步总结[J].人民黄河,1982(4):29-31.

[31] 张自强.青铜峡水库2004年汛末冲库排沙调度[J].人民黄河,2005(11):29-30.

[32] 黄河勘测设计有限公司.黄河宁蒙河段主槽淤积萎缩原因、治理措施及治理效果[R].2011.

[33] 鲁俊,周丽艳,张厚军,等.青铜峡水库排沙对下游河道冲淤的影响[J].人民黄河,2012,24(3):19-21.

[34] 焦恩泽,姜乃迁,黄伯鑫.青铜峡水库泥沙运动规律分析[J].人民黄河,1983(5):22-26.

[35] 武汉水利电力学院治河工程及泥沙专业七五八二班实践队.青铜峡水库冲淤计算方法[J].武汉大学学报(工学版),1977(1):94-110.

[36] 中国水利学会泥沙专业委员会.泥沙手册[M].北京:中国环境科学出版社,1992.

[37] 焦恩泽.黄河水库泥沙[M].郑州:黄河水利出版社,2004.

[38] 张占厚,李永利.黄河三盛公水库冲淤的初步探讨[J].水利管理技术,1997,17(6):27-30.

[39] 刘月兰,黄河下游河道冲淤计算方法[R].1983.

[40] 黄河网·枢纽工程·三盛公水利枢纽[EB/OL].http://www.yrcc.gov.cn/hhyl/sngc/201108/t20110813_101333.html.

[41] 沈宏.黄河三盛公枢纽水沙特性变化分析[J].内蒙古水利,2001(1):20-22.

[42] 杜国翰,张振秋.平原多沙河流修建引水枢纽中的一些泥沙问题[J].泥沙研究,1983,9(3):1-12.

[43] 张天红,刘瑞,陈国云.三盛公水利枢纽水沙变化与库区淤积分析[J].内蒙古水利,2011(1):38-39.

[44] 许邵君.黄河三盛公水利枢纽错峰排沙的利与弊[J].内蒙古水利,2001(G00):24-25.

[45] 朱震达,等.中国沙漠概论[M].北京:科学出版社,1980.

[46] 中国科学院兰州沙漠所.黄河沙坡头至河曲段风成沙入黄沙量估算[J].人民黄河,1988(1):14-20.

[47] 方学敏.黄河干流宁蒙河段风沙入黄沙量计算[J].人民黄河,1993(4):1-3.

[48] 中国科学院黄土高原考察队.黄土高原地区北部风沙区土地沙漠化治理[M].北京:科学出版社,1991.

[49] 赵卫兵.黄河三盛公水利枢纽入库泥沙处理的认识与分析[J].内蒙古水利,2004(2):56-58.

[50] 云雪峰,王继军,李凤鸣,等.三盛公水利枢纽运行40年经验探讨[J].内蒙古水利,2001(G00):5-7.

[51] 刘秀英,郝利军,刘凌玲,等.黄河三盛公水利安全高效枢纽工程控制运用与综合效能[J].内蒙古水利,2001(G):48-50.

[52] 李永利,刘来勇,沈宏.黄河三盛公水利枢纽库区泥沙淤积及减淤措施[J].内蒙古水利,2001(G00):28-29.

[53] 刘凌玲,郝利军.黄河三盛公水利枢纽工程冲沙减淤与闸门运用方式的思考[J].内蒙古水利,2001(G):32-33.

[54] 张兆华.三盛公水利枢纽保持有效库容的经验[J].水利水电技术,1979(9):24-27.

[55] 屈孟浩,钟绍森.三盛公水利枢纽保持有效库容的试验研究[J].人民黄河,1980(3):50-56,71.

[56] 戴定忠.从三盛公引水枢纽的运用实践谈多沙河流上弯道引水枢纽布置的几个问题[J].水利水电

技术,1964(11):13-18.

[57] 申冠卿,张原锋,侯素珍,等.黄河上游干流水库调节水沙对宁蒙河道的影响[J].泥沙研究,2007
(1):67-75.

[58] 曹大成,宁怀文,王文海,等.黄河上游水库运行对宁蒙河段影响作用综述[J].内蒙古水利,2012
(1):16-18.

[59] 程秀文,钱意颖,傅崇进,等.黄河上游水沙变化及宁、蒙河道冲淤演变分析[C]∥黄河水沙变化研
究.郑州:黄河水利出版社.

[60] 鲁俊,周丽艳,张厚军,等.青铜峡水库排沙对下游河道冲淤的影响[J].人民黄河,2012,34(3):
19-21.

[61] 王凤龙,秦毅,张晓芳,等.内蒙古河段淤积再探讨[J].水资源与水工程学报,2010,21(1):
148-150.

[62] 张厚军,周丽艳,鲁俊,等.黄河宁蒙河段主槽淤积萎缩原因及治理措施和效果研究[R].郑州:黄
河勘测规划设计有限公司,2011.

[63] 胡恬.青铜峡水库和三盛公枢纽排沙对宁蒙河道冲淤影响[R].郑州:黄河水利科学研究院,2012.